高职高专"十一五"机电一体化专业规划教材

测 试 技 术

主　编　甘晓晔

副主编　宁晓霞　孟继申

参　编　郑改成

主　审　郝长中

机 械 工 业 出 版 社

本书以培养学生从事实际工作的基本能力和基本技能为目的，突出基础理论知识的应用和实践能力的培养。基础理论以应用为目的，以必需、够用为度。全书在注重知识的基础性、实用性和针对性的同时，注重知识的连贯性和理论知识与工程实践的有机结合，并尽量反映测试技术领域内的新技术、新成果和新动向。

全书共 12 章，分为测试基础理论知识和典型非电量测量两部分。第一部分包括信号及其描述，测试系统常用传感器，信号调理与记录，测试系统的特性，测试信号的分析与处理；第二部分包括位移的测量，速度的测量，振动的测试，噪声的测量，应变、力和扭矩的测量，温度的测量；最后一章介绍了现代测试系统。

本书取材广泛，应用性强，方便教学，易于自学。可作为高职高专院校及成人高校机械、电子、自动化等工程类专业的教学用书，也可作为从事测试技术工作的工程技术人员自学、进修用参考书。

图书在版编目（CIP）数据

测试技术/甘晓晔主编. —北京：机械工业出版社，2009.4(2017.1 重印)

高职高专"十一五"机电一体化专业规划教材

ISBN 978-7-111-26145-2

Ⅰ. 测…　Ⅱ. 甘…　Ⅲ. 测试技术—高等学校：技术学校—教材　Ⅳ. TB4

中国版本图书馆 CIP 数据核字（2009）第 011563 号

机械工业出版社（北京市百万庄大街 22 号　邮政编码 100037）
策划编辑：王海峰　责任编辑：于奇慧　版式设计：霍永明
责任校对：陈延翔　封面设计：马精明　责任印制：李　飞
北京铭成印刷有限公司印刷

2017 年 1 月第 1 版第 6 次印刷
184mm×260mm・16.25 印张・398 千字
11501—13400 册
标准书号：ISBN 978-7-111-26145-2
定价：35.00 元

凡购本书，如有缺页、倒页、脱页，由本社发行部调换

电话服务　　　　　　　　　　网络服务

服务咨询热线：010-88379833　机工官网：www.cmpbook.com

读者购书热线：010-88379649　机工官博：weibo.com/cmp1952

　　　　　　　　　　　　　　教育服务网：www.cmpedu.com

封面无防伪标均为盗版　　　　金 书 网：www.golden-book.com

前　言

《教育部关于加强高职高专教育人才培养工作的意见》中指出：高职高专学生应在具有必备的基础理论知识和专门知识的基础上，重点掌握从事本专业领域实际工作的基本能力和基本技能。本书以培养学生从事实际工作的基本能力和基本技能为目的，教学内容突出基础理论知识的应用和实践能力的培养。基础理论以应用为目的，以必需、够用为度，注重知识的基础性、实用性和针对性，兼顾知识的连贯性和理论知识与工程实践的有机结合，同时尽量反映测试技术领域内的新技术、新成果、新动向。

全书共12章。前5章着重介绍在机械电子工程中从事测试技术工作所必需的基础知识，包括：信号及其描述，测试系统常用传感器，信号调理与记录，测试系统的特性，测试信号的分析与处理等；后7章突出应用，介绍常见的典型非电量参量的测量方法，包括：位移的测量，速度的测量，振动的测试，噪声的测量，应变、力和扭矩的测量，温度的测量，最后介绍了现代测试系统的基本概况。本书按照测试系统构成这条主线安排章节，从基本概念入手，以信号的获取、转换、处理为核心，阐述机械量等有关参数的测试原理及方法。

本书取材广泛，内容丰富，应用性强，通俗易懂，方便教学，易于自学。可作为高职高专院校及成人高校机械、电子、自动化等工程类专业的教学用书，也可作为从事测试技术工作的工程技术人员自学、进修用的参考书。由于各学校的人才培养方案各有侧重，因此采用此书教学时，任课教师可根据本校的专业特点、学生层次、课时量和前修课程等适当删减、调整和补充教学内容。

本书由辽宁科技学院甘晓晔教授任主编，辽宁科技学院宁晓霞、孟继申任副主编。绪论和第1、2（除第2.9节）、4章由甘晓晔编写，第3、6、7、9、10章由宁晓霞编写，第5、8章及12.2节由孟继申编写，第2.9节、第11、12（除第12.2节）章由太原理工大学郑改成编写。

本书由郝长中教授主审。本书在编写过程中参阅了许多文献，尤其是书后所列的文献，获益匪浅，同时本书的出版得到了机械工业出版社有关领导和同志的大力支持，在此一并表示衷心感谢。

由于现代测试技术发展迅速，且编者水平所限，书中难免存在缺陷和不足，恳请同行专家和读者对本书在内容编排、知识阐述方面的欠妥之处以及编写失误提出指正和修改意见。

编　者

目　　录

绪　　论

测试技术(Measurement and Test Technique)是测量和试验技术的统称。试验是进行机械工程基础研究、产品设计和研发的重要环节。在工程试验中，往往需要对各种物理量进行测量，以得到准确的定量结果；在对机器和生产过程运行在线监测、控制和故障诊断时，测量系统常常就是机器和生产线的重要组成部分。就工程测试技术而言，就是利用现代测试手段对工程中的各种物理信号，特别是随时间变化的动态物理信号进行检测、试验、分析，并从中提取有用信息的技术。其测量和分析的结果客观地描述了研究对象的状态、变化和特征，可为进一步改进和控制研究对象提供可靠的依据。

1. 测试技术在现代工业中的作用

测试技术在工业生产部门中是一项重要的基础技术，其作用是其他技术所不能替代的。在早期工业生产中，由于自动化程度、设备精度和加工精度要求相对较低，因此对测试工作没有过高的要求，往往只是孤立地测量一些与时间无关的静态量，其测量方法、测量工具以及数据处理方法等也都很简单。在现代工业生产中，随着系统的自动化程度、设备的精度和加工精度的不断提高，随着各种机电一体化新产品的不断研发，对自动检测、自动控制、状态监测和动态试验等方面提出了迫切要求，从而使现代测试技术得到了迅速发展，并得到越来越广泛的应用。

利用现代测试技术可实时检测生产过程中变化的工艺参数和产品质量指标，从而对整个自动生产线进行调节和控制，使其达到最佳运行状态。在图 0-1 所示的自动化轧钢系统中，根据轧制力和板材厚度信息来调整轧辊的位置，从而保证板材的轧制尺寸。由于轧制速度很高，传统的间断测量和手工控制的方法已不适用，需要采用连续测量方法，并随时将测量结果转换成电信号送入到通信系统中进行分析处理，以便计算机能发出控制指令。

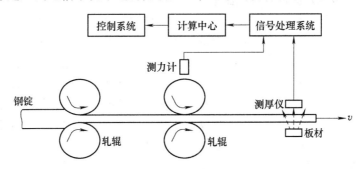

图 0-1　自动化轧钢系统

各种自动化机电设备在运行过程中由于受到力、热、摩擦等多种因素的影响，工作状态不断发生变化，甚至会出现故障，因此有必要随时进行设备状态监测，并对出现的故障进行诊断，这就需要采用现代的测试手段。图 0-2 是某机床工作状态监测系统示意图。

随着各种机电产品的精度要求和工作性能的提高，在产品的设计和试制过程中，往往需要进行动态特性试验，以达到优化设计的目的。现代测试技术是进行动态特性试验的有效手段。

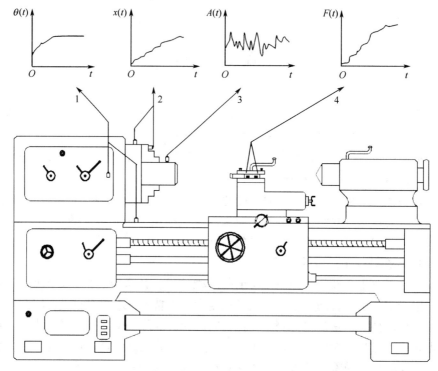

图 0-2　某机床工作状态监测系统

1—用热电偶测机床温升　2—用位移传感器测主轴回转误差

3—用电容式传感器测振动位移　4—用电阻应变片传感器测切削力

机电一体化技术在传统产业的改造中起着重要作用，而机电一体化技术发展的必要条件之一，就是不断研究和开发各种先进的测试手段、传感装置和测试设备，这也离不开测试技术。

在工作和生活环境的净化及监测中，经常需要测量振动和噪声的强度和频谱，分析并找出振源和声源，以采取相应的减振、降噪措施，保证人们的身心健康，这同样需要测试技术。

2. 测试工作的范围及测试系统的组成

测试工作是一项非常复杂的工作，它是多种学科知识的综合运用。特别是现代测试技术，几乎应用了所有的近代新技术和新理论，如半导体技术、激光技术、光纤技术、声控技术、遥感技术、自动化技术、计算机应用技术，以及数理统计、控制论、信息论等。广义的测试工作范围涉及到试验设计、模型理论、传感器、信号加工与处理、控制工程、系统辨识等多学科内容。而工程测试技术主要涉及对物理信号的检测、转换、传输、处理直至显示记录等工作。本书将从工程测试技术角度出发，介绍测试工作的基本过程和基本原理。

在机械工程中，一般被测量参数主要有以下几种：

（1）运动参数　包括位移、速度、加速度和流体的流量、流速等。

（2）力参数　包括应力、应变、力、扭矩和压力等。

（3）振动参数　包括固有频率、阻尼比、振型等反映物体振动特征的参数。

（4）与设备状态密切相关的参数　如温度和噪声等。

现代测试技术的主要任务是将这些非电量转换为电量，然后用各种仪表装置乃至计算机对这些电信号进行分析处理，即使用电测法来完成测试工作。电测法具有许多优点，如测量范围广、精度高，响应快，能自动、连续地测量，数据的传输、存储、记录、显示方便，可以实现远距离遥测遥控等。与计算机系统连接，还可实现快速、多功能及智能化测量。

典型的电测法的测量过程如图 0-3 所示。

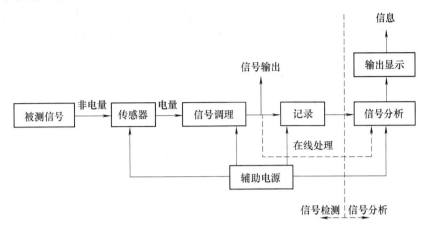

图 0-3　典型的电测法的测量过程

测试对象的信息总是通过一定的物理量——信号表现出来的。有些信息可在测试对象处于自然状态下显示出来，而有些信息无法显示或显示不明显，后一种情况往往需要激励装置作用于被测对象。由于被测信号是被测对象特征信息的载体，其信号的结构对测试系统的构成有着重大影响，因此需要了解各种信号的基本特征和分析方法。

传感器在被测对象和测试系统之间架起了一道桥梁，它能直接感受被测量，并将其转换成为电信号。例如电阻应变片能将应力、力的变化转换为电阻值的变化，磁电式传感器能将速度的变化转换为感应电势输出，热电偶能将温度信号转换为毫伏级的电动势信号等。

信号调理电路在系统中起着中间转换电路的作用。由于传感器输出的电信号一般都比较微弱，功率较小，而且有的输出是电阻、电容、电感等电参数，因此需要将传感器的输出进行放大和转换。一般情况下，信号调理电路常将传感器的输出转换为电流、电压和频率等便于测量的电信号，输出功率至少要达到毫伏级。常用的信号调理电路有电桥电路、放大电路、调制与解调电路和滤波电路等。

调理电路输出的结果表示了被测量的变化过程，可通过显示记录环节以观察者易于观察和分析的方式来显示测试结果，或将结果记录和储存下来，以备事后观察和分析。目前常用的显示记录装置可分为模拟式和数字式两大类。模拟式记录装置有电子示波器、磁带记录仪、笔式记录仪等。数字式记录装置有屏幕显示器、打印机、磁盘及光盘存储等。

至此，测试系统完成了信号的检测任务。为从这些客观记录的信号中找出反映被测对象的本质规律，还需对信号进行分析，如分析信号的强度、频谱、相关性、概率密度等。从这个意义上来讲，信号分析是测试系统中更为重要的一个环节。信号分析设备种类繁多，有各种专用的分析仪，如频谱分析仪、相关分析仪、概率密度分析仪、传递函数分析仪等。随着信息技术的发展，计算机在现代信号分析设备中起着重要的作用，目前国内外一些先进的信号处理系统都采用了专用或通用计算机，它将调理电路输出的信号直接送到信号分析设备中进行处理，使信号的处理速度达到了"实时"。

如图 0-4 为机床轴承故障监测系统。加速度传感器将机床轴承振动信号转换为电信号；

带通滤波器用于滤除传感器测量信号中的高、低频干扰信号和对信号进行放大；A/D 信号采集卡用于对放大后的测量信号进行采样，将其转换为数字量；FFT（快速傅里叶变换）分析软件则对转换后的数字信号进行 FFT 变换，得到信号的频谱；最后由计算机显示器对频谱进行显示。测试系统的测量分析结果还可以和生产过程相连，当机床振动信号超标时及时发出报警信号，以防止废品的产生。

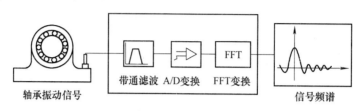

图 0-4　机床轴承故障监测系统

对于一个工程测试系统来说，测试结果的准确性和可靠性依赖于每一个环节，所以应确保各个环节之间是一一对应的线性关系，并尽可能消除各种干扰，减小失真。

3. 测试技术的发展概况

现代生产模式和工程科学研究对测试及其相关技术的需求，极大地推动了测试技术的发展，而现代物理学、信息科学、机械电子科学技术的迅速发展又为测试技术的不断进步提供了有力支持，从而促使测试技术在近 20 年来得到越来越广泛的应用。主要表现在以下几个方面：

（1）新原理新技术的应用　材料科学的迅速发展使越来越多的物理效应被应用，例如激光、红外、超声、微波、光纤、放射性同位素等，并可按人们所要求的性能来设计和制作敏感元件，使得可测量的范围不断扩大，测量精度和效率得到很大提高。例如在振动速度测量中，激光多普勒原理的应用，使得不可能安装传感器进行测量的计算机硬盘读写臂与磁盘片等轻小构件的振动测量成为可能；使用自动定位扫描激光束，使得大型客机机翼、轿车车身等大型物体的多点振动测量在几分钟时间内就能完成。

（2）新型传感器的出现　伴随着微电子技术、微细加工技术及集成化加工工艺的发展，传感器逐渐向小型化、集成化、智能化和多功能化发展。如将传感器与预处理电路甚至微处理器集成为一体，制成具有初等智能的智能化传感器；利用微细加工工艺使被加工半导体材料尺寸达到光的波长级；使用集成化工艺制成的，将同一功能的多个敏感元件排列成线形、面形的传感器，可同时进行同一参数的多点测量。

（3）虚拟仪器的应用和网络化测试　20 世纪 80 年代中期，随着第一代和第二代自动测试系统的发展，计算机与测量仪器的结合更加紧密，计算机软件的功能开始扩展，它不仅仅承担着系统控制和通信功能，也开始代替传统仪器中的某些硬件功能，即虚拟仪器成了为测试技术的发展方向。作为一种以软件为核心的新型测试系统，虚拟仪器具有功能强、测试精度高、测量速度快、自动化程度高、人机界面友好、灵活性强等许多优点，代表着仪器发展的最新方向和潮流，已逐步成为测试领域的第三代系统。目前虚拟仪器已广泛应用于航天航空、军事工程、电力工程、机械工程、建筑工程、铁路交通、地质勘探、生物医疗等诸多领域。

仪器总线技术使得网络化测量成为可能。人们可以通过互联网操作仪器设备，进而形成遍布工业现场的分布式测控网络，最大限度地扩大了测量和控制的范围。

测试技术是一门充满希望和活力的新兴技术，它获得的进展已十分瞩目，相信随着各个相关学科技术的发展，今后测试技术还会有更大的飞跃。

4. 本课程的特点和学习要求

测试技术是一门综合性技术。现代测试系统常常是集机、电于一体，软、硬件相结合的自动化、智能化系统。它涉及传感技术、微电子技术、控制技术、计算机技术、信号处理技术、精密机械设计理论等众多技术领域，因此要求测试工作者应具有深厚的多学科知识背景。

对高等学校机械类的各相关专业而言，"测试技术"是一门专业基础课。在学习本课程之前，学生应具有物理学、工程数学、电子学、微机原理、控制工程等学科的知识，并具有某些专业知识。通过本课程的学习，培养学生能合理地选用测试装置，初步掌握静、动态测量所需的基本知识和具备进行一般工程试验的基本技能。本课程要掌握的要点如下：

1）了解测试技术的基本概念，并掌握测试系统的基本组成。

2）了解各种常用传感器的工作原理，能够根据实际需要选择合适的传感器。

3）了解常用信号调理电路和显示、记录仪器的工作原理和性能，能正确选用。

4）掌握信号的时域和频域描述方法，明确信号频谱的概念；了解频谱分析和相关分析的基本原理和方法，掌握数字信号分析中的基本方法。

5）掌握测试系统基本特性评价的方法，能对一阶和二阶测试系统进行分析和选择。

6）初步掌握常规机械量，包括力、压力、位移、温度、振动等的测试原理和方法，对测试技术有一个完整的概念，能进行基本的测试系统设计，具有基本解决机械工程测量问题的能力。

7）了解现代测试系统的基本组成，了解测试技术的发展方向。

本课程具有很强的实践性。学生只有通过足够和必要的实验才能受到应有技能的训练，才能获得关于动态测试工作比较完整的概念，也只有这样，才能具有初步处理实际测试工作问题的能力。

第1章 信号及其描述

1.1 信号的分类与描述

信息是客观存在或运动状态的特征，它总是通过某些物理量的形式表现出来，这些物理量就是信号，即信号是信息的表现形式，信息则是信号的具体内容。测试工作就是要用最简捷的方法获取和研究与任务相联系的、最有用的、表征对象特征的有关信息。

1.1.1 信号的分类

现实世界中的信号有两种：一是自然的物理信号；二是人工产生信号经自然的作用和影响而形成的信号。信号可用数学描述为一个或若干个自变量的函数或序列的形式；也可按照函数随自变量的变化关系，用波形画出来。根据考虑问题的角度不同，可以按照不同的方式对信号进行分类。

1. 确定性信号与随机信号

根据信号随时间变化的规律，把信号分为确定性信号和随机信号。

（1）确定性信号　若信号可以表示为一个确定性函数，就可确定其任何时刻的量值，这种信号称为确定性信号。确定性信号分为周期信号和非周期信号。

周期信号是按一定时间间隔可周而复始重复出现的信号。表示为

$$x(t) = x(t + nT_0) \tag{1-1}$$

式中　T_0——信号的周期，$n = 0, \pm 1, \pm 2\cdots$。

简谐（正弦、余弦）信号、周期性方波信号和三角波信号等都属于周期信号。

非周期信号是指确定性信号中那些不能周期重复的信号。它又分为准周期信号和瞬变非周期信号。

准周期信号是由两种以上的周期信号合成的，但各周期信号的频率相互间不是公倍数关系，即无法找到公共周期，因而无法按一定时间间隔周而复始重复地出现。例如 $x(t) = \sin t + \sin \sqrt{2} t$ 是两个正弦信号的合成，因其频率比不是有理数，不成谐波关系，因此是准周期信号。准周期信号常出现在振动、通信等系统中，广泛应用于机械转子振动分析、齿轮噪声分析、语音分析等场合。

除准周期信号以外的其他非周期信号，或在一定时间区间存在、或随时间的增加而衰减至零的信号，称为瞬变非周期信号。例如，图 1-1a 的单自由度无阻尼振动系统，其质点位移 $x(t)$ 是周期性的，如图 1-1b 所示。若系统加上阻尼后，如图 1-2a 所示，其质点位移 $x(t)$ 随时间的增加而衰减至零，如图 1-2b 所示。

（2）随机信号　随机信号是一种无法用数学关系式描述、不能准确预测其未来瞬时值的信号，也称为非确定性信号。随机信号所描述的物理现象是一种随机过程。例如，汽车奔驰时所产生的振动、飞机在大气流中的浮动、树叶随风飘荡、环境噪声等。随机信号可以用

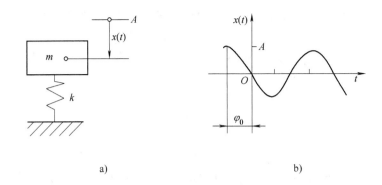

图 1-1 单自由度无阻尼振动系统

a) 模型 b) 质点位移 $x(t) = A\sin\left(\sqrt{\dfrac{k}{m}}t + \varphi_0\right)$

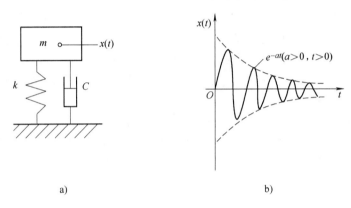

图 1-2 单自由度阻尼振动系统

a) 模型 b) 质点位移 $x(t) = Ae^{-at}\sin(\omega_0 t + \varphi_0)$

概率统计的方法估计其未来，详见 1.4 节内容。

2. 能量信号与功率信号

关于信号的能量，可做如下解释。对于电信号，通常是电压或电流。电压在已知区间 (t_1, t_2) 内消耗在电阻 R 上的能量为

$$E = \int_{t_1}^{t_2} \frac{U^2(t)}{R} \mathrm{d}t$$

对于电流，能量为

$$E = \int_{t_1}^{t_2} RI^2(T) \mathrm{d}t$$

从中可以看出，无论是对电流或电压，能量都是正比于信号平方的积分。当 $R = 1\Omega$ 时，上述两式就具有相同形式，因此称方程

$$E = \int_{-\infty}^{+\infty} x^2(t) \mathrm{d}t < \infty \tag{1-2}$$

为任意信号 $x(t)$ 的"能量"。

（1）能量信号 当 $x(t)$ 满足

$$\int_{-\infty}^{+\infty} x^2(t) \mathrm{d}t < \infty \tag{1-3}$$

条件时，则认为信号的能量是有限的，称之为能量有限信号，简称能量信号。一般持续时间有限的瞬变信号是能量信号，如矩形脉冲信号、指数衰减信号等。

（2）功率信号 有许多信号，如周期信号、随机信号等，它们在区间（−∞，+∞）内能量不是有限值，此时，研究信号的平均功率更为合适。

在区间(t_1,t_2)内，信号$x(t)$的平均功率为

$$P = \frac{1}{t_2 - t_1} \int_{t_1}^{t_2} x^2(t)\,\mathrm{d}t$$

当区间变为无穷大时，上式仍然是一个有限值，即信号具有有限的平均功率。具有有限平均功率的信号称为功率有限信号，简称功率信号。功率信号满足条件

$$0 < \lim_{T \to \infty} \frac{1}{2T} \int_{-T}^{T} x^2(t)\,\mathrm{d}t < \infty \tag{1-4}$$

一般持续时间无限的信号都属于功率信号。

如图 1-1 所示的单自由度无阻尼振动系统，其位移信号 $x(t)$ 就是能量无限的正弦信号，但在一定时间区间内其功率却是有限的。当该系统加上阻尼装置，其振动能量随时间而衰减（见图 1-2），这时的位移信号 $x(t)$ 就变成能量有限信号了。

需要注意的是，信号的功率和能量未必具有真实物理功率和能量的量纲。

3. 连续信号与离散信号

根据信号的取值特征，把信号分为连续信号和离散信号。

（1）连续信号 若信号的数学表达式中的独立变量的取值是连续的，则称为连续信号，如图 1-3a 所示。连续信号的幅值可以是连续的，也可以是离散的。独立变量和幅值均取连续值的信号称为模拟信号。

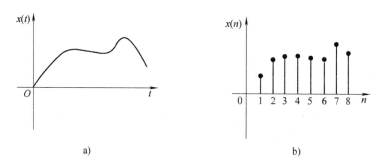

图 1-3 连续信号和离散信号

a）连续信号 b）离散信号

（2）离散信号 若信号的数学表达式中的独立变量取离散值，则称为离散信号，如图 1-3b 所示。若离散信号的幅值也是离散的，则称为数字信号。

在实际应用中，连续信号和模拟信号两个名词常常不予区分，离散信号和数字信号往往也通用。

1.1.2 信号的描述

直接观测或记录的信号，通常以时间为独立变量，称为信号的时域描述。信号的时域描述反映了信号幅值随时间变化的关系。为了研究信号的频率结构和各频率成分的幅值、相位

关系，即以频率为独立变量来表示信号。需要对信号进行频谱分析时，就要通过适当方法把对信号的时域描述转化成对信号的频域描述。

例如，图 1-4a 为一个周期方波的时域描述，其表达式为

$$x(t) = \begin{cases} -A & -\dfrac{T_0}{2} \leqslant t < 0 \\[2mm] A & 0 \leqslant t < \dfrac{T_0}{2} \end{cases}$$

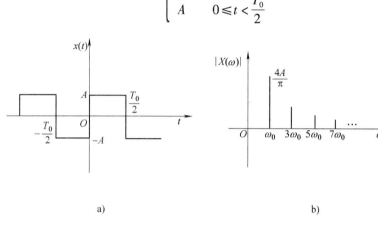

a)   b)

图 1-4　周期方波

a）时域描述　b）频域描述

通过傅里叶级数（Fourier 级数）展开，可得

$$x(t) = \frac{4A}{\pi}\left(\sin\omega_0 t + \frac{1}{3}\sin 3\omega_0 t + \frac{1}{5}\sin 5\omega_0 t + \cdots \right)$$

式中，$\omega_0 = 2\pi/T_0$。该式表明该周期方波是由一系列幅值和频率不等、相角为零的正弦信号叠加而成的。利用两角和的三角函数公式，此式可改写成

$$x(t) = \frac{4A}{\pi}\sum_{n=1}^{\infty}\frac{1}{n}\sin\omega t$$

式中，$\omega = n\omega_0$，$n = 1,3,5,\cdots$。

由此可见，此式除 t 之外还有另一变量 ω（各正弦的频率）。若把 t 看作参变量，把 ω 作为独立变量，则此式即为该周期方波的频域描述，如图 1-4b 所示。

在信号分析中，若以频率为横坐标、分别以幅值或相位为纵坐标，便分别得到了信号的幅频谱或相频谱。图 1-5 表示了该周期方波的时域图形、幅频谱和相频谱之间的关系。

信号的时域描述可直观地反映信号瞬时幅值随时间变化的情况，而频域描述则反映信号的频率组成及其幅值、相角的大小。在实际工程应用中，往往需要掌握信号不同方

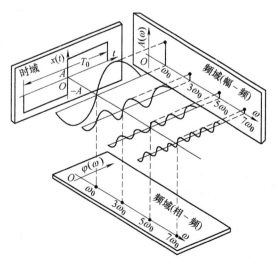

图 1-5　周期方波的时域和频域描述

面的特征，因此就要对信号采用不同的描述方式。例如，评定机器振动烈度时，常以振动速度的方均根值作为判据，此时对速度信号采用时域描述，能很快求得方均根值。但如果要寻找振源，就需要掌握振动信号的频率分量，就要对信号采用频域描述。信号的两种描述方法不仅可以相互转换，而且包含着相同的信息量。

1.2 周期信号

1.2.1 周期信号的频谱特征

1. 傅里叶级数的三角函数展开式

由数学我们知道，在有限区间上，凡满足狄里赫利条件的周期函数（信号）$x(t)$都可以展开成傅里叶级数。傅里叶级数的三角函数展开式如下

$$x(t) = \frac{a_0}{2} + \sum_{n=1}^{\infty} (a_n \cos n\omega_0 t + b_n \sin n\omega_0 t) \tag{1-5}$$

其中，直流分量的幅值

$$a_0 = \frac{2}{T_0} \int_{-\frac{T_0}{2}}^{\frac{T_0}{2}} x(t) \mathrm{d}t$$

余弦分量的幅值

$$a_n = \frac{2}{T_0} \int_{-\frac{T_0}{2}}^{\frac{T_0}{2}} x(t) \cos n\omega_0 t \mathrm{d}t$$

正弦分量的幅值

$$b_n = \frac{2}{T_0} \int_{-\frac{T_0}{2}}^{\frac{T_0}{2}} x(t) \sin n\omega_0 t \mathrm{d}t$$

式中　T_0——周期；

ω_0——基频，$\omega_0 = \dfrac{2\pi}{T_0}$；

$n = 1, 3, 5, \cdots$。

设 $a_n = A_n \sin\varphi_n$，$b_n = A_n \cos\varphi_n$，利用两角和三角函数公式，周期信号的三角函数展开式还可以写成下面的形式

$$x(t) = \frac{a_0}{2} + \sum_{n=1}^{\infty} A_n \sin(n\omega_0 t + \varphi_n) \tag{1-6}$$

$$A_n = \sqrt{a_n^2 + b_n^2}$$

$$\varphi_n = \arctan \frac{a_n}{b_n}$$

式中　A_n——第 n 次谐波分量的幅值；

φ_n——第 n 次谐波分量的初相角。

由式(1-6)可见，周期信号是由一个或几个、乃至无穷多个不同频率的谐波叠加而成。以频率 ω 为横坐标，以 A_n、φ_n 为纵坐标可分别做出 $A_n - \omega$ 幅值谱图和 $\varphi_n - \omega$ 相位谱图。由于 n 是整数序列，各频率成分都是 ω_0 的整数倍，因而周期信号的谱线是离散的。

例 1-1　求周期方波信号（见图 1-6a）的傅里叶级数展开式，绘出其幅值谱和相位谱频谱。

解　周期方波 $x(t)$ 在一个周期内可表示为

$$x(t) = \begin{cases} A & 0 \leqslant t < \dfrac{T_0}{2} \\[3mm] -A & -\dfrac{T_0}{2} \leqslant t < 0 \end{cases}$$

根据公式(1-5)，应首先求出 a_0，a_n，b_n。因为 $x(t)$ 为奇函数，因此有

$$a_0 = 0$$

$$a_n = 0$$

$$b_n = \frac{2}{T_0} \int_{-\frac{T_0}{2}}^{\frac{T_0}{2}} x(t) \sin n\omega_0 t \mathrm{d}t = \frac{4}{T_0} \int_0^{\frac{T_0}{2}} A \sin n\omega_0 t \mathrm{d}t$$

$$= \frac{4A}{T_0 n\omega_0} \left(-\cos n\omega_0 t \, \Big|_0^{\frac{T_0}{2}} \right) = \frac{2A}{n\pi}(1 - \cos n\pi)$$

$$= \begin{cases} \dfrac{4A}{n\pi} & (n = 1,3,5\cdots) \\[3mm] 0 & (n = 2,4,6\cdots) \end{cases}$$

于是，周期方波的傅里叶级数展开式为

$$x(t) = \frac{4A}{\pi} \left(\sin\omega_0 t + \frac{1}{3}\sin 3\omega_0 t + \frac{1}{5}\sin 5\omega_0 t + \cdots \right)$$

$$A_n = \sqrt{a_n^2 + b_n^2} = \frac{4A}{n\pi} \quad (n = 1,3,5\cdots)$$

$$\varphi_n = \arctan \frac{a_n}{b_n} = \arctan \frac{0}{b_n} = 0$$

周期方波幅值谱和相位谱分别如图 1-6b、c 所示。幅值谱只包含基波和奇次谐波的频率分量，且谐波幅值每次以 $1/n$ 的速度衰减；相位谱中各次谐波的相角均为零。

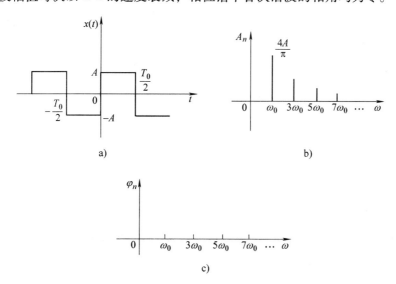

图 1-6 周期方波信号及谱图

a) 波形 b) 幅值谱图 c) 相位谱图

由此例可看出，周期方波是由无数多个谐波组成。现用图 1-7 来解释，基波波形如图

1-7a 所示，若将第 1、3 次谐波叠加，波形如图 1-7b 所示，若将第 1、3、5 次谐波叠加，则波形如图 1-7c 所示。显然，叠加项越多，叠加后越接近周期方波，当叠加项无穷多时，就叠加成周期方波。

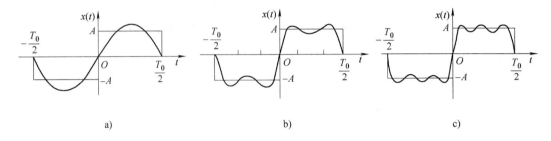

a)　　　　　　　　　　　b)　　　　　　　　　　　c)

图 1-7　周期方波的谐波叠加

a）基波波形　b）第 1、3 次谐波叠加　c）第 1、3、5 次谐波叠加

2. 傅里叶级数的复指数展开式

由数学中的欧拉公式

$$e^{\pm j\omega t} = \cos\omega t \pm j\sin\omega t \quad (j = \sqrt{-1}) \tag{1-7}$$

$$\cos\omega t = \frac{1}{2}(e^{-j\omega t} + e^{j\omega t}) \tag{1-8}$$

$$\sin\omega t = \frac{j}{2}(e^{-j\omega t} - e^{j\omega t}) \tag{1-9}$$

可推导出傅里叶的复指数形式

$$x(t) = \sum_{n=-\infty}^{\infty} c_n e^{jn\omega_0 t} \quad (n = 0, \pm 1, \pm 2, \cdots) \tag{1-10}$$

$$c_n = \frac{1}{T_0} \int_{-\frac{T_0}{2}}^{\frac{T_0}{2}} x(t) e^{-jn\omega_0 t} dt$$

由于 c_n 是复数，可以写成

$$c_n = \mathrm{Re}c_n + j\mathrm{Im}c_n = |c_n| e^{j\phi_n} \tag{1-11}$$

式中

$$|c_n| = \sqrt{(\mathrm{Re}c_n)^2 + (\mathrm{Im}c_n)^2} = \frac{\sqrt{a_n^2 + b_n^2}}{2} = \frac{1}{2}A_n$$

为谐波分量的幅值。

$$\phi_n = \arctan\frac{\mathrm{Im}c_n}{\mathrm{Re}c_n} = \arctan\left(-\frac{b_n}{a_n}\right)$$

为谐波分量的初相位。

分别以 $\mathrm{Re}c_n - \omega$ 和 $\mathrm{Im}c_n - \omega$ 做的幅频图，称为实频谱图和虚频谱图，以 $|c_n| - \omega$ 和 $\phi_n - \omega$ 做的谱图，称为幅频谱图和相频谱图。

例 1-2　对例 1-1 的周期方波以复指数展开式求频谱，并做出频谱图。

解　根据式(1-10)及欧拉公式(1-7)有

$$c_n = \frac{1}{T_0} \int_{-\frac{T_0}{2}}^{\frac{T_0}{2}} x(t) e^{-jn\omega_0 t} dt = \frac{1}{T_0} \int_{-\frac{T_0}{2}}^{\frac{T_0}{2}} x(t)(\cos\omega_0 t - j\sin\omega_0 t) dt$$

$$= -\mathrm{j} \frac{2}{T_0} \int_0^{\frac{T_0}{2}} A \sin n\omega_0 t \mathrm{d}t = \begin{cases} -\mathrm{j} \dfrac{2A}{\pi n} & (n = \pm 1,\ \pm 3,\ \pm 5 \cdots) \\ 0 & (n = \pm 2,\ \pm 4,\ \pm 6 \cdots) \end{cases}$$

由此得到周期方波的复指数展开式为

$$x(t) = -\mathrm{j} \frac{2A}{\pi} \sum_{n=-\infty}^{\infty} \frac{1}{n} \mathrm{e}^{\mathrm{j}n\omega_0 t}$$

其幅值为

$$|c_n| = \begin{cases} \dfrac{2A}{\pi n} & (n = \pm 1,\ \pm 3,\ \pm 5 \cdots) \\ 0 & (n = \pm 2,\ \pm 4,\ \pm 6 \cdots) \end{cases}$$

初相位为

$$\phi_n = \arctan \frac{-\dfrac{4A}{\pi n}}{0} = \begin{cases} -\dfrac{\pi}{2} & (n > 0) \\ \dfrac{\pi}{2} & (n < 0) \end{cases}$$

频谱图如图 1-8 所示。

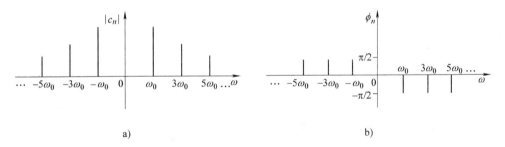

图 1-8　周期方波的双边幅频谱和相频谱
a) 幅频谱　b) 相频谱

比较傅里叶级数的两种展开形式可知：复指数函数形式的频谱为双边谱（ω 从 $-\infty$ ~ ∞），三角函数形式的频谱为单边谱（ω 从 0 ~ ∞），两种频谱各谐波幅值在量值上有确定的关系，$|c_n| = \dfrac{1}{2} A_n$，$|c_0| = \dfrac{a_0}{2}$；双边幅频谱为偶函数，是对称谱，双边相频谱为奇函数，是奇对称谱。

当 n 为负值时，谐波频率 $n\omega_0$ 为"负频率"。对"负"频率，可理解为实际角速度按其旋转方向可以有正有负。"负频率"不仅只具有数学意义，在工程实际中也有较高的应用价值。

综上所述，周期信号的频谱具有以下三个特点：

（1）频谱是离散的。

（2）每条谱线只出现在基波频率的整倍数上，基波频率是各分量频率的公约数。

（3）各频率分量的谱线高度表示该谐波的幅值或相位角。

工程中常见的周期信号，其谐波幅值总的趋势是随谐波次数的增高而逐渐减小，因此在频谱分析中没有必要取那些次数过高的谐波分量。

表 1-1 列出了典型周期信号的时域波形和幅频谱图。

表 1-1　典型周期信号的时域波形和幅频谱图

信号名称	时域波形	傅里叶级数三角展开式	幅频谱图
方波		$x(t) = \dfrac{4}{\pi}\left(\sin\omega_0 t + \dfrac{1}{3}\sin3\omega_0 t + \dfrac{1}{5}\sin5\omega_0 t + \cdots\right)$	
三角波		$x(t) = \dfrac{8}{\pi^2}\left(\cos\omega_0 t + \dfrac{1}{9}\cos3\omega_0 t + \dfrac{1}{25}\cos5\omega_0 t + \cdots\right)$	
锯齿波		$x(t) = \dfrac{2}{\pi}\left(-\sin\omega_0 t - \dfrac{1}{2}\sin2\omega_0 t - \dfrac{1}{3}\sin3\omega_0 t - \cdots\right)$	
全波整流		$x(t) = \dfrac{2}{\pi}\left(1 - \dfrac{2}{3}\cos2\omega_0 t - \dfrac{2}{15}\cos4\omega_0 t - \cdots - \dfrac{2}{4n^2-1}\cos2n\omega_0 t - \cdots\right)$	

1.2.2 周期信号的强度特征

周期信号的强度以峰值、绝对均值、有效值和平均功率来表述，如图1-9所示。

1. 峰值 x_p、峰-峰值 x_{p-p}

峰值 x_p 是信号可能出现的最大瞬时值，即

$$x_p = |x(t)|_{max} \tag{1-12}$$

峰-峰值 x_{p-p} 是在一个周期中最大瞬时值与最小瞬时值之差。

信号的峰值和峰-峰值主要用于确定测试系统的量程范围。一般希望信号的峰-峰值在测试系统的线性区域内，可使所观测（记录）到的信号正比于被测量的变化状态。如果进

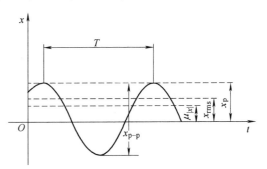

图1-9　周期信号的强度表示

入非线性区域，信号则发生畸变，其结果不但不能正比于被测信号的幅值，而且会增生大量谐波。

2. 均值 μ_x

周期信号的均值 μ_x 为

$$\mu_x = \frac{1}{T_0}\int_0^{T_0} x(t)\,dt \tag{1-13}$$

均值又称为直流分量，表示信号变化的中心趋势。

周期信号全波整流后的均值为信号的绝对均值 $\mu_{|x|}$，即

$$\mu_{|x|} = \frac{1}{T_0}\int_0^{T_0} |x(t)|\,dt \tag{1-14}$$

3. 有效值 x_{rms}

有效值 x_{rms} 是信号的方均根值，表示信号的平均能量，即

$$x_{rms} = \sqrt{\frac{1}{T_0}\int_0^{T_0} x^2(t)\,dt} \tag{1-15}$$

有效值的平方——方均值是信号的平均功率，表示信号的强度，即

$$P_{av} = \frac{1}{T_0}\int_0^{T} x^2(t)\,dt = x_{rms}^2 \tag{1-16}$$

信号的峰值 x_p、绝对均值 $\mu_{|x|}$ 和有效值 x_{rms} 可用三值电压表来测量，也可用普通的电工仪表来测量。由于信号是周期交变的，当交流频率较高时，交流成分会影响表针的微小晃动，但不影响均值读数；当频率低时，由于表针产生摆动，将影响读数，这时可用一个电容器与电压表并接，将交流分量旁路。只是应注意到电容器对被测电路的影响。

表1-2列举了几种典型周期信号的峰值 x_p、均值 μ_x、绝对均值 $\mu_{|x|}$ 和有效值 x_{rms} 之间的数量关系。

表 1-2　典型周期信号的强度特征值

信号名称	时　域　波　形	x_p	μ_x	$\mu_{|x|}$	x_{rms}
正弦波		A	0	$2A/\pi$	$A/\sqrt{2}$
方波		A	0	A	A
三角波		A	0	$A/2$	$A/\sqrt{3}$
锯齿波		A	$A/2$	$A/2$	$A/\sqrt{3}$
全波整流		A	$2A/\pi$	$2A/\pi$	$A/\sqrt{2}$

1.3　瞬变非周期信号

　　前面讲过，非周期信号包括准周期信号和瞬变非周期信号，二者的频谱有着各自的特点。我们已知道，周期信号可展成许多乃至无限项简谐信号之和，其频谱具有离散性，各简谐分量的频率具有一个公约数——基频。但几个简谐信号的叠加却不一定就是周期信号，或者说具有离散频谱的信号不一定是周期信号，只有其各简谐成分的频率比是有理数时，合成后的信号才是周期信号。当各简谐成分的频率比不是有理数时，其合成信号虽不是周期信号，但由于其具有离散频谱，因此称为准周期信号。

　　通常所说的非周期信号多是指瞬变非周期信号，本节重点讨论瞬变非周期信号的频谱。

1.3.1 傅里叶变换

对于周期信号 $x(t) = x(t + nT_0)$，当 $T_0 \to \infty$ 时，周期信号变成了非周期信号，其频率间隔 $\Delta\omega = \omega_0 = \dfrac{2\pi}{T_0}$ 将趋于无穷小，使谱线无限靠近以致最后变成一条连续曲线，因此说非周期信号的频谱是连续的。

根据式(1-10)，周期信号 $x(t)$ 在 $(-T_0/2, T_0/2)$ 区间的傅里叶复指数形式为

$$x(t) = \sum_{n=-\infty}^{\infty} c_n \mathrm{e}^{\mathrm{j}n\omega_0 t}$$

式中

$$c_n = \frac{1}{T_0} \int_{-\frac{T_0}{2}}^{\frac{T_0}{2}} x(t) \mathrm{e}^{-\mathrm{j}n\omega_0 t} \mathrm{d}t$$

将 c_n 代入 $x(t)$ 中，得

$$x(t) = \sum_{n=-\infty}^{\infty} \left(\frac{1}{T_0} \int_{-\frac{T_0}{2}}^{\frac{T_0}{2}} x(t) \mathrm{e}^{-\mathrm{j}n\omega_0 t} \mathrm{d}t \right) \mathrm{e}^{\mathrm{j}n\omega_0 t}$$

当 $T_0 \to \infty$ 时，频率间隔 $\Delta\omega \to \mathrm{d}\omega$，离散频谱中相邻的谱线靠近，$n\omega_0$ 变为连续变量 ω，求和符号 $\sum$ 变为积分符号 $\int$，于是有

$$\begin{aligned} x(t) &= \int_{-\infty}^{\infty} \frac{\mathrm{d}\omega}{2\pi} \left(\int_{-\infty}^{\infty} x(t) \mathrm{e}^{-\mathrm{j}\omega t} \mathrm{d}t \right) \mathrm{e}^{\mathrm{j}\omega t} \\ &= \int_{-\infty}^{\infty} \frac{1}{2\pi} \left(\int_{-\infty}^{\infty} x(t) \mathrm{e}^{-\mathrm{j}\omega t} \mathrm{d}t \right) \mathrm{e}^{\mathrm{j}\omega t} \mathrm{d}\omega \end{aligned} \tag{1-17}$$

式(1-17)括号中的积分仅是 ω 的函数，因此记作 $X(\omega)$，即

$$X(\omega) = \int_{-\infty}^{\infty} x(t) \mathrm{e}^{-\mathrm{j}\omega t} \mathrm{d}t$$

因此

$$x(t) = \frac{1}{2\pi} \int_{-\infty}^{\infty} X(\omega) \mathrm{e}^{\mathrm{j}\omega t} \mathrm{d}\omega$$

把 $\omega = 2\pi f$ 代入上两式中，则两式可简化为

$$X(f) = \int_{-\infty}^{\infty} x(t) \mathrm{e}^{-\mathrm{j}2\pi f t} \mathrm{d}t \tag{1-18}$$

$$x(t) = \int_{-\infty}^{\infty} X(f) \mathrm{e}^{\mathrm{j}2\pi f t} \mathrm{d}f \tag{1-19}$$

式(1-18)所表达的 $X(f)$ 称为 $x(t)$ 的傅里叶变换；式(1-19)所表达的 $x(t)$ 称为 $X(f)$ 的傅里叶逆变换；两者互为傅里叶变换对，记作

$$x(t) \rightleftharpoons X(f)$$

由于 $X(f)$ 是实变量 f 的复函数，故有

$$X(f) = \mathrm{Re}X(f) + \mathrm{j}\mathrm{Im}X(f) = |X(f)| \mathrm{e}^{\mathrm{j}\phi(f)} \tag{1-20}$$

把式(1-20)代入式(1-19)中，并利用欧拉公式(1-7)可得

$$x(t) = \int_{-\infty}^{\infty} |X(f)| \mathrm{e}^{\mathrm{j}\phi(f)} \cdot \mathrm{e}^{\mathrm{j}2\pi f t} \mathrm{d}f$$

$$= \int_{-\infty}^{\infty} |X(f)| \cos(2\pi ft + \phi(f)) \mathrm{d}f + \mathrm{j} \int_{-\infty}^{\infty} |X(f)| \sin(2\pi ft + \phi(f)) \mathrm{d}f$$

$$= \int_{-\infty}^{\infty} |X(f)| \cos(2\pi ft + \phi(f)) \mathrm{d}f$$

由此可看出，$|X(f)|\mathrm{d}f$ 是谐波信号的幅值，$|X(f)|$ 是谐波信号的幅值在频率上的分布，即单位频率宽度上的幅值，故称为幅值谱密度，简称幅值谱。$\phi(f)$ 称为相位谱。幅值谱和相位谱均为连续谱。$X(f)$ 称为频谱密度函数。

综上所述，非周期信号与周期信号相似，仍然可以分解成谐波信号的叠加。所不同的是，由于非周期信号的周期 $T_0 \to \infty$，$\omega_0 = 2\pi/T_0 \to \mathrm{d}\omega$，频谱包含了从零到无穷大的所有频率分量，因此不用幅值表示，而用幅值密度函数来描述。而周期信号的幅值谱 $|c_n|$ 是离散的，且具有与信号幅值相同的量纲。

例 1-3 求矩形窗函数 $w_R(t)$ 的频谱。

解 矩形窗函数（如图 1-11a 所示）的定义为

$$w_R(t) = \begin{cases} 1 & |t| \leqslant \dfrac{T}{2} \\ 0 & |t| > \dfrac{T}{2} \end{cases}$$

根据式（1-18），其傅里叶变换为

$$W_R(f) = \int_{-\infty}^{\infty} w_R(t) \mathrm{e}^{-\mathrm{j}2\pi ft} \mathrm{d}t = \int_{-\frac{T}{2}}^{\frac{T}{2}} \mathrm{e}^{-\mathrm{j}2\pi ft} \mathrm{d}t$$

$$= \int_{-\frac{T}{2}}^{\frac{T}{2}} (\cos 2\pi ft - \mathrm{j}\sin 2\pi f) \mathrm{d}t = T \frac{\sin(\pi fT)}{\pi fT} = T\mathrm{sinc}(\pi fT)$$

其中，$\mathrm{sinc}x = \dfrac{\sin x}{x}$ 为森克函数，其函数值可查专门的数学用表。$\mathrm{sinc}x$ 是偶函数，且随着 x 增加以 2π 为周期振荡衰减，在 $n\pi(n = \pm 1, \pm 2, \cdots)$ 处的值为零，如图 1-10 所示。

因此，矩形窗函数 $w_R(t)$ 的频谱 $W_R(f)$ 为

$$|W_R(f)| = T|\mathrm{sinc}(\pi fT)|$$

$|W_R(f)|$ 频谱如图 1-11b 所示。

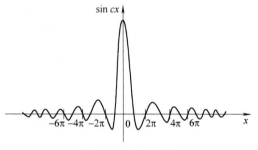

图 1-10 森克函数

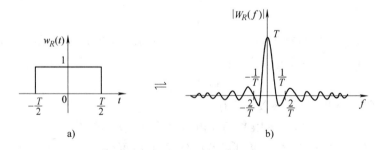

a)　　　　　　　　b)

图 1-11 矩形窗函数及频谱图

a）矩形窗函数图 b）频谱图

这里，矩形窗函数 $w_R(t)$ 的相位频谱应视 $\mathrm{sinc}(\pi f T)$ 的符号而定。当 $\mathrm{sinc}(\pi f T)$ 为正值时，相角为零，当 $\mathrm{sinc}(\pi f T)$ 为负值时，相角为 π。

1.3.2 傅里叶变换的主要性质

我们知道，信号是通过傅里叶变换来确定时域与频域对应关系的，因此熟悉和掌握傅里叶变换的主要性质，将有助于分析信号在某个域中的变化和运算与在另一个域中所产生的对应的变化和运算关系，可使复杂的工程问题变得简化。

傅里叶变换的主要性质见表 1-3。各性质均从定义出发推导而得，以下仅就几个主要性质进行解释，推导从略。

表 1-3　傅里叶变换的主要性质

性　质	时　域	频　域
奇偶虚实性质	实偶函数	实偶函数
	实奇函数	虚奇函数
	虚偶函数	虚偶函数
	虚奇函数	实奇函数
线性叠加性质	$c_1 x_1(t) + c_2 x_2(t)\,(c_1,c_2\ 为常数)$	$c_1 X_1(f) + c_2 X_2(f)$
对称性质	$X(t)$	$x(-f)$
时间尺度改变性质	$x(kt)$	$\dfrac{1}{k}X\left(\dfrac{f}{k}\right),\ (k>0)$
时移性质	$x(t \pm t_0)$	$\mathrm{e}^{\pm \mathrm{j}2\pi f t_0}X(f)$
频移性质	$x(t)\mathrm{e}^{\mp \mathrm{j}2\pi f_0 t}$	$X(f \pm f_0)$
卷积性质	$x_1(t) * x_2(t)$	$X_1(f)X_2(f)$
	$x_1(t)x_2(t)$	$X_1(f) * X_2(f)$
微分性质	$\dfrac{\mathrm{d}^n x(t)}{\mathrm{d}t^n}$	$(\mathrm{j}2\pi f)^n X(f)$
积分性质	$\underbrace{\displaystyle\int_{-\infty}^{t} \cdots \int_{-\infty}^{t}}_{n} x(t)\,\mathrm{d}t$	$\dfrac{1}{(\mathrm{j}2\pi f)^n}X(f)$

1. 奇偶虚实性质

若 $X(f)$ 是实变量 f 的复函数，则可以写成

$$X(f) = \int_{-\infty}^{\infty} x(t)\,\mathrm{e}^{-\mathrm{j}2\pi f t}\,\mathrm{d}t = \mathrm{Re}X(f) + \mathrm{j}\mathrm{Im}X(f)$$

式中

$$\mathrm{Re}X(f) = \int_{-\infty}^{\infty} x(t)\cos 2\pi f t\,\mathrm{d}t$$

$$\mathrm{Im}X(f) = \int_{-\infty}^{\infty} x(t)\sin 2\pi f t\,\mathrm{d}t$$

由于余弦函数是偶函数，正弦函数是奇函数。由此可得：

如果 $x(t)$ 是实函数，则 $X(f)$ 为具有实部和虚部的复函数，且实部为偶函数，虚部为奇函数。

如果 $x(t)$ 是实偶函数，则 $\mathrm{Im}X(f)=0$，$X(f)$ 是实偶函数。

如果 $x(t)$ 是实奇函数，则 $\mathrm{Re}X(f)=0$，$X(f)$ 是虚奇函数。

如果 $x(t)$ 是虚函数，则上述结论的虚实位置相互交换。

了解该性质有助于估计傅里叶变换对的相应图形性质，减少不必要的变换计算。

2. 对称性质

若

$$x(t) \rightleftharpoons X(f)$$

则有

$$X(t) \rightleftharpoons x(-f) \qquad (1-21)$$

该性质表明傅里叶正、逆变换之间存在对称关系，即信号的波形与信号的频谱函数的波形有互相置换关系。如图 1-12 的实例。

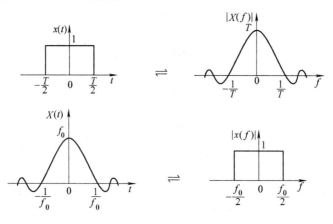

图 1-12　对称性举例

3. 时间尺度改变性质

若

$$x(t) \rightleftharpoons X(f)$$

则有

$$x(kt) \rightleftharpoons \frac{1}{k} X\left(\frac{f}{k}\right) \quad (k>0) \quad (1-22)$$

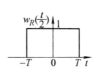 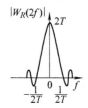

a)

运用此性质所做的不同宽度的矩形窗函数及其频谱如图 1-13 所示。当时间尺度压缩（$k>1$）时，频谱的频带加宽，幅值减小；当时间尺度扩展（$k<1$）时，其频谱变窄，幅值增大。时间尺度改变性质在实际测试信号记录时常常用到，例如把采集的信号慢录快放，即把时间尺度压缩，虽可提高信号处理的效率，但是所得到的信号频带就会加宽，若后续设备（放大器、滤波器）的频带不够宽，就会导致信号失真；反之，快录慢放，即把时间尺度扩展，则所得到的信号频带变窄，对后续设备的通带要求可以降低，但信号处理的效率也随之降低。

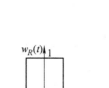 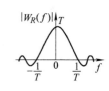

b)

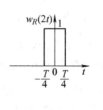 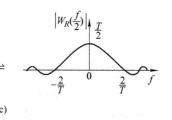

c)

图 1-13　时间尺度改变性举例
a) $k=0.5$　b) $k=1$　c) $k=2$

4. 时移和频移性质

若

$$x(t) \rightleftharpoons X(f)$$

如在时域中将信号沿时间轴平移一个常数值 t_0 时，则有

$$x(t \pm t_0) \rightleftharpoons e^{\pm j2\pi f t_0} X(f) \tag{1-23}$$

如在频域中将信号沿频率轴平移一个常数值 f_0 时，则有

$$x(t) e^{\mp j2\pi f_0 t} \rightleftharpoons X(f \pm f_0) \tag{1-24}$$

式(1-23)表示，将信号在时域中平移时，则频谱函数将乘上一个因子，幅值谱不变，相位谱改变。

5. 卷积性质

由工程数学可知，两函数 $x_1(t)$ 与 $x_2(t)$ 的卷积定义为

$$x_1(t) * x_2(t) = \int_{-\infty}^{\infty} x_1(\tau) x_2(t - \tau) d\tau$$

卷积满足

交换律　$x_1(t) * x_2(t) = x_2(t) * x_1(t)$

结合律　$x_1(t) * [x_2(t) * x_3(t)] = [x_1(t) * x_2(t)] * x_3(t)$

分配律　$x_1(t) * [x_2(t) + x_3(t)] = x_1(t) * x_2(t) + x_1(t) * x_3(t)$

在很多情况下，卷积直接进行积分计算很困难，但如果运用卷积性质则可使计算变得很简便，因此卷积性质在信号分析中占有重要地位。

卷积性质为，若

$$x_1(t) \rightleftharpoons X_1(f)$$
$$x_2(t) \rightleftharpoons X_2(f)$$

则有

$$x_1(t) * x_2(t) \rightleftharpoons X_1(f) X_2(f)$$
$$x_1(t) x_2(t) \rightleftharpoons X_1(f) * X_2(f) \tag{1-25}$$

即两信号在时域中的卷积，在频域中为乘积，反之在频域中的卷积，在时域中为乘积。

6. 微分和积分性质

若

$$x(t) \rightleftharpoons X(f)$$

且当 $|t| \to \infty$ 时，$x(t) = 0$。则有

$$x'(t) \rightleftharpoons j2\pi f X(f) \tag{1-26}$$

$$\int_{-\infty}^{t} x(t) dt \rightleftharpoons \frac{1}{j2\pi f} X(f) \tag{1-27}$$

推论

$$\frac{d^n x(t)}{dt^n} \rightleftharpoons (j2\pi f)^n X(f)$$

$$\underbrace{\int_{-\infty}^{t} \cdots \int_{-\infty}^{t}}_{n} x(t) dt \rightleftharpoons \frac{1}{(j2\pi f)^n} X(f)$$

在振动信号测试中，如果测得振动系统的位移、速度或加速度中任一参数的频谱，应用

微分、积分性质就可获得其他参数的频谱。

1.3.3 常用信号的频谱

1. 矩形窗函数的频谱

矩形窗函数的频谱已在例1-3中讨论了。即

$$w_R(t) = \begin{cases} 1 & |t| \leqslant \dfrac{T}{2} \\ 0 & |t| > \dfrac{T}{2} \end{cases} \rightleftharpoons T\mathrm{sinc}(\pi f T)$$

由此可见，一个在时域有限区间内有值的信号，其频谱却延伸至无限频率。

我们在时域中要截取信号的一段记录长度，其实就相当于把原信号与矩形窗函数相乘。根据傅里叶变换的卷积性质，所得的频谱应是原信号频域函数与 $\mathrm{sinc}x$ 函数的卷积。后面将讨论到，该频谱是连续的，且频率无限延伸。

从矩形窗函数频谱图1-11b中可以看到，在 $f = 0 \sim \pm 1/T$ 之间的谱峰幅值最大，称其为主瓣；两侧其他各谱峰的峰值较低，称其为旁瓣。主瓣宽度为 $2/T$，且截取信号时长越长，主瓣宽度越窄。

2. δ 函数及其频谱

（1）δ 函数定义　在 ε 时间内激发一个矩形脉冲 $S_\varepsilon(t)$（或三角脉冲、钟形脉冲等），其面积为1，如图1-14所示，当 $\varepsilon \to 0$ 时 $S_\varepsilon(t)$ 的极限，称为 δ 函数（也称为单位脉冲函数），记作 $\delta(t)$。

δ 函数具有如下特点：

从函数极限角度看

$$\delta(t) = \begin{cases} \infty & t = 0 \\ 0 & t \neq 0 \end{cases} \tag{1-28}$$

若有 t_0 时刻延迟，则有

$$\delta(t - t_0) = \begin{cases} \infty & t = t_0 \\ 0 & t \neq t_0 \end{cases} \tag{1-29}$$

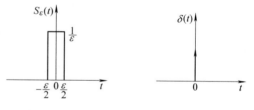

图 1-14　矩形脉冲与 δ 函数

从面积（也即从强度）角度看

$$\int_{-\infty}^{\infty} \delta(t)\,\mathrm{d}t = \lim_{\varepsilon \to 0} \int_{-\infty}^{\infty} S_\varepsilon(t)\,\mathrm{d}t = 1 \tag{1-30}$$

（2）δ 函数的特性

乘积性

$$x(t)\delta(t) = x(0)\delta(t)$$
$$x(t)\delta(t - t_0) = x(t_0)\delta(t - t_0) \tag{1-31}$$

采样性

$$\int_{-\infty}^{\infty} x(t)\delta(t)\,\mathrm{d}t = x(0)$$

$$\int_{-\infty}^{\infty} x(t)\delta(t - t_0)\,\mathrm{d}t = x(t_0) \tag{1-32}$$

采样性对连续信号的离散很重要，在信号分析中得到广泛应用。

卷积性

$$x(t) * \delta(t) = x(t)$$

$$x(t) * \delta(t - t_0) = x(t - t_0) \qquad (1-33)$$

由式(1-33)可见，函数 $x(t)$ 与 δ 函数卷积的结果，就是将 $x(t)$ 在发生 δ 函数的位置上重新构图，如图 1-15 所示。

（3） δ 函数的频谱　将 $\delta(t)$ 进行傅里叶变换，并利用 δ 函数的乘积性，则有

$$\delta(f) = \int_{-\infty}^{\infty} \delta(t) e^{-j2\pi ft} dt = 1 \qquad (1-34)$$

δ 函数傅里叶逆变换为

$$\delta(t) = \int_{-\infty}^{\infty} 1 \cdot e^{j2\pi ft} df \qquad (1-35)$$

δ 函数及其频谱如图 1-16 所示。由该图可见， δ 函数具有无限宽广的频谱，且在所有的频段上都是等强度的，通常把这样的频谱称为"均匀谱"或"白色谱"，把 $\delta(t)$ 称为理想的白噪声。

根据傅里叶变换的对称性质、时移和频移性可以得到以下傅里叶变换对

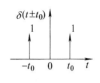

a)

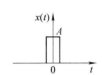

b)

c)

图 1-15　δ 函数与矩形脉冲卷积的结果

a) δ 函数　b) 矩形脉冲 $x(t)$　c) $x(t)$ 与 δ 函数的卷积

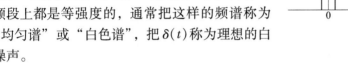

时域		频域
$\delta(t)$	$\rightleftharpoons$	1
1	$\rightleftharpoons$	$\delta(-f) = \delta(f)$
$\delta(t - t_0)$	$\rightleftharpoons$	$e^{-j2\pi ft_0}$
$e^{j2\pi f_0 t}$	$\rightleftharpoons$	$\delta(f - f_0)$

3. 常数函数 $x(t) = 1$ 的频谱

根据傅里叶变换的定义，有

$$X(f) = \int_{-\infty}^{\infty} x(t) e^{-j2\pi ft} dt = \int_{-\infty}^{\infty} e^{-j2\pi ft} dt$$

由式(1-35)可得

$$X(f) = \delta(-f) = \delta(f)$$

即（见图 1-17）

$$1 \rightleftharpoons \delta(f) \qquad (1-36)$$

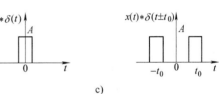

图 1-16　δ 函数及其频谱　　　　图 1-17　常数函数及其频谱

4. 正、余弦函数的频谱

由于正、余弦函数不满足绝对可积条件，因此不能直接用式(1-18)进行傅里叶变换。根

24

据欧拉公式(1-8)、式(1-9)，正、余弦函数可以写为

$$\sin 2\pi f_0 t = j\frac{1}{2}(e^{-j2\pi f_0 t} - e^{j2\pi f_0 t})$$

$$\cos 2\pi f_0 t = \frac{1}{2}(e^{-j2\pi f_0 t} + e^{j2\pi f_0 t})$$

现引入 $\delta(t)$ 函数，并应用前述的傅里叶变换对，则有(见图1-18)

$$\sin 2\pi f_0 t \rightleftharpoons j\frac{1}{2}[\delta(f+f_0) - \delta(f-f_0)] \tag{1-37}$$

$$\cos 2\pi f_0 t \rightleftharpoons \frac{1}{2}[\delta(f+f_0) + \delta(f-f_0)] \tag{1-38}$$

图 1-18　正、余弦函数及其频谱

5. 周期单位脉冲序列及其频谱

等间隔的周期单位脉冲序列一般称为梳状函数，可用 $\mathrm{comb}(t, T_s)$ 表示

$$\mathrm{comb}(t, T_s) = \sum_{n=-\infty}^{\infty} \delta(t-nT_s) \quad (n = 0, \pm 1, \pm 2, \cdots) \tag{1-39}$$

式中　T_s——周期。

由于此函数是周期函数，所以可以用傅里叶级数表示其频谱特征，即

$$\mathrm{comb}(t, T_s) = \sum_{n=-\infty}^{\infty} c_n e^{j2\pi n f_s t}$$

式中　$f_s = 1/T_s$。

由于在 $(-T_s/2, T_s/2)$ 区间内，$\mathrm{comb}(t, T_s)$ 只有一个 δ 函数，因此

$$c_n = \frac{1}{T_s}\int_{-\frac{T_s}{2}}^{\frac{T_s}{2}} \delta(t) e^{-j2\pi f_s t}\mathrm{d}t = \frac{1}{T_s}$$

式(1-39)可表示为

$$\mathrm{comb}(t, T_s) = \frac{1}{T_s}\sum_{n=-\infty}^{\infty} e^{j2\pi n f_s t}$$

根据前述的傅里叶变换对

$$e^{j2\pi n f_s t} \rightleftharpoons \delta(f-nf_s)$$

因此

$$\mathrm{Comb}(f, f_s) = f_s\sum_{n=-\infty}^{\infty} \delta(f-nf_s) \tag{1-40}$$

由此可见，$\text{comb}(t,T_\text{s})$ 的频谱 $\text{Comb}(f,f_\text{s})$ 也是梳状函数，如图 1-19 所示，即时域周期单位脉冲序列的频谱也是周期脉冲序列。若时域周期为 T_s，则频域脉冲序列的周期为 $1/T_\text{s}$；时域脉冲强度为 1，则频域的强度为 $1/T_\text{s}$。

图 1-19　周期单位脉冲序列及其频谱

1.4　随机信号

1.4.1　随机过程的概念及随机信号的分类

确定性信号是在一定条件下出现的特殊情况，或者是忽略了次要的随机因素后抽象出来的模型。而一般测试信号总是受到环境污染的，因此研究随机信号具有普遍的现实意义。通常随机信号具有以下特点：

1）时间函数不能用精确的数学关系式来描述。

2）不能预测它未来任何时刻的准确值。

3）对这种信号的每次观测结果都不同，但通过大量的重复试验，可以得到它的统计规律。

工程实际中常遇到随机信号，如气温的变化、机器的振动等。如图 1-20 是汽车在水平柏油路上行驶时，车架主梁上一点的时间历程。虽然工况（车速、路面、驾驶条件等）完全相同，但各时间样本的记录却不同。

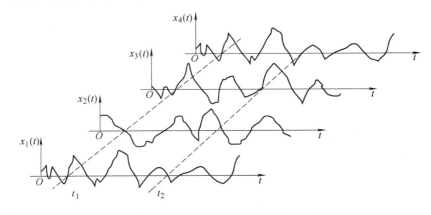

图 1-20　随机过程举例

产生随机信号的物理现象称为随机现象。表示随机信号的单个时间历程 $x_i(t)$ 称为样本函数。随机现象可能产生的全部样本函数的集合称为随机过程。

随机过程分为平稳过程和非平稳过程。平稳过程又分为各态历经过程和非各态历经过程。

随机过程在任意时刻 t_k 时对所有样本函数的观测值取平均，称为集合平均。例如，图 1-20 中 t_1 时刻的均值表示为

$$\mu_x(t_1) = \lim_{N \to \infty} \frac{1}{N} \sum_{k=1}^{N} x_k(t_1)$$

图 1-20 中第 i 个样本的时间平均为

$$\mu_{xi} = \lim_{T \to \infty} \frac{1}{T} \int_0^T x_i(t) \, dt$$

若随机过程中所有的集合平均统计特征参数（不仅仅是均值 $\mu_x(t_i)$）都不随时间变化，则该过程称为平稳随机过程，否则称为非平稳随机过程。例如机器在起动与制动阶段的振动信号为平稳随机信号，在平稳运行时的信号为非平稳随机信号。在平稳随机过程中，若任一单个样本函数的时间平均统计特征参数（也不仅仅是 μ_{xi}）等于该过程的集合平均统计特征参数，则这样的平稳随机过程称为各态历经过程。

需要强调的是，工程中所遇到的随机信号大多具有各态历经性，或近似地作为各态历经过程处理。事实上，一般的随机过程需要足够多的样本函数（理论上应为无限多个）才能描述它，而要进行大量的观测来获取足够多的样本函数是非常困难或者说是做不到的，因此实际的测试工作常把随机信号按各态历经过程来处理，进而以有限长度样本记录的观察分析来推断、估计被测对象的整个随机过程。也就是说，在测试工作中常以一个或几个有限长度的样本记录来推断整个随机过程，以其时间平均来估计集合平均。本书中我们仅讨论各态历经随机过程。

1.4.2　各态历经信号的主要特征参数

描述各态历经随机信号的主要特征参数有许多。这里只介绍均值、方差、方均值、概率密度函数，其他特征参数将在第 5 章中介绍。

1. 均值 μ_x、方均值 ψ_x^2、方差 σ_x^2

各态历经信号的均值 μ_x 表示信号的常值分量。表示为

$$\mu_x = \lim_{T \to \infty} \frac{1}{T} \int_0^T x(t) \, dt \tag{1-41}$$

式中　$x(t)$——样本函数；

　　　T——观测时间。

方均值 ψ_x^2 是 $x(t)$ 平方的均值，描述了各态历经信号的强度。表示为

$$\psi_x^2 = \lim_{T \to \infty} \frac{1}{T} \int_0^T x^2(t) \, dt \tag{1-42}$$

方均值的正平方根称为方均根值 x_{rms}，即有效值。在工程信号测量中，一般仪器表头示值显示的就是信号的方均值（有效值）。

方差 σ_x^2 是描述各态历经信号的动态分量，反映了 $x(t)$ 偏离均值的情况。表示为

$$\sigma_x^2 = \lim_{T \to \infty} \int_0^T \left[x(t) - \mu_x \right]^2 dt \tag{1-43}$$

方差的正平方根称为标准差 σ_x，也是各态历经信号数据分析的重要参数。

均值、方差、方均值的相互关系为

$$\sigma_x^2 = \psi_x^2 - \mu_x^2 \tag{1-44}$$

例如，对于集合平均随机信号 t_1 时刻的均值和方均值为

$$\mu_x(t_1) = \lim_{M \to \infty} \frac{1}{M} \sum_{i=1}^{M} x_i(t_1)$$

$$\psi_x^2(t_1) = \lim_{M \to \infty} \frac{1}{M} \sum_{i=1}^{M} x_i^2(t_1)$$

式中，M、i 分别为所采用的样本记录总数和样本记录序号。

2. 样本参数和参数估计

从式(1-41)~式(1-44)可看到，用时间平均法计算随机信号的特征参数时，需要进行 $T \to \infty$ 的极限运算，这就意味着需要使用样本函数(观测时间无限长的样本记录)，实现起来很困难。实际测试中往往只能从其中截取有限的样本记录来计算相应的特征参数，即样本参数，因此样本参数是随机信号特征参数的估计值。随机信号的均值 μ_x、方均值 ψ_x^2 的估计值 $\hat{\mu}_x$、$\hat{\psi}_x^2$ 按下式计算

$$\hat{\mu}_x = \frac{1}{T} \int_0^T x(t)\,\mathrm{d}t$$

$$\hat{\psi}_x^2 = \frac{1}{T} \int_0^T x^2(t)\,\mathrm{d}t \tag{1-45}$$

同样，用集合平均法计算随机信号的特征参数时，也很难实现使用无限多个样本记录，即 $M \to \infty$ 的极限运算，也只能使用有限数目的样本记录来计算相应的特征参数，作为随机信号特征参数的估计值。如 t_1 时刻样本均值和方均值的估计值 $\hat{\mu}_{x,t_1}$、$\hat{\psi}_{x,t_1}^2$ 按下式计算

$$\hat{\mu}_x(t_1) = \frac{1}{M} \sum_{i=1}^{M} x_i(t_1)$$

$$\psi_x^2(t_1) = \frac{1}{M} \sum_{i=1}^{M} x_i^2(t_1) \tag{1-46}$$

有分析表明[○]，用式(1-45)和式(1-46)来估计随机信号的均值和方均值时，其随机误差(方差)与样本数目 M、样本记录长度 T 的平方根成反比。对于时间平均估计来说，随机误差与频带的宽度的平方根成反比，即信号的频带越宽，越容易获得误差小的估计。

3. 概率密度函数

随机信号的概率密度函数是表示信号瞬时幅值落在某指定区间内的概率。它随所取范围的幅值而变化，因此是幅值的函数。如图 1-21 所示为一随机信号 $x(t)$ 的时间历程，幅值落在 $(x, x + \Delta x)$ 区间的总时间为 T_x。

当观测时间 $T \to \infty$ 时，T_x/T 就是幅值落在 $(x, x + \Delta x)$ 的概率，即

$$P[x < x(t) \le x + \Delta x] = \lim_{T \to \infty} \left(\frac{T_x}{T} \right) \tag{1-47}$$

定义幅值概率密度函数 $p(x)$ 为

$$p(x) = \lim_{\Delta x \to 0} \frac{P[x < x(t) \le x + \Delta x]}{\Delta x} \tag{1-48}$$

从图 1-21 可看到，概率密度函数 $p(x)$ 曲线下的面积 $p(x)\mathrm{d}x$(阴影部分的面积)是瞬时幅值落在 $(x, x + \Delta x)$ 内的概率，$p(x)$ 不受所取幅值间隔大小的影响，即概率密度函数表示了

○ 参考文献：J. S. 贝达特，等. 相关分析和频谱分析的工程应用[M]. 凌福根，译. 北京：国防工业出版社，1983.

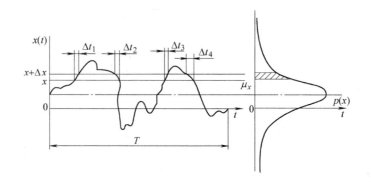

图 1-21　概率密度函数

概率相对幅值的变化率，或说是单位幅值的概率，因此有密度的概念。概率密度函数的量纲为 $1/\Delta x$。

思考题与习题

1-1　判断以下信号哪个是周期信号、哪个是准周期信号、哪个是瞬变信号，为什么？

（1）$\sin 3t + 2\sin 5t$

（2）$\cos 2\pi f_0 t \cdot e^{-|\pi t|}$

（3）$T\mathrm{sinc}(\pi f T)$

1-2　求周期三角波（如图 1-22 所示）的傅里叶级数（三角函数形式和复指数形式），并画出频谱图。

$$x(t) = \begin{cases} A\left(1 + \dfrac{2}{T_0}t\right) & -\dfrac{T_0}{2} \leqslant t \leqslant 0 \\ A\left(1 - \dfrac{2}{T_0}t\right) & 0 \leqslant t \leqslant \dfrac{T_0}{2} \end{cases}$$

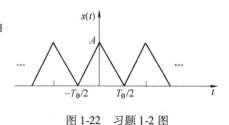

图 1-22　习题 1-2 图

1-3　已知信号 $x(t)$ 的傅里叶变换为 $X(f)$，求 $x(t)\cos 2\pi f_0 t$ 的傅里叶变换。

1-4　求被截断函数 $x(t)$ 的傅里叶变换。$x(t)$ 的表达式为

$$x(t) = \begin{cases} \cos\omega_0 t & |t| < \dfrac{T}{2} \\ 0 & |t| \geqslant \dfrac{T}{2} \end{cases}$$

（提示：设 $x(t) = w_R(t)\cos\omega_0 t$，$w_R(t)$ 为窗函数，然后用卷积定理。）

1-5　求函数 $x(t) = \dfrac{1}{2}\left[\delta(t+a) + \delta(t-a) + \delta\left(t + \dfrac{a}{2}\right) + \delta\left(t - \dfrac{a}{2}\right)\right]$ 的傅里叶变换。

1-6　求余弦信号 $x(t) = X\cos\omega t$ 的绝对均值 $\mu_{|x|}$ 和方均根值 x_{rms}。

第 2 章　测试系统常用传感器

根据中国人民共和国标准(GB/T 7665—2005)，传感器是指能感受规定的被测量，并按照一定的规律转换成可用输出信号的器件或装置。在实际工程应用中，对非电量的检测和控制常常以电信号为载体，因此，从狭义上说，传感器就是将被测非电量信号(如力、位移、温度等)转换成便于处理和传输的电信号的器件和装置。在工程实际中，传感器有时也会被称为换能器、变换器、探测器、测量头或一次仪表等。

对于现有的或者正在发展中的机械电子装置来说，如果说计算机相当于人的大脑(常称计算机为电脑)，那么相应于人的感官部分的装置就是传感器，可以说传感器是人类感官的扩展和延伸。在现代科学技术发展中，传感器发挥着越来越重要的作用。借助传感器，人类可以探索那些无法用或不便用感官获取的信息，如用超声波探测器探测海水的深度，用红外遥感器从高空探测地面形貌、河流状态及植被和污染情况等。尤其在自动控制领域，传感器对控制系统功能的正常发挥起着决定性的作用，而且自动化程度越高，控制系统中对传感器的依赖性越大。

传感器已渗透到诸如工业生产、宇宙开发、海洋探测、环境保护、资源调查、医疗保健、生物工程、甚至文物保护等众多领域，可以毫不夸张地说，从茫茫的太空到浩瀚的海洋，以至各种复杂的工程系统，几乎每一个领域都离不开各种各样的传感器。在论及传感器的重要地位时，有些专家评论道："如果不是借助传感器检测各种信息，那么支撑现代文明的科学技术就不可能发展"，"谁掌握和支配了传感器技术，谁就能够支配新时代"。

2.1　常用传感器的组成及分类

随着计算机领域、工业自动化领域和空间领域的迅速发展，以及对传感器的依赖程度不同，各领域对传感器的理解也出现了差异。在机械工程领域，一直认为传感器是获取信息的一个转换器件，这个器件与信号调理、信号处理和记录组成了现代测试系统，而且传感器是这个系统中不可缺少的一个重要环节。在工业自动化和人工智能等领域，早期也认为传感器是一个器件，后来则认为传感器除了应具有获取信息的功能外，还应具有一定的数据处理功能，具有一定程度的人工智能，这样，传感器不单是指一个器件或装置，而是一个系统。根据各领域对传感器的不同理解以及传感器技术发展的新形势，我们将传感器分为两大类型，即工程中常用的传感器(或称为传统传感器)和智能传感器。本书重点介绍工程中常用的传感器。

传感器一般由敏感元件和转换元件组成。

敏感元件是传感器的核心，它的作用是直接感受被测物理量，并将其信号进行必要的转换输出。如应变式压力传感器的弹性膜片是敏感元件，它的作用是将压力转换为弹性膜片的形变，并将弹性膜片的形变转换为电阻的变化输出。转换元件的作用是将敏感元件感受或响应的被测量转换成适于传输或测量的电信号。由于传感器的输出信号一般都很微弱，因此需要有信号调理与转换电路对其进行放大、运算和调制等。随着半导体器件与集成技术在传感器中的应用，传感器的信号调理与转换电路可以安装在传感器的壳体内或与敏感元件一起集成在同一芯片上。此外，信号调理转换电路以及传感器工作时必须有辅助电源，因此，信号调理转换电路以及所需的电源应作为传感器的组成部分。

传感器的种类繁多，在工程测试中，一种物理量可以用不同类型的传感器来检测，而同一种类型的传感器也可测量不同的物理量。传感器的分类方法很多，概括起来，可按以下几个方面进行分类。

1）按被测物理量不同，可分为位移传感器、速度传感器、加速度传感器、力传感器、温度传感器等。

2）按传感器的工作原理不同，可分为机械式传感器、电气式传感器、光学式传感器、流体式传感器等。

3）按信号变换特征不同，可分为物性型传感器与结构型传感器。

物性型传感器是利用敏感元件材料本身物理性质的变化来实现信号转换的。例如，水银温度计利用了水银的热胀冷缩性质；压力测力计利用了石英晶体的压电效应等。

结构型传感器则是通过传感器结构参数的变化来实现信号转换的。例如，电容式传感器通过极板间距离变化引起电容量的变化感受被测量；电感式传感器通过衔铁位移引起自感或互感的变化感受被测量等。

4）按敏感元件与被测对象之间的能量关系，可分为能量转换型传感器与能量控制型传感器。

能量转换型传感器，也称无源传感器，是直接由被测对象输入给传感器能量使其工作。例如，热电偶将被测温度直接转换为电量输出。由于这类传感器在转换过程中需要吸收被测对象的能量，因此容易造成测量误差。

能量控制型传感器，也称有源传感器，分为两种形式。一种是通过外部辅助电源供给传感器工作的电能，并且由被测量来控制能量的变化（如图 2-1a 所示）。如电阻应变计的电阻接于电桥上，电桥需外部供电才能工作，被测量变化所引起电阻变化控制电桥输出。另一种是通过外信号（由辅助能源产生）激励被测对象，传感器获取的信号是被测对象对激励信号的响应，它反映了被测对象的性质或状态（如图 2-1b 所示）。如超声波探伤仪、γ 射线测厚仪、χ 射线衍射仪等。

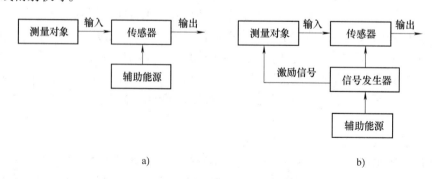

a)   b)

图 2-1　能量控制型传感器工作原理

5）按输出信号不同，可分为模拟式传感器和数字式传感器。

需要指出的是，不同情况下，传感器中可能有一个、也可能有几个换能元件，或传感器可能是一个小型装置。例如，电容式位移传感器是位移-电容变化的能量控制型传感器，可以直接测量位移。而电容式压力传感器，则是压力-膜片弹性变形(位移-电容变化)的转换过程。此时膜片是一个由机械量→机械量的换能件，由它实现第一次变换，同时它又与另一极板构成电容器，用来完成第二次转换。

2.2 机械式传感器

机械式传感器通常是以弹性体作为敏感元件，其输入量可以是力、压力、温度等物理量，而输出则为弹性元件本身的弹性变形(或应变)。这种变形可转变成其他形式的变量，如机械式传感器做成的机械式指示仪表，仪表指针偏转后，借助刻度读出被测量的大小。图2-2 是机械式传感器的应用实例。

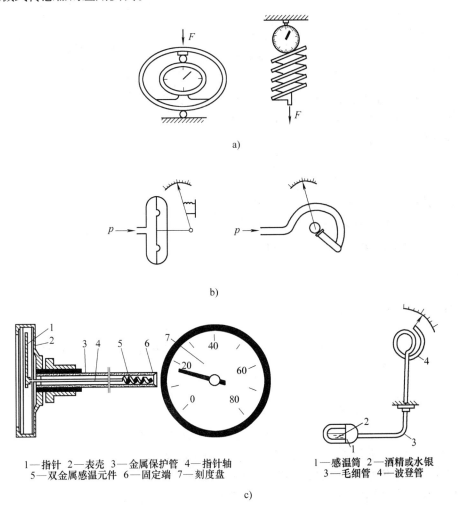

1—指针　2—表壳　3—金属保护管　4—指针轴
5—双金属感温元件　6—固定端　7—刻度盘

1—感温筒　2—酒精或水银
3—毛细管　4—波登管

图 2-2　典型机械式传感器
a) 测力计　b) 压力计　c) 温度计

机械式传感器做成的机械式指示仪表具有结构简单、使用方便、价格低廉、读数直观等优点。但由于放大和指示环节多为机械传动，易受间隙影响，且惯性大、固有频率低，因此只宜用于测量缓变或静态被测量。其弹性变形也不宜过大，否则将加大线性误差。为了提高测量的频率范围，可先用弹性元件将被测量转换成位移量，然后再用其他形式的传感器（如电阻、电容、电涡流式等）将位移量转换成电信号输出。

弹性元件具有滞后、弹性后效等现象，这些现象最终会影响到输出与输入的线性关系。弹性元件的滞后与承载时间、载荷大小、环境温度等因素有关，而弹性后效则与材料应力、松弛和内阻尼等因素有关，因此在应用弹性元件时，应注意从结构设计、材料选择和处理工艺等方面采取有效措施加以改善。

近年来，在自动检测、自动控制技术中广泛应用的微型探测开关亦被看作是机械式传感器。这种开关能把物体的运动位置或尺寸变化转换为接通、断开信号。如图 2-3a 所示是这种开关中的一种，它由两个簧片组成，在常态下处于断开状态；当它与磁性块接近时，簧片被磁化而接合，成为接通状态。图 2-3b 在传送装置上移动的是金属的工作机座，工作机座的位置可由（簧片式）传感器来确定；在工作机座上安装的磁铁，用来作为传感器的开关。

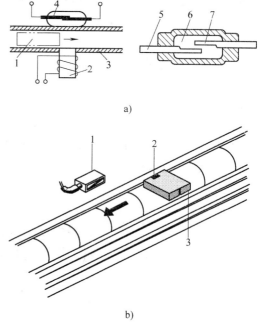

图 2-3　微型探测开关

a）微型探测开关的结构　b）微型探测开关的应用

1—工件　2—电磁铁　3—导槽　4—簧片开关

5—电极　6—惰性气体　7—簧片

2.3　电阻式传感器

电阻式传感器是一种把被测物理量转换为电阻变化的传感器。按工作原理可分为变阻器式和电阻应变式两类。

2.3.1　变阻器式传感器

变阻器式传感器又称为电位计式传感器。它由电阻元件及电刷（活动触点）两部分组成，通过改变变阻器触点的位置，实现将位移转换为电阻的变化。

常用变阻器式传感器有直线位移型、角位移型和非线性型等，如图 2-4 所示。图 2-4a 为直线位移型，当被测位移变化时，触点 C 沿变阻器移动。假设触点 C 移动 x，则 C 点与 A 点之间的电阻值为

$$R = k_l x \tag{2-1}$$

式中　k_l——单位长度的电阻。

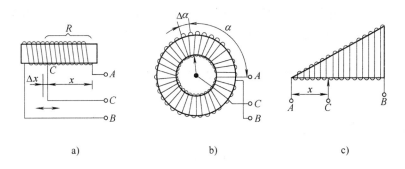

图 2-4　变阻器式传感器

a）直线位移型　b）角位移型　c）非线性型

当导线材质分布均匀时，k_l 为常数。因此，这种传感器的输出（电阻）R 与输入（位移）x 呈线性关系。传感器的灵敏度为

$$\frac{\mathrm{d}R_{AC}}{\mathrm{d}x} = k_l \tag{2-2}$$

图 2-4b 所示为回转型变阻器式传感器，其电阻值随电刷转角变化而变化，称为角位移型。传感器的灵敏度为

$$\frac{\mathrm{d}R_{AC}}{\mathrm{d}\alpha} = k_\alpha \tag{2-3}$$

式中　k_α——单位弧度对应的电阻值，当导线材质分布均匀时，k_α 为常数；

　　　α——转角。

图 2-4c 是非线性型变阻器式传感器，又称函数电位器。其输出电阻（或电压）与滑动触头位移（包括线位移或角位移）之间具有非线性函数关系，即 $R_x = f(x)$，它可以是指数函数、三角函数、对数函数等特定函数，也可以是其他任意函数。例如，若输入量 $f(x) = kx^2$，为使输出 R_x 与 $f(x)$ 呈线性关系，变阻器应采用三角形骨架；若输入量 $f(x) = kx^3$，则变阻器应采用抛物线形骨架。

变阻器式传感器一般采用电阻分压电路，将电阻 R 转换为电压输出给后续电路，如图 2-5 所示。当滑动触头移动 x 距离后，传感器的输出电压 u_o 为

$$u_o = \frac{u_e}{\dfrac{x_L}{x} + \left(\dfrac{R_L}{R_i}\right)\left(1 - \dfrac{x}{x_L}\right)} \tag{2-4}$$

式中　R_L——变阻器总电阻；

　　　x_L——变阻器总长度；

　　　R_i——后续电路的输入电阻。

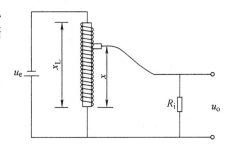

图 2-5　电阻分压电路

式（2-4）表明，当变阻器输出端接有输出电阻时，输出电压与滑动触头的位移并不是完全的线性关系，只有当 $R_L/R_i \rightarrow 0$ 时，输出电压才与滑动触头位移呈直线关系。经计算可得，当 $R_L/R_i < 0.1$ 时，非线性误差小于满刻度输出的 1.5%，基本满足要求。

变阻器式传感器的优点是结构简单、性能稳定；受环境因素（如温度、湿度、电磁场干扰等）影响小；可以实现输出-输入间任意函数关系；输出信号大，一般不需放大。缺点是由于

存在电刷与线圈或电阻膜之间的摩擦，因此需要较大的输入能量；由于受电阻丝直径的限制，分辨力较低；动态响应较差，只适合于测量变化较缓慢的被测量；由于结构上的特点，传感器还有较大的噪声。

变阻器式传感器常被用于测量线位移、角位移。在测量仪器中常用在伺服记录仪或电位差计中。

2.3.2 电阻应变式传感器

电阻应变式传感器是利用电阻应变片将应变转换为电阻变化的传感器。传感器由在弹性元件上粘贴电阻应变敏感元件构成。当被测物理量作用在弹性元件上时，弹性元件的变形引起应变敏感元件的阻值变化，通过转换电路变成电量输出，电量的变化就反映了被测物理量的大小。

电阻应变式传感器广泛应用在测量力、压力、加速度、重量等参数方面。

1. 工作原理

电阻应变片的工作原理是基于应变效应。应变效应是指导体产生机械变形时，其电阻值也发生相应变化的现象。一根金属电阻丝，在未受力时，原始电阻值为

$$R = \rho \frac{l}{A} \tag{2-5}$$

当其受到外力作用沿轴向变形时，其长度 l 变化 $\mathrm{d}l$，截面积 A 变化 $\mathrm{d}A$，电阻率 ρ 因晶格发生变形等变化 $\mathrm{d}\rho$，因此引起电阻值 R 的变化 $\mathrm{d}R$。对式(2-5)两边取自然对数，再微分，有

$$\frac{\mathrm{d}R}{R} = \frac{\mathrm{d}l}{l} - \frac{\mathrm{d}A}{A} + \frac{\mathrm{d}\rho}{\rho}$$

对于半径为 r 的导线，其截面积为 $A = \pi r^2$，于是有

$$\frac{\mathrm{d}A}{A} = 2\frac{\mathrm{d}r}{r}$$

$\mathrm{d}l/l = \varepsilon$ 为金属丝轴向相对伸长，即轴向应变；$\mathrm{d}r/r$ 为金属丝径向相对伸长，即径向应变。

由材料力学可知，在弹性范围内，金属丝受拉力时，沿轴向伸长、沿径向缩短，径向应变和轴向应变之比为金属丝的横向效应泊松比 μ，即

$$\frac{\mathrm{d}r}{r} = -\mu \frac{\mathrm{d}l}{l} = -\mu\varepsilon$$

式中负号表示与变形方向相反。整理上述公式可得

$$\frac{\mathrm{d}R}{R} = (1 + 2\mu)\varepsilon + \frac{\mathrm{d}\rho}{\rho} \tag{2-6}$$

令

$$S_g = \frac{\dfrac{\mathrm{d}R}{R}}{\varepsilon} = (1 + 2\mu) + \frac{\dfrac{\mathrm{d}\rho}{\rho}}{\varepsilon} \tag{2-7}$$

S_g 称为金属丝的灵敏度系数。其物理意义是单位应变所引起的电阻相对变化量。

由式(2-7)可看出，金属丝的灵敏度系数受两个因素影响：一是受力后材料几何尺寸的

变化，即$(1+2\mu)$，对于同一种材料，$(1+2\mu)$是常数；另一个是受力后材料的电阻率发生的变化，即$(\mathrm{d}\rho/\rho)/\varepsilon$，后者与前者相比很小，因此式(2-7)可简化为

$$S_\mathrm{g} = \frac{\dfrac{\mathrm{d}R}{R}}{\varepsilon} \approx (1+2\mu) \tag{2-8}$$

大量实验证明，在电阻丝拉伸极限内，电阻的相对变化与应变成正比，即S_g为常数。一般金属电阻丝的$S_\mathrm{g}=1.7\sim3.6$。几种常用电阻应变片材料的物理性能见表2-1。

表2-1　常用电阻应变片材料的物理性能

材料名称	成分		灵敏度	电阻率	电阻温度系数	线胀系数	最高使用温度
	元素	质量分数(%)	S_g	$/\Omega\cdot\mathrm{mm}^2\cdot\mathrm{m}^{-1}$	$/\times10^{-6}\Omega\cdot℃^{-1}$	$/\times10^{-6}\mathrm{mm}\cdot℃^{-1}$	$/℃$
康铜	Cu	57	$1.7\sim2.1$	0.49	$-20\sim20$	14.9	300(静态)
	Ni	43					400(动态)
镍铬合金	Ni	80	$2.1\sim2.5$	$0.9\sim1.1$	$110\sim150$	14.0	450(静态)
	Cr	20					800(动态)
镍铬铝合金（卡玛）	Ni	73	2.4	1.33	$-10\sim10$	13.3	450(静态)
	Cr	20					800(动态)
	Al	$3\sim4$					
	Fe	余量					

一般市场售的电阻应变片的标准阻值有60Ω，120Ω，350Ω，600Ω和1000Ω等规格，其中120Ω最为常用。

综上所述，用应变片测量应变或应力时，如在外力作用下被测对象产生微小的机械变形，应变片也随着发生相同的变化，同时应变片电阻值也发生相应变化。当测得的应变片电阻值变化量为$\mathrm{d}R$时，便可得到被测对象的应变值。再根据应力与应变的关系，得到应力值σ为

$$\sigma = E\varepsilon \tag{2-9}$$

式中　E——被测件的弹性模量。

2. 电阻应变片的种类

常用的应变片可分为两类：金属（电阻）应变片和半导体（电阻）应变片。

（1）金属应变片　金属应变片由敏感栅、基片、覆盖层和引线等部分组成，见图2-6。敏感栅是应变片的核心部分，它粘贴在绝缘的基片上，其上再粘贴有保护作用的覆盖层，两端焊接引出导线。l称为栅长（标距），b称为栅宽（基宽），$b\times l$为应变片的使用面积。应变片的规格一般以使用面积和电阻值表示，如$3\times20\mathrm{mm}^2$，120Ω。

金属应变片按敏感栅的材料不同，分为丝式、箔式、薄膜式。

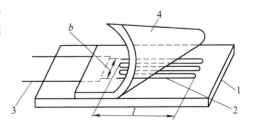

图2-6　金属应变片

1—基底　2—敏感栅　3—引出线　4—覆盖层

金属丝式应变片是用$0.01\sim0.05\mathrm{mm}$的金属丝做成敏感栅，有回线式和短接式两种，如图2-7a、b所示。回线式应变片制作简单、性能稳定、成本低、易粘贴，但因圆弧部分参与

变形，横向效应[⊖]较大。短接式应变片的敏感栅平行排列，两端用直径比栅线直径大 5～10 倍的镀银丝短接而成，基本克服了横向效应。

金属箔式应变片是利用照相制版或光刻技术，将厚约为 0.003～0.01mm 的金屑箔片制成敏感栅，如图 2-7c、d、e、f 所示。箔式应变片可制成形状复杂、尺寸准确的敏感栅，其栅长最小可做到 0.2mm。箔式应变片的横向效应小；散热条件好，允许电流大，输出灵敏

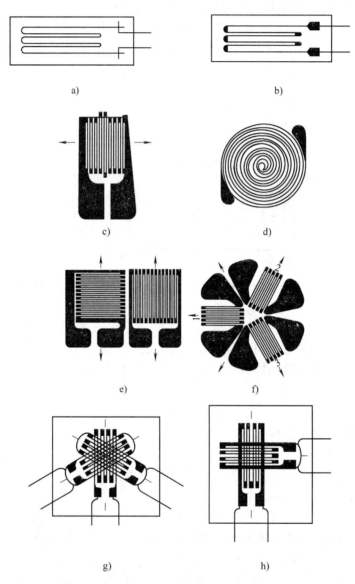

图 2-7　常用应变片的结构

a) 丝式(回线式)　b) 丝式(短接式)　c)、d) 箔式　e)～h) 测量平面应力

⊖　应变片的敏感栅是由 n 条长度为 l 的直线段和 $(n-1)$ 个半径为 r 的半圆组成，当应变片受轴向应力而产生纵向拉应变时，各直线段的电阻将增加，但半圆弧段电阻的变化小于直线段的电阻变化，因而其灵敏系数发生改变，这种现象称为应变片的横向效应。

度高；蠕变和机械滞后小，疲劳寿命长；生产效率高，便于实现自动化生产。

金属薄膜式应变片是采用真空蒸发或真空沉积等方法，在薄的绝缘基片上形成厚度为 0.1μm 以下的金属电阻薄膜的敏感栅，最后再加上保护层。其优点是应变灵敏系数大，允许电流密度大，工作范围广。

电阻应变片按被测量应力场的不同，又分为测量单向应力的应变片（见图 2-7a、b、c、d）和测量平面应力的应变片（见图 2-7e、f、g、h）。图 2-7g 为三片电阻应变片组成的测量主应力未知的应变花，图 2-7h 为测量主应力已知的互成 90°的二轴应变花。

电阻应变片按基底材料不同，分为纸基和胶基两种。特殊情况下，还有金属基底的电阻应变片。

应变片的一种使用方法是直接粘贴在被测试件上，通过转换电路把电阻的变化转换为电压或电流的变化；另一种方法是先把应变片粘贴于弹性体上，构成测量各种物理量的传感器，再通过转换电路把电阻的变化转换为电压或电流的变化，可测量位移、力、加速度和压力等，称为应变式传感器。

（2）半导体应变片 半导体应变片是用半导体材料制成的，最简单的结构如图 2-8 所示。其工作原理是基于半导体材料的压阻效应。所谓压阻效应，是指半导体材料的某一轴向受外力作用时，其电阻率 ρ 发生变化的现象。

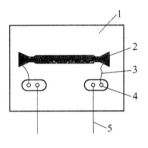

图 2-8 半导体应变片
1—胶膜衬底 2—P-Si
3—内引线 4—焊接线
5—外引线

从半导体的物理性质可知，半导体在压力、温度及光辐射作用下，其电阻率 ρ 会发生很大变化。根据式(2-7)，$(1+2\mu)$ 是金属丝受力后几何尺寸发生变化，$(\mathrm{d}\rho/\rho)/\varepsilon$ 是金属丝电阻率发生变化。对半导体而言，$(\mathrm{d}\rho/\rho)/\varepsilon$ 远远大于 $(1+2\mu)$，且由半导体的理论知

$$\frac{\mathrm{d}\rho}{\rho} = \pi_l \sigma = \pi_l E \varepsilon$$

其中，π_l 为半导体材料沿某晶向 l 的压阻系数，σ 为沿某晶向 l 的应力，E 为半导体材料的弹性模量。因此，半导体应变片的灵敏度为

$$S_g = \frac{\dfrac{\mathrm{d}\rho}{\rho}}{\varepsilon} = \pi_l E \tag{2-10}$$

以上分析表明，半导体应变片与金属丝应变片的主要区别在于，金属丝应变片是利用导体形变引起电阻的变化，半导体应变片是利用半导体电阻率变化引起电阻的变化。

半导体应变片的突出优点是灵敏度高，通常比金属丝式高 50 ~ 80 倍。另外，由于机械滞后小、横向效应小以及体积小等特点，使半导体应变片的使用范围较广。半导体应变片的缺点是温度稳定性能差、灵敏度离散度大（由于晶向、杂质等因素的影响）、在较大应变作用下非线性误差较大。

目前国产的半导体应变片大都采用 P 型硅单晶制作。随着集成电路技术和薄膜技术的发展，出现了扩散型、外延型、薄膜型半导体应变片。

机械应变通常很小，要把微小应变引起的微小电阻变化测量出来，同时要把电阻相对变化 $\mathrm{d}R/R$ 转换为电压或电流的变化，就需要测量电路，电阻应变片的测量电路通常采用直流电桥和交流电桥。这些将在 3.1 中加以介绍。

　　需要注意的是，电阻应变片必须粘贴在试件或弹性元件上才能工作，且粘合剂和粘合技术对测量结果有着直接影响，因此，粘合剂的选择，粘合前试件表面的加工与清理、粘合的方法和粘合后的固化处理、防潮处理都必须认真做好。

　　电阻应变片用于动态测量时，应当考虑应变片本身的动态响应特性。一般上限测量频率应在电桥激励电源频率的 1/5 ~ 1/10 以下，且应变片标距越短，上限测量频率可以越高，一般标距为 10mm 时，上限测量频率可达 25kHz。

　　温度的变化会引起电阻值的变化，从而使测量结果产生误差，而且温度变化所引起的电阻变化与由应变引起的电阻变化往往具有同等数量级，因此，要采取相应的温度补偿措施，以消除温度变化所造成的测量误差。

3. 电阻应变式传感器的应用

　　电阻应变式传感器通常有以下两种应用方式。

　　（1）直接用来测定结构的应变或应力　如为了研究机械设备的某些构件在工作状态下的受力变形情况，可把不同形状的应变片直接粘贴在构件的预定部位，以测得构件的拉应力、压应力、扭矩及弯矩等。这种方法可为结构设计、应力校核或疲劳寿命的预测等提供可靠的数据。如图 2-9 所示为几种应用实例。

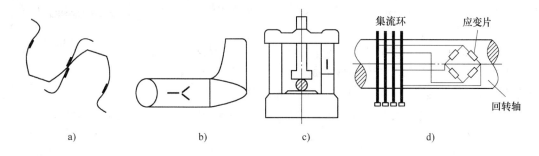

图 2-9　构件应力测试实例

a）齿轮齿根应力测量　b）飞机机身应力测量　c）压力机立柱应力测量　d）回转轴扭矩测量

　　（2）将应变片贴于弹性元件上，作为测量力、压力、位移、加速度等物理参数的传感器　此时，弹性元件得到与被测量成正比的应变，再由应变片转换为电阻的变化。如图 2-10 所示为电阻应变式传感器的应用。如电阻应变式加速度传感器由悬臂梁、质量块、基座组

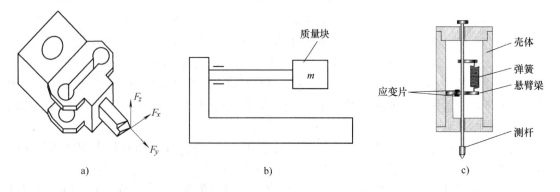

图 2-10　电阻应变式传感器的应用

a）切削力测量　b）加速度测量　c）位移测量

成。测量时，基座固定在振动体上，悬臂梁相当于系统的"弹簧"，工作时，在一定的频率范围内，梁的应变与振动体加速度成正比。

2.4　电感式传感器

电感式传感器是利用电磁感应原理将被测非电量(如位移、压力、流量、振动等)转换成电感量(自感量 L 或互感量 M)变化的一种结构型传感器。电感式传感器具有结构简单、工作可靠、测量精度高、零点稳定及输出功率较大等许多优点。当然也有灵敏度、线性度和测量范围相互制约、传感器自身频率响应低，不适用于快速动态测量等缺点。电感式传感器能实现信息的远距离传输、记录、显示和控制，在工业自动控制系统中被广泛采用。

电感式传感器种类很多，本节主要介绍自感型(可变磁阻式和电涡流式)与互感型(差动变压器式)传感器。

2.4.1　自感型传感器

1. 可变磁阻传感器

可变磁阻式传感器的结构如图 2-11 所示。它由线圈、铁心和衔铁三部分组成。在铁心和衔铁之间有空气隙 δ，当衔铁移动时，气隙 δ 发生改变，引起磁路中磁阻变化，从而导致线圈的电感值变化。通过测出电感量的变化，就能确定衔铁位移量的大小和方向。

由电工学得知，线圈中电感量 L 可由下式确定

$$L = \frac{N^2}{R_{\mathrm{m}}} \qquad (2\text{-}11)$$

式中　N——线圈的匝数；

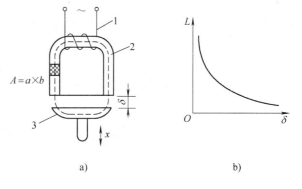

图 2-11　可变磁阻式传感器的结构及特性曲线
a) 结构(变气隙型)　b) 特性曲线
1—线圈　2—铁心　3—衔铁

R_{m}——磁路的总磁阻$[\mathrm{H}^{-1}]$。

由于空气气隙 δ 很小，可以认为气隙中的磁场是均匀的。若忽略磁路的损失，则总磁阻

$$R_{\mathrm{m}} = \frac{l_1}{\mu_1 A_1} + \frac{l_2}{\mu_2 A_2} + \frac{2\delta}{\mu_0 A_0} \qquad (2\text{-}12)$$

式中　l_1，l_2——铁心和衔铁的导磁长度(m)；

μ_1，μ_2——铁心和衔铁的磁导率(H/m)；

A_1，A_2——铁心和衔铁的导磁面积(m^2)；

δ——气隙厚度(m)；

μ_0——空气磁导率，$\mu_0 = 4\pi \times 10^{-7}(\mathrm{H/m})$；

A_0——空气气隙导磁截面积(m^2)。

通常气隙磁阻远大于铁心和衔铁的磁阻，则式(2-12)可近似为

$$R_{\mathrm{m}} \approx \frac{2\delta}{\mu_0 A_0} \tag{2-13}$$

代入式(2-11)后可得

$$L = \frac{N^2 \mu_0 A_0}{2\delta} \tag{2-14}$$

式(2-14)表明，自感 L 与气隙 δ 成反比，与气隙导磁截面积 A_0 成正比。如固定 A_0 ，变化 δ ，就可构成变气隙型传感器。

L 与 δ 呈非线性(双曲线)关系，如图 2-11b 所示。此时，传感器的灵敏度为

$$S = \frac{\mathrm{d}L}{\mathrm{d}\delta} = -\frac{N^2 \mu_0 A_0}{2\delta^2} \tag{2-15}$$

式(2-15)表明，灵敏度 S 与气隙 δ 的平方成反比，δ 越小，灵敏度 S 越高。在实际应用中，为了减小非线性误差，一般取 $\Delta\delta/\delta \leqslant 0.1$ 。因此这种传感器适用于 $0.001 \sim 1\mathrm{mm}$ 范围的较小位移的测量。

将 δ 固定，变化空气气隙导磁截面积 A_0 时，可构成变截面型传感器，如图 2-12a 所示。其自感 L 与 A_0 呈线性关系，这种传感器灵敏度较低。图 2-12b 是差动变截面型传感器，当衔铁有位移时，可以使两个线圈的间隙按 $\delta_0 + \Delta\delta$ ，$\delta_0 - \Delta\delta$ 变化，一个线圈自感增加，另一个线圈自感减小。若将两线圈接于电桥的相邻桥臂时，则其输出灵敏度可提高一倍，同时改善了其线性特性。

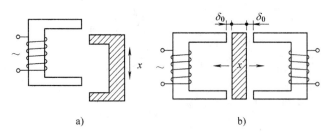

a)　　　　　　　　　b)

图 2-12　变截面型电感传感器

在线圈中放入圆柱形衔铁，当衔铁运动时，线圈电感也会发生变化，这便构成螺管型传感器，如图 2-13a、b 所示。图 2-13a 为单螺线管型，其结构简单、制造容易，但灵敏度低，且衔铁在螺管中部工作时才能获得较好的线性关系，适用于测量较大位移(毫米级)。图 2-13b是双螺线管差动型电感传感器，两个相同的传感器线圈共用一个衔铁，当衔铁随被测

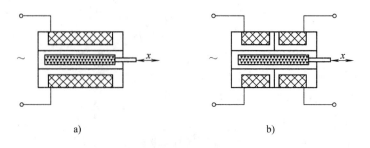

a)　　　　　　　　　b)

图 2-13　可变磁阻式传感器的典型结构

a) 单螺线管型　b) 双螺线管差动型

量偏离中间位置时，两个线圈的电感量一个增加，一个减少，形成差动形式。差动型结构不仅改善了线性，提高了灵敏度，并对温度变化、电源频率变化的影响进行了补偿，因此测量误差较小。双螺线管差动型电感传感器的测量范围为 $0 \sim 300 \mu m$，最小分辨率为 $0.5 \mu m$，可用于电感测微计中。

2. 电涡流式传感器

根据法拉第电磁感应原理，金属导体置于变化的磁场中或在磁场中作切割磁力线的运动时，导体内将产生呈涡旋状的感应电流，即电涡流，该现象称为电涡流效应。利用电涡流效应制成的传感器称为电涡流式传感器。

图 2-14 为电涡流式传感器的原理图。由法拉第定律可知，当传感器线圈通以交变电流 i 时，线圈周围空间必然产生交变磁场 Φ，使置于此磁场中的金属导体中感应电涡流 i_1，i_1 又产生新的交变磁场 Φ_1。根据楞次定律，Φ_1 的作用将反抗原磁场 Φ，导致传感器线圈的等效阻抗发生变化。由于线圈阻抗的变化完全取决于被测金属导体的电涡流效应，而电涡流效应既与金属导体的电阻率 ρ、磁导率 μ 以及几何形状有关，又与线圈的几何参数、线圈中励磁电流的频率 f 有关，还与线圈和导体间的距离 δ 有关。因此，传感器线圈受电涡流影响时的等效阻抗 Z 的函数关系式为

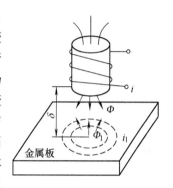

图 2-14　电涡流式传感器的原理

$$Z = F(\rho, \mu, r, f, \delta) \tag{2-16}$$

式中，r 为线圈与被测体的尺寸因子。如果保持式(2-16)中其他参数不变，而只改变其中一个参数，传感器线圈阻抗 Z 就仅仅是这个参数的单值函数，通过与传感器配用的测量电路测出阻抗 Z 的变化量，即可实现对该参数的测量。

需要注意的是，由于电涡流式传感器是利用线圈与被测体之间的电磁耦合进行工作的，因而被测体作为"实际传感器"的一部分，其材料的物理性质、尺寸与形状与传感器特性有着密切的关系。

首先，被测体的电阻率、磁导率对传感器的灵敏度有影响。一般来说，被测导体的电阻率越高，灵敏度也越高。磁导率则相反，当被测导体为磁性体时，灵敏度较非磁性体低；被测导体若有剩磁时，还将影响测量的结果，应进行消磁。

若被测导体表面有镀层，镀层的性质和厚度不均匀时，也会影响测量的精度。当测量转动或移动的被测导体时，这种不均匀将形成干扰信号，尤其当激励频率较高，电涡流的贯穿深度减小时，这种不均匀干扰的影响更加突出。

被测导体的大小和形状也与灵敏度密切相关。若被测导体为平面，在涡流环的直径为线圈直径的 1.8 倍处，电涡流密度已衰减为最大值的 5%，在涡流环的直径为线圈直径的一半时，灵敏度将减小一半，更小时，灵敏度的下降更严重。因此，为充分利用电涡流效应，应使被测导体上形成的涡流环直径避开上述灵敏度降低的区域。当被测导体为圆柱体时，其直径与线圈直径相等时，灵敏度降低 70% 左右；只有其直径为线圈直径的 3.5 倍以上时，才不影响测量结果。

同样，对被测导体的厚度也有一定要求，一般厚度大于 0.2mm 时，不影响测量结果（还要视激励频率而定），铜铝等材料可减薄为 70μm。

3. 测量电路

电感式传感器常用的测量电路有交流电桥式、调幅电路及谐振电路等几种形式。

图 2-15 为用于涡流测振仪上的阻抗分压式调幅电路,传感器电感 L 和电容 C 组成并联谐振回路,其谐振频率为

$$f = \frac{1}{2\pi \sqrt{LC}} \tag{2-17}$$

振荡器为电路提供稳定的高频信号电源,当谐振频率与电源频率相同时,输出电压 u 最大。测量时,传感器线圈阻抗随 δ 而改变,LC 回路失谐,输出信号 $e(t)$ 虽然仍为振荡器的工作频率的信号,但幅值随 δ 而变化。它相当于一个调幅波,此调幅波经放大、检波、滤波后即可以得到与 δ 动态变化的信息。

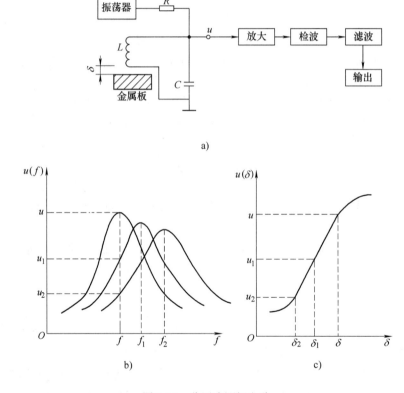

图 2-15 分压式调幅电路

a) 原理图 b) 谐振曲线 c) 输出特性

谐振式调频电路的工作原理如图 2-16 所示,也是把传感器线圈接入 LC 振荡回路,与调幅法不同之处是:取回路的谐振频率作为输出量。当金属板与传感器之间的距离 δ 发生变化时,引起线圈电感变化,从而使振荡器的振荡频率发生变化,再通过鉴频器进行频率与电压

图 2-16 谐振式调频电路的工作原理图

的转换，即可得到与 δ 成比例的输出电压。调频电路的抗干扰能力强，电缆长度可达 1000m，特别适合于野外使用。

4. 自感型电感式传感器的应用

（1）低频透射式涡流厚度传感器　图 2-17 所示为低频透射式涡流厚度传感器的结构原理图。在被测金属的上方设有发射传感器线圈 L_1，在被测金属板下方设有接收传感器线圈 L_2。当在 L_1 上加低频电压 U_1 时，则 L_1 上产生交变磁通量 Φ_1，若两线圈间无金属板，则交变磁场直接耦合至 L_2 中，L_2 产生感应电压 U_2。如果将被测金属板放入两线圈之间，则 L_1 线圈产生的磁通将导致在金属板中产生电涡流，此时磁场能量有损耗，到达 L_2 的磁通量将减弱为 Φ_2，从而使 L_2 产生的感应电压 U_2 下降。金属板越厚，涡流损失就越大，电压 U_2 就越小。因此，可根据电压 U_2 的大小得到被测金属板的厚度。

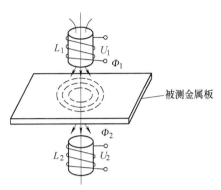

图 2-17　低频透射式涡流厚度
传感器的结构原理图

透射式涡流厚度传感器的检测范围可达 $1 \sim 100\text{mm}$，分辨率为 $0.1\mu\text{m}$，线性度为 1%。

（2）高频反射式涡流测厚仪　如图 2-18 所示是高频反射式涡流测厚仪的工作原理图。为了克服带材不平或运行过程中上下波动的影响，在带材的上下两侧对称地设置了两个特性完全相同的电涡流传感器 S_1 和 S_2。S_1、S_2 与被测带材表面之间的距离分别为 x_1、x_2。若带材厚度不变，则被测带材上下表面之间的距离总有 $x_1 + x_2 =$ 常数的关系存在，两传感器输出电压之和 $2U_0$ 的数值不变。如果被测带材厚度改变量为 $\Delta\delta$，则两传感器与带材之间的距离也改变了一个 $\Delta\delta$，两传感器输出电压之和此时为 $2U_0 + \Delta U$。ΔU 经放大器放大后，通过指示仪表电路可得出带材厚度变化值，带材厚度给定值与偏差指示值的代数和就是被测带材的厚度。

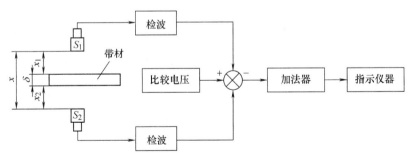

图 2-18　高频反射式涡流测厚仪的工作原理图

（3）电涡流转速传感器　图 2-19 所示为电涡流转速传感器的工作原理图。在由软磁材料制成的输入轴上加工一键槽，在距输入轴表面 d_0 处放置电涡流传感器，输入轴与被测旋转轴相连。当被测旋转轴转动时，传感器与输入轴表面的距离发生 Δd 的变化。由于电涡流效应，这种变化将导致振荡谐振回路的品质因素变化，使传感器线圈的电感随 Δd 的变化而变化，并直接影响振荡器的电压幅值和振荡频率。因此，随着输入轴的旋转，从振荡器输出的信号中包含有与转数成正比的脉冲频率信号，该信号由检波器检出电压幅值的变化量，经整形电路输出脉冲频率信号 f_n，该信号经处理后便可得到输入轴的转速。

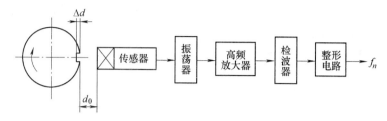

图 2-19　电涡流转速传感器的工作原理图

电涡流转速传感器可实现非接触式测量，且抗污染能力较强，可安装在旋转轴近旁，对被测转速进行长期监视。

2.4.2　互感型——差动变压器式传感器

把被测的非电量变化转换为线圈互感量变化的传感器称为互感型传感器。这种传感器是根据变压器的基本原理制成的，并且二次绕组都用差动形式连接，故称差动变压器式传感器。差动变压器的结构形式较多，有变隙式、变面积式和螺线管式等，其工作原理基本相同。在非电量测量中，应用最多的是螺线管式差动变压器，它可以测量 1～100mm 范围内的机械位移，且具有测量精度高、结构简单、性能可靠等优点。

1. 工作原理

螺线管式差动变压器的结构如图 2-20 所示。它由一次线圈、两个二次线圈和插入线圈中央的圆柱形铁心等组成，两个二次线圈反向串联。在忽略铁损、导磁体磁阻和线圈分布电容的理想条件下，其等效电路如图 2-21a 所示。当一次绕组 N_1 加以激励电压 $\dot{U}_1$ 时，根据变压器的工作原理，在两个二次绕组 N_{2a} 和 N_{2b} 中便会产生感应电动势 $\dot{E}_{2a}$ 和 $\dot{E}_{2b}$。如果工艺上保证变压器结构完全对称，则当活动衔铁处于初始平衡位置时，必然会使两互感系数 $M_1 = M_2$，根据电磁感应原理，将有 $\dot{E}_{2a} = \dot{E}_{2b}$。又由于变压器两个二次绕组反向串联，因而 $\dot{U}_2 = \dot{E}_{2a} - \dot{E}_{2b} = 0$，即差动变压器输出电压为零。当活动衔铁向左移动时，由于磁阻的影响，N_{2a} 中的磁通量将大于 N_{2b}，$M_1 > M_2$，$\dot{E}_{2a}$ 增加，$\dot{E}_{2b}$ 减小。反之，当活动衔铁向右移动时，$\dot{E}_{2b}$ 增加，$\dot{E}_{2a}$ 减小。由此可知，随着衔铁的位移变化，$\dot{U}_2 = \dot{E}_{2a} - \dot{E}_{2b}$ 也将随之变化。图 2-21b 为变压器输出电压 $\dot{U}_2$ 与活动衔铁位移 Δx 的关系曲线。

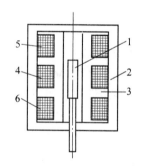

图 2-20　螺线管式差动
变压器的结构
1—活动衔铁　2—导磁外壳
3—骨架　4——次绕组
5、6—二次绕组

2. 测量电路

差动变压器输出的是交流电压，若用交流电压表测量，只能反映衔铁位移的大小，而不能反映移动方向，且测量值中还将包含零点残余电压。零点残余电压主要是由传感器的两个二次绕组的电参数与几何尺寸不对称以及磁性材料的非线性等因素引起的。为了达到能辨别移动方向及消除零点残余电压的目的，实际测量时，常常采用差动整流电路和相敏检波电路。

如图 2-22 所示为相敏检波电路。VD_1、VD_2、VD_3、VD_4 为四个性能相同的二极管，以

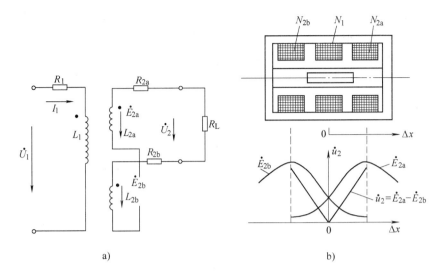

图 2-21　差动变压器的等效电路与输出特性曲线

a）等效电路　b）输出特性曲线

同一方向串联成一个闭合回路，形成环形电桥。输入信号 u_2（差动变压器式传感器输出的调幅波电压）通过变压器 T_1 加到环形电桥的一个对角线上，参考信号 u_0 通过变压器 T_2 加入环形电桥的另一个对角线上，输出信号 u_L 从变压器 T_1 与 T_2 的中心轴头引出。平衡电阻 R 起限流作用，避免二极管导通时变压器 T_2 的二次电流过大。参考信号 u_0 的幅值要远大于输入信号 u_2 的幅值，以便有效控制四个二极管的导通状态，且 u_0 和差动变压器式传感器激磁电压由同一振荡器供电，保证二者同频、同相（或反相）。经分析可知，相敏检波电路输出电压 u_L 的变化规律可充分反映被测位移量的变化规律，即 u_L 的值反映位移 Δx 的大小，而 u_L 的极性则反映位移 Δx 的方向。

3. 差动变压器式传感器的应用

差动变压器式传感器可以直接测量位移，也可以测量与位移有关的任何机械量，如振动加速度、应变、压力和厚度等。图 2-23 所示为差动变压器式加速度传感器的结构示意图。

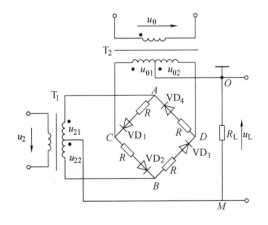

图 2-22　相敏检波电路

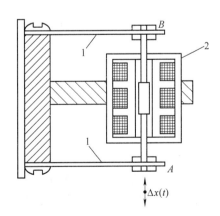

图 2-23　差动变压器式加速度传感器的结构

1—悬臂梁　2—差动变压器

它由悬臂梁1和差动变压器2构成。测量时，将悬臂梁底座及差动变压器的线圈骨架固定，将衔铁的 A 端与被测振动体相连。当被测体带动衔铁以 $\Delta x(t)$ 振动时，将导致差动变压器的输出电压也按相同规律变化。

2.5　电容式传感器

电容式传感器是将被测物理量转换成电容量变化的一种结构型传感器，其实质就是一个具有可变参数的电容器。

2.5.1　工作原理和分类

由物理学可知，由绝缘介质分开的两个平行金属板组成的平板电容器，如果不考虑边缘效应，其电容量为

$$C = \frac{\varepsilon_0 \varepsilon_r A}{\delta} \tag{2-18}$$

式中　ε_0——极板间介质的真空介电常数，$\varepsilon_0 = 8.85 \times 10^{-12} \mathrm{F/m}$；

$\quad\quad \varepsilon_r$——极板间介质的相对介电常数，在空气中 $\varepsilon_r = 1$；

$\quad\quad A$——两平行板所覆盖的面积（$\mathrm{m^2}$）；

$\quad\quad \delta$——两平行板之间的距离（m）。

当被测物理量使得式(2-18)中的 δ、A、ε_r 发生变化时，电容量 C 也随之变化。如果保持其中两个参数不变，仅改变其中一个参数，就可把该参数的变化转换为电容量的变化，并通过测量电路转换为电量输出，因此电容式传感器可分为变极距型、变面积型和变介质型三种类型。

1. 变极距型电容式传感器

图 2-24 为变极距型电容式传感器的原理图。若传感器的 ε_r 和 A 为常数，当极距有一微小变化量 $\Delta\delta$ 时，由式(2-18)可知其电容的变化量 ΔC 为

$$\Delta C = -\frac{\varepsilon_0 \varepsilon_r A}{\delta^2}\Delta\delta \tag{2-19}$$

即电容量与极距变化呈非线性关系，由此可得传感器的灵敏度为

$$S = \frac{\Delta C}{\Delta\delta} = -\frac{\varepsilon_0 \varepsilon_r A}{\delta^2} \tag{2-20}$$

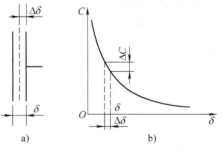

图 2-24　变极距型电容式传感器的原理图

a) 极距变化　b) 输出特性

从式(2-20)可看出，灵敏度 S 与极距 δ 的平方成反比，即极距越小，灵敏度越高。一般可通过减小初始极距 δ 来提高灵敏度。

为减少由于电容量与极距呈非线性关系所引起的误差，通常规定测量范围。一般取极距的变化范围为 $\Delta\delta/\delta \approx 0.1$，以使传感器的灵敏度近似为常数。另外，采用差动式结构也可提高灵敏度。

需要注意的是，如果 δ 过小，则容易引起电容器击穿或短路。因此，极板间通常采用高介电常数的材料（如云母、塑料膜等）作介质。云母片的相对介电常数是空气的 7 倍，其击穿

电压不小于 1000kV/mm，而空气的仅为 3kV/mm。有了云母片，极板间起始距离就可大大减小。

一般变极距电容式传感器的起始电容在 20～100pF 之间，极板间距离在 25～200μm 范围内，最大位移应小于间距的 1/10。变极距电容式传感器在微位移测量中应用最广。

2. 变面积型电容式传感器

变面积型电容式传感器的工作原理是在被测参数的作用下改变极板的有效面积。常用的有角位移型和线位移型。图 2-25 是变面积型电容式传感器的结构示意图。

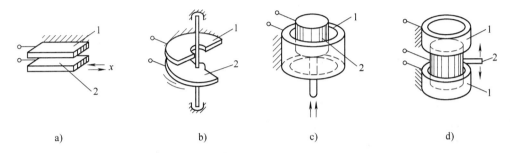

图 2-25　变面积型电容式传感器的结构示意图

a）平面线位移型　b）角位移型　c）、d）圆柱体线位移型

1—固定极板　2—可动极板

图 2-25a 为平面线位移型电容式传感器。当宽度为 B 的可动极板沿箭头 x 方向移动时，由于覆盖面积变化，使电容量也随之变化。电容量 C 为

$$C = \frac{\varepsilon_0 \varepsilon_r B x}{\delta} \tag{2-21}$$

其灵敏度为

$$S = \frac{\Delta C}{\Delta x} = \frac{\varepsilon_0 \varepsilon_r B}{\delta} = 常数 \tag{2-22}$$

由式（2-22）可以看出，平面线位移型电容传感器的输出与输入呈线性关系。

图 2-25b 为角位移型电容式传感器。当动板有一转角时，它与定板之间相互覆盖的面积发生变化，因而导致电容量变化。当覆盖面积对应的中心角为 α、极板半径为 r 时，覆盖面积为 A

$$A = \frac{\alpha r^2}{2}$$

电容量 C 为

$$C = \frac{\varepsilon_0 \varepsilon_r \alpha r^2}{2\delta} \tag{2-23}$$

其灵敏度为

$$S = \frac{\Delta C}{\Delta \alpha} = \frac{\varepsilon_0 \varepsilon_r r^2}{2\delta} = 常数 \tag{2-24}$$

由式（2-24）看出，角位移型电容传感器的输出与输入也呈线性关系。

由于平板型传感器的可动极板稍有移动便会影响测量精度，因此，变面积型电容式传感器常做成圆柱形，如图 2-25c、d 所示。可推导出，圆柱形电容器的电容量 C 为

$$C = \frac{2\pi\varepsilon_0\varepsilon_r x}{\ln\left(\dfrac{D}{d}\right)} \tag{2-25}$$

式中　x——圆筒与圆柱覆盖部分的长度；

　　D，d——圆筒孔径与圆柱外径。

其灵敏度为

$$S = \frac{\Delta C}{\Delta x} = \frac{2\pi\varepsilon_0\varepsilon_r}{\ln\left(\dfrac{D}{d}\right)} = 常数 \tag{2-26}$$

变面积型电容式传感器的优点是：输出与输入呈线性关系。但与变极距型相比，灵敏度较低，适用于测量较大的直线位移和角位移。

3. 变介质型电容式传感器

变介质型电容式传感器有较多的结构型式，可以用来测量纸张、绝缘薄膜的厚度，也可用来测量粮食、纺织品、木材或煤等非导电固体介质的湿度。图 2-26 是一种常用的结构型式，图中两平行电极固定不动，极距为 δ，相对介电常数为 ε_{r_2} 的电介质 2 以不同深度插入电容器中，从而改变两种介质的极板覆盖面积。传感器总电容量 C 为两个电容 C_1 和 C_2 并联的结果

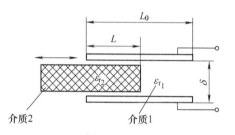

图 2-26　变介质型电容式传感器

$$C = C_1 + C_2 = \frac{\varepsilon_0 B_0}{\delta}\left[\varepsilon_{r_1}(L_0 - L) + \varepsilon_{r_2}L\right] \tag{2-27}$$

式中　L_0，B_0——极板的长度和宽度；

　　　L——第二种介质进入极板间的长度。

若电介质 1 为空气（$\varepsilon_{r_1} = 1$），当 $L = 0$ 时传感器的初始电容 $C_0 = (\varepsilon_0\varepsilon_{r_1}L_0 B_0)/\delta$。可推导出，当介质 ε_{r_2} 进入极板间 L 后，引起电容的相对变化为

$$\Delta C = C - C_0 = \frac{\varepsilon_0 B_0(\varepsilon_{r_2} - 1)}{\delta}L \tag{2-28}$$

由此可见，电容的变化与电介质 2 的移动量 L 呈线性关系。

2.5.2　测量电路

电容式传感器中电容值以及电容变化值都非常小，这样微小的电容量很难直接在显示仪表上显示，或被记录仪所接受，也不便于传输。这就需要借助测量电路检出这一微小电容增量，并将其转换成与其成单值函数关系的电压、电流或者频率。

常用电容转换电路有电桥、谐振电路、调频电路、运算放大器电路等。

1. 电桥

电桥是将电容式传感器作为桥路的一部分，将电容变化转换为电桥的电压输出。通常采用电阻、电容或电感、电容组成的交流电桥。图 2-27 是由电感、电容组成的桥路，电桥的输出为一调幅波，经放大、相敏解调、滤波后获得输出。

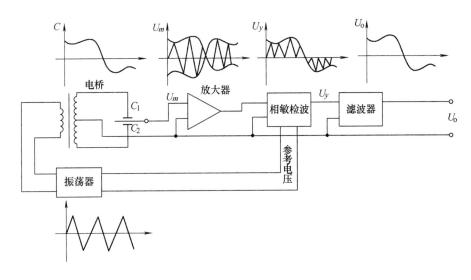

图 2-27 由电感和电容组成的桥路

2. 谐振电路

图 2-28 为谐振电路的工作原理图。电容式传感器的电容 C_x 作为谐振电路(L_2、C_2、C_x）调谐电容的一部分，谐振回路通过电感耦合，从稳定的高频振荡器获得振荡电压。当传感器电容量 C_x 发生变化时，谐振回路的阻抗也发生相应变化，并被转换成电压或电流输出，经放大、检波，即可得到输出。

为了获得较好的线性，谐振电路的工作点应选择在谐振曲线的线性区域内，振幅为最大振幅的 70% 附近处，如图 2-28b 的 BC 段。谐振电路比较灵敏，但工作点不易选择，变化范围较窄，且传感器连接电缆的杂散电容影响较大。为了提高测量精度，还要求振荡器的频率应具有较高的稳定性。

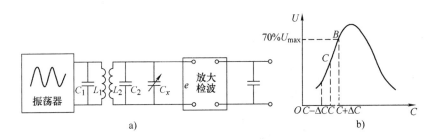

图 2-28 谐振电路的工作原理及其工作特性
a）工作原理图   b）工作特性

3. 调频电路

如图 2-29 所示为调频电路的原理图，它把电容式传感器作为振荡器谐振回路的一部分，当输入量导致电容量发生变化时，振荡器的振荡频率也将发生变化。由于此时系统是非线性的，不易校正，因此通常加入鉴频器，将频率的变化转换为振幅的变化，经过放大后就可用仪器指示或记录仪记录。调频电路具有抗干扰性强、灵敏度高等优点，可测 $0.01\mu m$ 的位移变化量，缺点是电缆电容的影响较大。

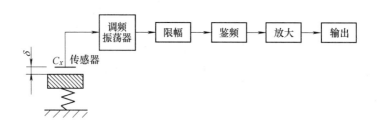

图 2-29　调频电路的工作原理

4. 运算放大器电路

运算放大器具有放大倍数高、输入阻抗高等特点，因此可作为电容式传感器较理想的测量电路。图 2-30 是运算放大器的电路原理图。C_x 为电容式传感器，$\dot{U}_i$ 是交流电源电压，$\dot{U}_o$ 是输出信号电压，Σ 是虚地点。由运算放大器的工作原理可得

$$\dot{U}_o = -\frac{C}{C_x}\dot{U}_i$$

如果传感器是一只平板电容，则 $C_x = \dfrac{\varepsilon_0\varepsilon_r A}{\delta}$，

代入上式有

$$\dot{U}_o = -\frac{C\delta}{\varepsilon_0\varepsilon_r A}\dot{U}_i \qquad (2\text{-}29)$$

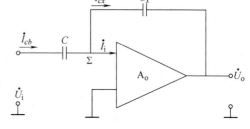

图 2-30　运算放大器电路

式中"－"号表示输出电压的相位与电源电压反相。式（2-29）表明运算放大器的输出电压与极板间距离 δ 呈线性关系，因此说，运算放大器电路解决了变极距型电容传感器的非线性问题。为保证测量精度，要求电源电压 $\dot{U}_i$ 的幅值和固定电容 C 值稳定。

2.5.3　电容式传感器的应用

1. 电容测厚仪

如图 2-31 所示为电容式测厚仪，主要用来测量金属带材在轧制过程中厚度的变化。两个电容极板与被测金属带材之间的距离相同，它们与带材共同构成了两个电容器，将两个极板用导线连接起来，就成为了一个极板，总电容量为 $C = C_1 + C_2$。轧辊在不断旋转的时候，带材也在轧制过程中不断前进，如果带材厚度发生变化，将会引起总电容量 C 的变化，将 C 作为交流电桥的一个桥臂，电容 C 的变化会引

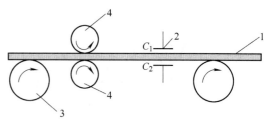

图 2-31　电容式测厚仪
1—带材　2—极板　3—传动辊　4—轧辊

起电桥的不平衡输出，经放大、滤波后，根据输出电压或电流可得出带材的厚度。

2. 电容式料位传感器

图 2-32 是电容式料位传感器的结构示意图。把测定电极安装在罐的内部，使罐壁和测定电极之间形成了一个电容器。当罐内放入被测物料时，由于被测物料介电常数的影响，传感器的电容量将发生变化。由于电容量的变化与被测物料的高度有关，且成比例，因此检测

出电容量的变化就可测定物料在罐内的高度。两种介质的常数差别越大，储罐的内径 D 与测定电极的直径 d 相差越小，传感器的灵敏度就越高。

近年来电容式传感器在身份识别领域也得到了应用。如电容式固态指纹传感器，当指纹中凸起的部分置于传感器电容像素电极时，电容量会有所增加，通过检测增加的电容来进行图像数据的采集，从而对指纹进行识别，可用于养老金领取、人事工资管理、银行柜员身份确认等很多场合。

电容式传感器在使用时，应注意以下事项：

1）由于电容式传感器的电容量通常很小，易受外界电场的干扰，因此要求采用阻抗高、噪声低的前置放大器；引出线应尽量短，并采用屏蔽线，且使屏蔽线与壳体及可动电极有可靠的接地保护。

2）环境温度误差的补偿。由于极板材料易受温度的影响，所以在选择传感器的尺寸和材料时应考虑温度的影响。

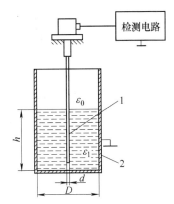

图 2-32　电容式料位传感器的结构
1—测量电极　2—储罐

应选择那些温度系数低和稳定性好的材料作极板，也可采用补偿电桥来抵消由于介电常数随温度的变化而带来的测量误差。

2.6　磁电式传感器

磁电式传感器又称电磁感应式或电动式传感器，它是基于电磁感应原理，将被测量（如振动位移、转速等）转换成感应电动势输出的一种传感器。使用时无需辅助电源，是有源传感器。磁电式传感器输出功率较大且性能稳定，并具有一定的工作带宽（$10 \sim 1000\mathrm{Hz}$），适应于振动、转速、扭矩等测量，但传感器的尺寸和质量较大。

2.6.1　工作原理

根据法拉第电磁感应定律，匝数为 N 的线圈在恒定磁场内运动时，若穿过线圈的磁通量为 Φ，则线圈内的感应电动势 E 为

$$E = -N\frac{\mathrm{d}\Phi}{\mathrm{d}t} \tag{2-30}$$

由此可见，线圈内的感应电动势的大小取决于线圈匝数 N 和穿过线圈的磁通变化率 $\mathrm{d}\Phi/\mathrm{d}t$，而磁通变化率 $\mathrm{d}\Phi/\mathrm{d}t$ 与磁场强度、磁路磁阻、线圈的运动速度有关。只要改变其中一个参数，就会改变线圈的感应电动势。

磁电式传感器根据其结构可分为动圈型和磁阻型。

1. 动圈型磁电式传感器

动圈型磁电式传感器的结构原理如图 2-33 所示。它主要由两部分组成，其一为磁路系统，即永久磁铁，为固定部分；其二是线圈，为运动部分。其他为附属部分，包括壳体、支承、阻尼器、接线装置等。可测量线速度和角速度。

线速度测量的工作原理如图 2-33a 所示，当线圈在磁场中作直线运动时，将产生感生电动势，即

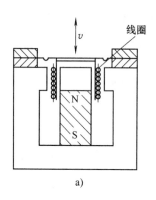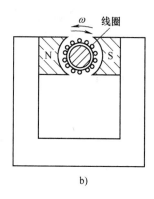

图 2-33　动圈型磁电式传感器的结构

a）测量线速度　b）测量角速度

$$E = NBlv\sin\theta \tag{2-31}$$

式中　N——线圈匝数；

　　　B——磁场的磁感应强度；

　　　l——单匝线圈的有效长度；

　　　v——线圈与磁场的相对运动速度；

　　　θ——线圈运动与磁场方向的夹角。

当 $\theta = 90°$ 时，式（2-31）可写为

$$E = NBlv \tag{2-32}$$

式（2-32）表明，当 N、B、l 均为常数时，感应电动势 E 与线圈运动的速度 v 成正比。因此，这种传感器可用于测量线速度。

角速度测量的工作原理如图 2-33b 所示，当线圈在磁场中转动时，将产生电动势，即

$$E = kNBA\omega \tag{2-33}$$

式中　ω——角速度；

　　　A——单匝线圈的截面积；

　　　k——结构系数，$k < 1$。

式（2-33）表明，当 N、B、A 均为常数时，感应电动势 E 与线圈相对于磁场的角速度 ω 成正比。因此，这种传感器可用于测量转速。

2. 磁阻型磁电式传感器

磁阻型磁电式传感器的工作原理是：线圈与磁铁固定不动，通过运动着的被测物体（导磁材料）改变磁路的磁阻，从而引起磁力线的增强或减弱，使线圈产生感应电动势。其工作原理及应用如图 2-34 所示。在图 2-34a 中，当齿轮旋转时，齿的凹凸面使磁阻发生改变，引起磁通量随之变化，导致线圈感应交流电动势。感应电动势的频率 f 等于齿轮齿数 z 和转速 n 的乘积，即

$$f = \frac{zn}{60} \tag{2-34}$$

已知 z 和测得 f 后，就可确定转速 n。

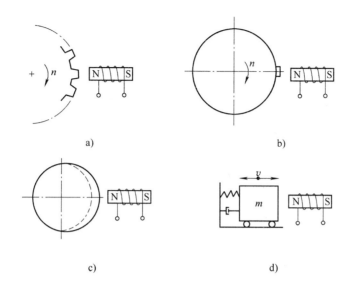

图 2-34 磁阻型磁电式传感器的工作原理及应用

a）测频数 b）测转速 c）测偏心 d）测振动

2.6.2 测量电路

磁电式传感器直接输出感应电动势，且传感器通常具有较高的灵敏度，所以一般不需要高增益放大器。但磁电式传感器是速度传感器，若要获取被测位移或加速度信号，则需要配用积分或微分电路。图 2-35 为一般测量电路的框图。

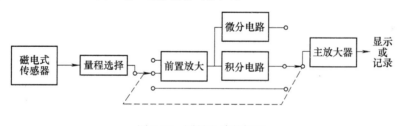

图 2-35 测量电路的框图

2.6.3 磁电式传感器的应用

1. 动圈型振动速度传感器

如图 2-36 所示是动圈型振动速度传感器的结构示意图。它由钢制圆形外壳制成，内用铝支架将圆柱形永久磁铁与外壳固定成一体，永久磁铁中间有一圆孔，穿过圆孔的芯轴两端连接线圈和阻尼环，芯轴两端通过圆形膜片支撑架空且与外壳相连。工作时，传感器与被测物体刚性连接，当物体振动时，传感器外壳和永久磁铁随之振动，而架空的芯轴、线圈和阻尼环因惯性不随其振动，因而磁路空气气隙中的

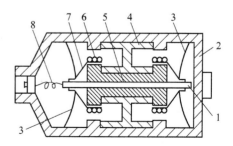

图 2-36 动圈型振动速度传感器的结构

1—芯轴 2—外壳 3—弹簧片 4—铝支架
5—永久磁铁 6—线圈 7—阻尼环 8—引线

线圈切割磁力线而产生正比于振动速度的感应电动势。该传感器测量的是振动速度，若在测量电路中接入积分电路，则输出电动势与位移成正比；若在测量电路中接入微分电路，则其输出与加速度成正比。

2. 磁电式扭矩传感器

如图 2-37 是磁电式扭矩传感器的工作原理图。在驱动源和负载之间的扭转轴两侧安装

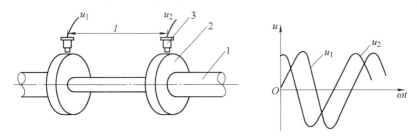

图 2-37　磁电式扭矩传感器的工作原理图
1—扭转轴　2—齿轮圆盘　3—磁电式传感器

有材质、尺寸、齿形和齿数均相同的齿形圆盘，圆盘处装有相应的两个磁电式传感器。磁电式传感器的结构如图 2-38 所示，由永久磁场、感应线圈和铁心组成，永久磁铁产生的磁力线通过齿形圆盘顶部。当齿形圆盘旋转时，圆盘齿凸凹引起磁路气隙的变化，引起磁通量发生变化，在线圈中产生感应电流，其频率等于圆盘的齿数与转数乘积。当扭矩作用在扭转轴上时，两个磁电式传感器输出的感应电压 U_1 和 U_2 存在相位差，这个相位差与扭转轴的扭转角成正比，即传感器把扭矩引起的扭转角转换成相位差的电信号。

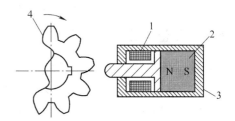

图 2-38　磁电式传感器的结构
1—线圈　2—永久磁铁　3—铁心　4—齿轮圆盘

2.7　压电式传感器

压电式传感器的工作原理主要基于某些介质材料的压电效应，它是典型的有源传感器。它以压电晶体作为敏感元件，将力转换为电荷量，能够测量可变换为力的物理量，如力、压力、力矩、加速度等。压电式传感器同时也是一种可逆型换能器，既可将机械能转换为电能，又可将电能转换为机械能，这种性能可用于超声波发射与接收装置。压电式传感器用于测力时，灵敏度可达 10^{-3} N，用于测振动加速度时，可测频率范围为 $0.1 \sim 2 \times 10^4$ Hz，可测加速度按其不同结构可达 $(10^{-2} \sim 10^{-5})$ m·s^{-2}。压电式传感器的体积小、质量轻。

2.7.1　压电效应及压电材料

对于某些电介质，当沿一定方向施力而使其变形时，其内部将产生极化现象，同时在它的两个表面产生符号相反的电荷，且作用力方向改变时，电荷的极性也随之改变，外力去掉后，又重新恢复到不带电状态，这种现象称为压电效应。相反，当在电介质极化方向施加电

场时，电介质将产生变形，这称为"逆压电效应"（电致伸缩效应）。

具有压电效应的材料称为压电材料，它可实现机械能与电能量的相互转换。自然界中大多数晶体都具有压电效应，但压电效应十分微弱。研究表明，常用的压电材料大致可分为三类：压电晶体、压电陶瓷和有机压电薄膜。压电晶体为单晶体，常用的有 α-石英（SiO_2）、铌酸锂（$LiNbO_3$）、钽酸锂（$LiTaO_3$）等。压电陶瓷为多晶体，常用的有钛酸钡（$BaTiO_3$）、锆钛酸铅（PZT）等。

α-石英晶体（SiO_2）是单晶体，其结构如图 2-39a 所示，六棱柱是它的基本结构。z 轴与石英晶体的上、下顶连线重合，x 轴与石英晶体横截面的对角线重合，y 轴依据右手坐标系规则确定。x 轴称为电轴，在应力作用下，晶体在这个方向能产生最强电荷。z 轴称为光轴，当光沿其方向入射时不产生双折射。y 轴称为机械轴，如果从晶体上沿 y 方向切下一块如图 2-39c 所示的一个平行六面体切片，使其晶面分别平行于 z、y、x 轴，正常状态下这个晶片不呈现电性。

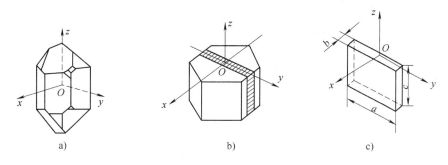

图 2-39　石英晶体

切片在受到沿不同方向的作用力时会产生不同的极化作用，如图 2-40 所示。沿 x 轴方向加力产生纵向压电效应，沿 y 轴加力产生横向压电效应，沿相对两平面加力产生剪切压电效应。

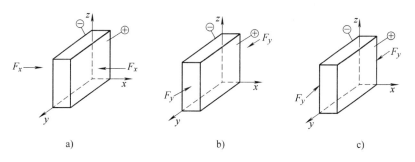

图 2-40　压电效应模型
a）纵向效应　b）横向效应　c）切向效应

实验证明，压电效应和逆压电效应都是线性的。即晶体表面出现的电荷的多少和晶体变形的大小成正比，当变形方向改变时，电荷符号也改变。在外电场作用下，晶体变形的大小与电场强度成正比，并随电场方向的改变而改变。若压电体受到多方向的作用力，晶体内部将产生一个复杂的应力场，会同时出现纵向效应和横向效应，压电体各表面都会积聚电荷。

石英是压电单晶体中最具有代表性的，应用也比较广泛。除天然石英外，还有大量人造石英。石英的压电常数虽不高，但具有较好的机械强度和时间、温度稳定性。有些水溶性压电晶体，如酒石酸钾钠（$NaKO_4H_4O_5 \cdot 4H_2O$），压电常数虽较高，但易受潮，机械强度较低、电阻率较低、性能不稳定。

现代声学技术和传感技术中使用的压电传感器的压电元件，大多数开始采用压电陶瓷。压电陶瓷制作方便、成本低，而且压电常数比单晶体高得多（一般比石英高数百倍）。钛酸钡（$BaTiO_3$）是使用最早的压电陶瓷，但其居里温度（材料温度达到该点将失去压电特性）较低，约为120℃。目前广泛使用的压电陶瓷是锆钛酸铅（PZT）系列，其居里温度（350℃）较高，压电常数（$70 \sim 590pC/N$）较大。

高分子压电薄膜的压电特性较差，但它易于大批量生产，且具有面积大、柔软不易破损等优点，常用于微压测量和机器人的触觉。

2.7.2 压电式传感器的测量电路

1. 压电式传感器的等效电路

由压电元件的工作原理可知，压电式传感器可以看作是一个电荷发生器，同时也是一个电容器。如图 2-41a 所示，晶体上聚集正、负电荷的两表面相当于电容的两个极板，极板间物质等效于一种介质，其电容量为

$$C_a = \frac{\varepsilon_0 \varepsilon_r A}{\delta}$$

式中　ε_r——压电材料的相对介电常数，石英晶体 $\varepsilon_r = 4.5F/m$；钛酸钡 $\varepsilon_r = 1200F/m$；

　　　　A——压电晶体工作面的面积；

　　　　δ——极板间距，即晶片厚度。

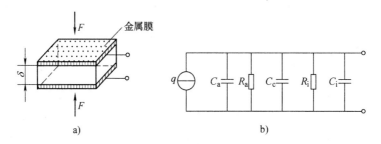

图 2-41　压电传感器的等效电路
a) 压电晶片　b) 电荷源

压电式传感器是一个具有一定电量的电荷源。电容器上的开路电压 u_0、电荷量 q 和电容量 C_a 三者关系为

$$u_0 = \frac{q}{C_a} \tag{2-35}$$

由于压电式传感器在实际使用时总要与测量仪器或测量电路相连接，因此还须考虑连接电缆的等效电容 C_c，放大器的输入电阻 R_i，输入电容 C_i 以及压电式传感器的泄漏电阻 R_a。为防止漏电造成电荷损失，通常要求 $R_a > 10^{11}\Omega$，因此传感器视为开路。压电传感器在测量

系统中的实际等效电路如图 2-41b 所示。

在实际应用中，压电晶片通常不是采用一片，而是将两片或两片以上粘在一起。由于压电材料的电荷具有极性，因此接法也有两种，如图 2-42 所示。图 2-42a 为串联接法，其输出电荷 $q_串$ 就是单片电荷 q，输出电压 $U_串$ 是单片电压的两倍 $2U$；图 2-42b 为并联接法，其输出电荷 $q_并$ 是单片电荷的两倍 $2q$，而输出电压 $U_并$ 就是单片电压 U。

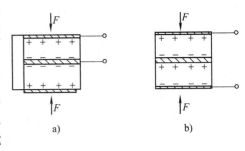

图 2-42　压电片的连接方式
a) 并联　b) 串联

串联接法输出电压大，本身电容小，适宜测量以电压作为输出信号，以及测量电路输入阻抗较高的场合；并联接法输出电荷大、本身电容大、时间常数大，适合于测量缓变信号和以电荷作为输出量的场合。

2. 压电式传感器的测量电路

压电式传感器本身的内阻抗很高，而输出能量较小，因此它的测量电路通常需要接入一个高输入阻抗的前置放大器。一是可把高输出阻抗变换为低输出阻抗；二是可放大传感器输出的微弱信号。前置放大器有两种形式，即电压放大器和电荷放大器。

（1）电压放大器（阻抗变换器）　图 2-43 是电压放大器的电路原理及等效电路图。在图 2-43b 中，电阻 $R = R_aR_i/(R_a + R_i)$，电容 $C = C_a + C_c + C_i$（C_c 为电缆电容，R_a 为泄露电阻，R_i、C_i 为放大器的输入电阻、输入电容）。若压电元件受正弦力 $F = F_m\sin\omega t$ 的作用，可以得到放大器输入端电压幅值 U_{im} 为

$$U_{im} = \frac{dF_m\omega R}{\sqrt{1 + (\omega RC)^2}} \tag{2-36}$$

式中　d——压电材料的压电常数。

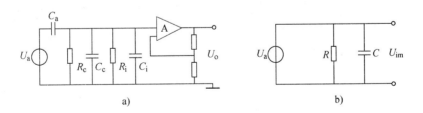

图 2-43　电压放大器的电路原理和等效电路
a) 放大器电路　b) 输入端等效电路

在理想情况下，即回路的等效电阻值 $R \to \infty$，且电荷无泄漏，放大器输入端电压幅值 U_{im} 为

$$U_{im} = \frac{dF_m}{C_a + C_c + C_i} \tag{2-37}$$

式(2-37)表明，前置放大器输入电压 U_{im} 与频率无关，说明压电式传感器有很好的高频响应。但是，当作用于压电元件的力为静态力（$\omega = 0$）时，前置放大器的输入电压等于

零，电荷会通过放大器输入电阻和传感器本身漏掉，因此压电传感器不适宜于静态力的测量。另外，压电式传感器与前置放大器之间的连接电缆不能随意更换，否则将引入测量误差。

（2）电荷放大器 电荷放大器常由一个反馈电容 C_f 和高增益运算放大器构成，当略去泄露电阻 R_a 和放大器的输入电阻 R_i 两个并联电阻后，电荷放大器的等效电路如图 2-44 所示。A 为运算放大器的增益，由运算放大器基本特性，可求出电荷放大器的输出电压

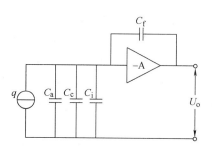

$$U_o = - \frac{Aq}{C_a + C_c + C_i + (1 + A)C_f}$$

图 2-44 电荷放大器的等效电路

通常 $A = 10^4 \sim 10^6$，因此 $(1 + A)C_f \gg (C_a + C_c + C_i)$，则上式可表示为

$$U_0 \approx - \frac{q}{C_f} \tag{2-38}$$

式(2-38)表明，在一定条件下，电荷放大器的输出电压 U_o 与电荷量 q 成正比，且与电缆分布电容无关，因此，采用电荷放大器时，即使连接电缆长度达百米以上，其灵敏度也无明显变化，这是电荷放大器的突出优点。但与电压放大器相比，电荷放大器的线路复杂，且价格昂贵。

2.7.3 压电式传感器的应用

1. 压电式压力传感器

压电效应是力与电荷的变换，可直接用作力的测量。现在已形成系列的压电式力传感器，测量范围可达 $10^{-3} \sim 10^7 N$，动态范围为 60dB。测量方向有单方向的，也有多方向的。

如图 2-45 所示的膜片式压电晶体压力传感器是目前广泛采用的一种结构，预紧筒 8 是一个薄壁厚底的金属圆筒，通过拉紧预紧筒对压电晶片组施加预压缩应力。感受压力的膜片 7 焊接到壳体上，以使其在压电元件的预加载过程中不会发生变形。由于膜片的质量很小，而压电晶体的刚度又很大，使得传感器具有很高的固有频率(可高达 100kHz 以上)。另外，预紧筒外的空腔内可以注入冷却水，以降低晶片温度，保证传感器在较高的环境温度下正常工作。采用多片压电元件层叠结构可提高传感器的灵敏度。因此膜片式压电晶体压力传感器是用于动态压力测量的一种性能较好的压力传感器。

2. 压电式加速度传感器

如图 2-46 所示是压电式加速度传感器的结构图。其

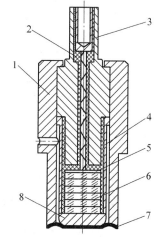

图 2-45 多片层叠压电
晶体压力传感器
1—壳体 2、4—绝缘体 3、5—电极
6—压电片堆 7—膜片 8—预紧筒

中，压电元件由两块压电晶片组成，在压电晶片的两个表面上镀有电极，并引出引线，压电晶片上放置一个高密度的质量块，整个组件装在一个金属外壳中。测量时，传感器基座与试件刚性连接，当传感器受振动力作用时，质量块也随基座做相同的运动，并受到与加速度方向相反的惯性力的作用，这样，质量块就有一正比于加速度的应变力作用在压电晶片上，因此在压电晶片的两个表面上就产生交变电荷（电压）。当加速度频率远低于传感器的固有频率时，传感器的输出电荷与晶片所受的作用力成正比，且与试件的加速度成正比。传感器的输出电荷输入到前置放大器后就可以用普通的测量仪器

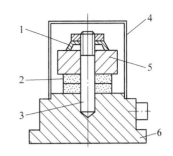

图 2-46　压电式加速度传感器
1—预压弹簧　2—压电元件　3—螺栓
4—外壳　5—质量块　6—基座

测出试件的加速度。如果在放大器中加入适当的积分电路，还可以测试试件的振动速度或位移。

压电式传感器现已形成系列产品。大型高灵敏度加速度计灵敏阈可达 $10^{-6}g_n$（g_n 为标准重力加速度，作为一个加速度单位，其值为 $1g_n = 9.80665\ \mathrm{m \cdot s^{-2}}$），但此时测量上限很小，只能测量微弱振动。小型的加速度计仅重 0.14 克，可测量上千 g_n 的强振动。

由于电荷的泄漏，使压电式传感器实际低端的工作频率无法达到直流，因此，无法精确测量常值力。另外，在低频振动时，其输出信号很弱，信噪比较差。尤其需要通过积分网络来获取振动的速度和加速度值的情况下，受网络中运算放大器的漂移及低频噪声的影响，压电式加速度计很难用于小于 1Hz 的低频测量。

压电式传感器通常用来测量轴向作用力，该力对压电片产生纵向效应后产生相应的电荷的输出。而垂直于轴向的作用力，会使压电片产生横向效应和相应的横向输出，与此相应的灵敏度，称为横向灵敏度。对于传感器而言，横向输出是一种干扰，是产生测量误差的原因，因此在使用时，应注意选用横向灵敏度小的传感器。同时，为了减少横向输出的影响，在安装使用时，应力求使最小横向灵敏度方向与最大横向干扰力方向重合。此外，环境温度、湿度的变化和压电材料本身的时效，都会引起压电常数的变化，导致压电式传感器灵敏度的变化。因此，经常校准压电式传感器是十分必要的。

2.8　光电式传感器

光电式传感器是将光能转换为电能的一种器件。用这种传感器测量其他非电量时，只需将这些非电量的变化先转换为光量的变化，再通过光电器件转换为电量输出。由于微电子技术、光电半导体技术、光导纤维技术、光栅技术的发展，使光电式传感器的应用越来越广泛。

2.8.1　光电测量原理

光电式传感器是基于光电效应工作的。物质（金属或半导体）在光的作用下发射电子的现象称为光电效应。

爱因斯坦假设光束中的能量是以聚集成一粒一粒的形式在空间行进的，这一粒一粒的能量称为光子。单个光子的能量为

$$E = h\upsilon$$

式中，$h = 6.62620 \times 10^{-34} \text{J} \cdot \text{s}$ 为普朗克常数，υ 为光的频率。当光照射到某一物体时，可以看作该物体受到一连串能量为 E 的光子的轰击，光电效应就是物体材料吸收到光子能量的结果。光电效应按其作用原理分为外光电效应、内光电效应和光生伏打效应。

1. 外光电效应

在光照作用下，物体内的电子从物体表面逸出的现象称为外光电效应，亦称光电子发射效应。在这一过程中，光子所携带的电磁能转换为光电子的动能。一个光子具有的能量为 $E = h\upsilon$，当物体受到光辐射时，其中的电子吸收了一个光子的能量，该能量一部分用于使电子由物体内部逸出所做的功 A，另一部分则为逸出电子的动能 $\frac{1}{2}mv^2$。即

$$h\upsilon = \frac{1}{2}mv^2 + A \tag{2-39}$$

式中　m——电子的质量；

　　　v——电子的逸出速度；

　　　A——物体的逸出功。

式(2-39)被称为爱因斯坦光电效应方程式。由该式可知：

1）光电子逸出表面的必要条件是 $h\upsilon > A$。因此，对每一种光电阴极材料，均有一个确定的光频率阈值。当入射光频率低于该值时，无论入射光的强度多大，均不能引起光电子发射。反之，入射光频率高于阈值频率，即使光强极小，也会有光电子发射，且无时间延迟。对应于此阈值频率的波长 λ_0，称为某种光电器件或光电阴极的"红限"，其值为 $\lambda_0 = hc/A$（$c = 3 \times 10^8 \text{m} \cdot \text{s}^{-1}$ 为光速）。

2）当入射光频率成分不变时，单位时间内发射的光电子数与入射光光强成正比。

3）对于外光电效应器件来说，只要光照射在器件阴极上，即使阴极电压为零，也会产生光电流。这是因为光电子逸出时具有初始动能，要使光电流为零，必须使光电子逸出物体表面时的初速度为零。

基于外光电效应的元器件有光电管和光电倍增管等。

2. 内光电效应

在光照作用下，物体的导电性能如电阻率发生改变的现象称内光电效应，又称光导效应。

内光电效应与外光电效应不同，外光电效应产生于物体表面层，在光辐射作用下，物体内部的自由电子逸出到物体外部。而内光电效应则不发生电子逸出，这时，物体内部的原子吸收光能量，获得能量的电子摆脱原子束缚成为物体内部的自由电子，从而使物体的导电性发生改变。

基于内光电效应的元器件主要是光敏电阻以及由光敏电阻制成的光导管。

3. 光生伏打效应

在光线照射下能使物体产生一定方向的电动势的现象称为光生伏打效应。光生伏打型光电器件是自发电动势的，属于有源器件。

基于光生伏打效应的器件常用的有光电池，广泛用于把太阳能直接转换成电能，也称为太阳能电池。

2.8.2 光电元件及主要特性

1. 光电管

光电管有真空光电管和充气光电管两种。真空光电管的结构如图2-47所示。在一个真空的玻璃罩内装有两个电极，一个是光电阴极，一个是光电阳极。光电阴极通常采用逸出功小的光敏材料(如银氧铯Ag-Cs$_2$O)，当光线照射到该光敏材料上时，便有电子逸出。这些电子被具有正电位的阳极吸引，在光电管内形成空间电子流，在外电路产生电流。若在外电路串接一定阻值的电阻，则在该电阻上的电压或电路中的电流大小都与光强呈函数关系，从而实现光电转换。

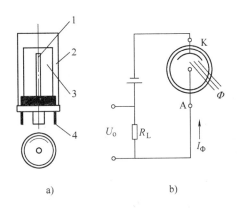

图2-47 真空光电管的结构
a) 结构图 b) 电路图
1—阳极A 2—玻璃外壳 3—阴极K 4—引脚

光电管的基本特性：

(1) 光谱特性 在工作电压不变的条件下，入射光的波长与其绝对灵敏度的关系称为光电管的光谱特性。该特性主要取决于光电阴极材料，不同的阴极材料对不同波长的光辐射有不同的灵敏度，常用频谱灵敏度、红限和逸出功等参数表示。如银氧铯(Ag-Cs$_2$O)阴极在整个可见光区域均有一定的灵敏度，其频谱灵敏度曲线在近紫外光区(4.5×10^{3}Å)和近红外光区(7.5×10^3~8×10^{3}Å)分别有两个峰值，因此常用来作为红外光传感器。此外，它的红限约为7×10^{3}Å，逸出功为0.74eV，是所有光电阴极材料中最低的。

(2) 光电特性 在恒定的工作电压和入射光频率条件下，光电管接收的入射光通量 Φ 与其输出光电流 I_Φ 之间的比例关系称为光电管的光电特性。图2-48给出了两种光电阴极光电管的光电特性，其中氧铯光电阴极的光电管在很宽的入射光通量范围上都具有良好的线性度，因此在光度测量中获得广泛的应用。

(3) 伏安特性 在恒定的入射光的频率成分和强度条件下，光电管的光电流 I_Φ 与阳极电压 U_a 之间的关系称为光电管的伏安特性，如图2-49所示。由图可见，光通量一定时，当阳极电压 U_a 增加时，光电管电流趋于饱和，光电管的工作点一般选在该区域中。

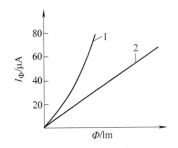

图2-48 光电管的光电特性
1—锑铯光电阴极的光电管 2—氧铯光电阴极的光电管

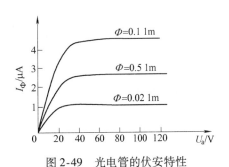

图2-49 光电管的伏安特性

光电倍增管是在光电阴极和阳极之间装了若干个"倍增极"，倍增极上涂有在电子轰击下能反射更多电子的材料，倍增极的形状和位置设计成正好使前一级倍增极反射的电子继续轰击后一级倍增极，如图2-50a所示，使得每个倍增极间电压依次增大。设每极的倍增率为k（一个电子能轰击产生出k个次级电子），若有n次阴极，则总的光电流倍增系数$M = (Ck)^n$（C为各次极电子收集率），光电倍增管阳极电流I与阴极电流I_0之间满足关系$I = I_0 M = I_0 (Ck)^n$。光电倍增管的基本电路如图2-50b所示，各倍增极电压由电阻分压获得，流经负载电阻R_A的电流形成压降，得到输出电压。一般阳极与阴极之间的电压为1000～2000V，两个相邻倍增电极的电位差为50～100V。电压越稳定越好，可减少由倍增系数的波动而引起的测量误差。

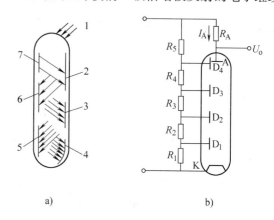

图2-50 光电倍增管
a）结构原理图 b）电路图
1—入射光 2—第一倍增极 3—第三倍增极 4—阳极A
5—第四倍增极 6—第二倍增极 7—阴极K

光电倍增管的特性与光电管基本相似。光电倍增管具有噪声小、灵敏度高、响应快等优点，适用于在微弱光下使用。但光电倍增管不能接受强光刺激，否则易于损坏。

2. 光敏电阻

光敏电阻又称光导管，是用半导体材料制成的光电元件。光敏电阻没有极性，纯粹是一个电阻器件，使用时既可加直流电压，也可以加交流电压。无光照时，光敏电阻的阻值（暗电阻）很大，电路中电流（暗电流）很小。当光敏电阻受到一定波长范围的光照射时，阻值（亮电阻）急剧减少，电路中的电流迅速增大。一般希望光敏电阻的暗电阻越大越好，亮电阻越小越好，此时光敏电阻的灵敏度较高。实际光敏电阻的暗电阻值一般在兆欧级，亮电阻在几千欧以下。

如图2-51所示为光敏电阻的结构。在玻璃底板上涂一薄层半导体物质，半导体的两端装有金属电极，通过导线接入电路。为了防止周围介质的影响，在半导体光敏层上覆盖了一层漆膜，漆膜的成分应使其在光敏层最敏感的波长范围内透射率最大。

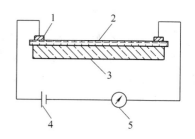

图2-51 光敏电阻的结构图
1—金属电极 2—半导体
3—玻璃底板报 4—电源 5—检流计

光敏电阻的特点是灵敏度高、光谱响应范围宽（可从紫外一直到红外）、体积小、性能稳定且寿命长。光敏电阻的材料种类很多，适用的波长范围也不同。如硫化镉（CdS）、硒化镉（CdSe）适用于可见光（$0.4～0.75\mu m$）的范围；氧化锌（ZnO）、硫化锌（ZnS）适用于紫外光范围；而硫化铅（PbS）、硒化铅（PbSe）则适用于红外光范围。

（1）光敏电阻的主要参数

1）暗电阻：光敏电阻不受光时的阻值称为暗电阻，此时流过的电流称为暗电流。

2）亮电阻：光敏电阻受光照射时的电阻称为亮电阻，此时流过的电流称为亮电流。

3）光电流：亮电流与暗电流之差称为光电流。

（2）光敏电阻的基本特性

1）光照特性。光敏电阻的光电流与光通量的关系称为光照特性。一般来说，光敏电阻的光照特性曲线呈非线性，因此光敏电阻不宜作测量元件；在自动控制系统中常作为开关式光电传感器的敏感元件。

2）光谱特性。光敏电阻的相对灵敏度与入射波长的关系称为光谱特性，亦称为光谱响应。图 2-52 为几种不同材料光敏电阻的光谱特性，对应于不同波长，光敏电阻的灵敏度是不同的。从图中可见，硫化镉光敏电阻的光谱响应的峰值在可见光区域，常被用作光度量测量（照度计）的探头；而硫化铅光敏电阻响应于近红外和中红外区，常用作火焰探测器的探头。

3）伏安特性。在一定光照下，光敏电阻两端所施加的电压与光电流之间的关系称为光敏电阻的伏安特性。当给定偏压时，光照度越大，光电流也越大。而在一定的光照度下，所加电压越大，光电流也就越大，且无饱和现象。但电压实际上受到光敏电阻额定功率、额定电流的限制，不可能无限制地增加。

4）温度特性。温度变化影响光敏电阻的光谱响应，同时光敏电阻的灵敏度和暗电阻都要改变，尤其是响应于红外区的硫化铅光敏电阻受温度影响更大。图 2-53 为硫化铅光敏电阻的光谱温度特性曲线，它的峰值随着温度上升向波长短的方向移动，因此硫化铅光敏电阻要在低温、恒温的条件下使用。对于可见光的光敏电阻，其温度影响要小一些。

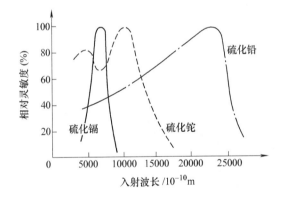 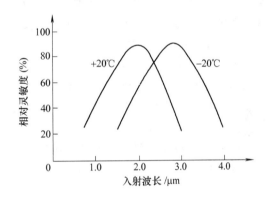

图 2-52　不同材料光敏电阻的光谱特性　　　图 2-53　硫化铅光敏电阻的光谱温度特性曲线

5）响应时间特性。光敏电阻的光电流对光照强度的变化有一定的响应时间，通常用时间常数来描述。光敏电阻自光照停止到光电流下降至原值的 63% 时所经过的时间称为光敏电阻的时间常数。由于不同光敏电阻的时间常数不同，因而其响应时间特性也不相同。

3. 光敏二极管和光敏晶体管

光敏二极管的结构与一般二极管相似，它装在一透明玻璃壳中，PN 结装在管的顶部，可以直接受到光照射（见图 2-54a）。光敏二极管在电路中一般是处于反向工作状态（见图 2-54b），在没有光照射时，反向电阻很大，反向电流很小，这种反向电流称为暗电流。当光照射在 PN 结上时，光子打在 PN 结附近，在 PN 结附近产生电子-空穴对，空穴对在 PN 结处内电场作用下定向运动形成光电流。光照度越大，光电流越大。也就是说，光敏二极管在不受光照射时，处于截止状态，受光照射时，处于导通状态。

光敏晶体管有 NPN 型和 PNP 型两种，有两个 PN 结，发射极一边做得很大，以扩大光的照射面积。图 2-55 为 NPN 型光敏晶体管的结构简图和基本电路，大多数光敏晶体管的基极无引出线，当集电极加上相对于发射极为正的电压而不接基极时，集电结就是反向偏置，当光照射在集电结上时，就会在结的附近产生电子-空穴对，从而形成光电流，相当于晶体管的基极电流。由于基极电流的增加，使集电极电流增加（是光生电流的 β 倍），所以光敏晶体管具有放大作用。

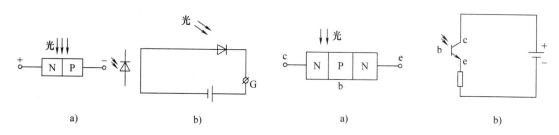

图 2-54　光敏二极管　　　　　　　　图 2-55　NPN 型光敏晶体管
a）光敏二极管符号　b）光敏二极管的连接　　　　a）结构简图　b）基本电路

光敏二极管和光敏晶体管的基本特性：

（1）光照特性　光敏二极管特性曲线的线性度要好于光敏晶体管。

（2）光谱特性　光敏二极管和晶体管的光谱特性曲线如图 2-56 所示。从曲线可以看出，硅的峰值波长约为 $0.6\mu m$，锗的峰值波长约为 $1.3\mu m$，此时灵敏度最大，当入射光的波长增加或缩短时，相对灵敏度下降。一般来讲，锗管的暗电流较大，性能较差，因此在可见光或探测赤热状态物体时都用硅管，而对红外光进行探测时，锗管较为适宜。

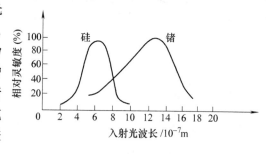

图 2-56　光敏二极管和晶体管的光谱特性曲线

（3）伏安特性　图 2-57 为硅光敏管在不同光照度下的伏安特性曲线。从图中可见，光敏晶体管的光电流比相同管型的二极管大上百倍。

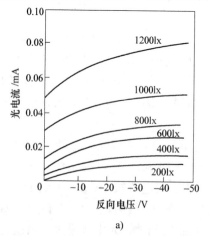

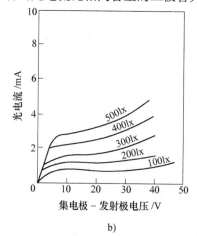

图 2-57　硅光敏管的伏安特性曲线
a）光敏二极管　b）光敏晶体管

（4）温度特性　光敏晶体管的温度特性是指其暗电流及光电流与温度的关系。光敏晶体管的温度特性曲线如图 2-58 所示。从特性曲线可以看出，温度变化对光电流影响很小，而对暗电流影响很大，因此，在电子线路中应该对暗电流进行温度补偿，否则将会导致输出误差。

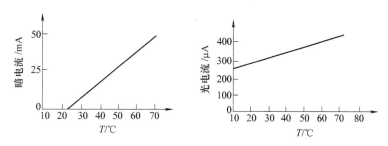

图 2-58　光敏晶体管的温度特性曲线

（5）响应时间　光敏管的输出与光照间有一定的响应时间，一般锗管的响应时间约为 2×10^{-4} s，硅管约为 1×10^{-5} s。

4. 光电池

光电池是一种有源器件，其工作原理如图 2-59 所示。光电池实质上是一个大面积的 PN 结，当光照射到 PN 结的一个面如 P 型面时，若光子能量大于半导体材料的禁带宽度，则 P 型区每吸收一个光子就产生一对自由电子-空穴对，电子-空穴对从表面向内迅速扩散，在结电场的作用下，最后建立一个与光照强度有关的电动势，若将 PN 结两端用导线连接起来，电路中就会有电流通过。

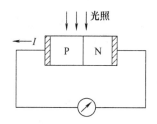

图 2-59　光电池的工作原理图

光电池的种类很多，有硅、硒、砷化镓、硫化镉、硫化铊光电池等。其中硅光电池由于其转换效率高、寿命长、价格便宜而应用最为广泛。硅光电池适宜于接收红外光。硒光电池适宜于接收可见光，其优点是制造工艺成熟、价格便宜，但转换效率低（仅有 0.02%）、寿命短，常用来制作照度计。砷化镓光电池的光电转换效率稍高于硅光电池，其光谱响应特性与太阳光谱接近，工作温度最高，可承受宇宙射线的辐射，因此可作为宇航电源。

光电池的基本特性包括光照特性、光谱特性和温度特性等。常用硅光电池的光谱响应波长范围为 $0.4 \sim 1.2 \mu m$，在 800Å 附近有峰值，可以在很宽的波长范围内应用。而硒光电池的光谱范围为 $0.34 \sim 0.57 \mu m$，在 500Å 左右有一个峰值，灵敏度为 $(6 \sim 8) nAmm^{-2}lx^{-1}$，响应时间为数微秒至数十微秒。

5. 光（电）耦合器件

光耦合器件是把发光元件和接收元件合并使用，以光作为媒介传递信号的光电元件。光耦合器中的发光元件通常是半导体的发光二极管，光电接收元件有光敏电阻、光敏二极管、光敏晶体管或光可控硅等。光耦合器件按其结构和用途不同，又可分为用于实现电隔离的光耦合器和用于检测物体有无的光电开关。

（1）光耦合器　光耦合器的发光和接收元件都封装在一个壳内，一般有金属封装和塑料封装两种。耦合器常见的组合形式如图 2-60 所示。

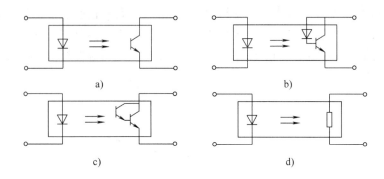

图 2-60　光耦合器的组合形式

图 2-60a 所示的组合形式结构简单、成本较低，且输出电流较大，可达 100mA，响应时间为 3～4μs；图 2-60b 所示形式结构简单、成本较低、响应时间快，约为 1μs，但输出电流小，在 50～300μA 之间。图 2-60c 所示形式传输效率高，但只适用于较低频率的装置中；图 2-60d 是一种高速、高传输效率的新颖器件。

光耦合器是一个电量隔离转换器，具有抗干扰性能和单向信号传输功能，广泛应用在电路隔离、电平转换、噪声抑制、无触点开关及固态继电器等场合。

（2）光电开关　光电开关是一种利用感光元件对变化的入射光接收并进行光电转换，以某种形式放大和控制，从而获得最终的控制输出"开"、"关"信号的器件。用光电开关检测物体时，只要求其输出信号有"高—低"（1—0）之分即可。图 2-61 为典型的光电开关结构图，图 2-61a 是一种透射式的光电开关，其发光元件和接收元件的光轴是重合的，当不透明的物体经过时，阻断光路，使接收元件接收不到来自发光元件的光，起到检测作用。图 2-61b 是一种反射式的光电开关，它的发光元件和接收元件的光轴在同一平面，且以某一角度相交，交点为待测物所在处，当有物体经过时，接收元件将接收到从物体表面反射的光，没有物体时则接收不到。

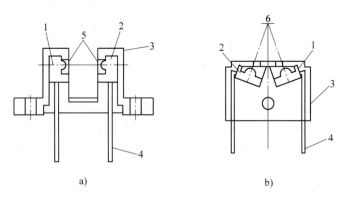

图 2-61　光电开关结构图
a）透射式光电开关　b）反射式光电开关
1—发光元件　2—接收元件　3—壳体　4—导线　5—窗　6—反射物

光电开关的特点是小型、高速、非接触，而且与 TTL、MOS 等电路容易结合。光电开关在工业控制、自动化包装线及安全装置中通常作为光控制和光探测装置，用于物体检测、产品计数、料位检测、尺寸控制、安全报警及计算机输入接口等。

如图 2-62 所示的大门自动监控系统是由透射式光电开关控制的，一旦有物体在门口处通过，发射与接收间的光路被阻断，开关信号就会发生改变，监控系统根据开关信号对大门进行自动开、关控制。

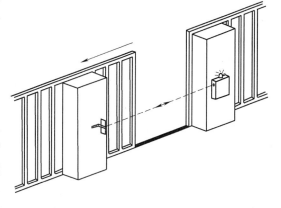

图 2-62　大门自动监控系统

2.8.3　光电式传感器的应用

1. 模拟量光电传感器

模拟量光电传感器的作用原理是：光电器件的光电流随光通量的变化而变化，且为光通量的函数，而光通量又随被测非电量变化而变化，因此光电流成为被测量的函数。模拟量光电传感器主要用于测量位移、振动、表面粗糙度等。根据光源、被测物和光电元件之间的关系，光电传感器分为以下几种工作方式：

（1）辐射式（见图 2-63a）　光源本身是被测物，其能量辐射到光电元件上，光辐射的强度和光谱的强度分布都是被测物温度的函数，如光电比色高温计。

（2）吸收式（见图 2-63b）　恒光源所辐射的光穿过被测物，部分被吸收，而后到达光电元件上，吸收量取决于被测物质的被测参数，如用于测量液体和气体透明度、混浊度的光电比色计、混浊度计等。

（3）反射式（见图 2-63c）　恒光源所辐射的光照到被测物上，由被测物反射到光电元件上。反射状态取决于被测物表面的性质，是被测非电量的函数，如测量表面粗糙度的光电传感器。

（4）遮光式（见图 2-63d）　恒光源所辐射的光遇到被测物，部分被遮挡，而后到达光电元件上，由此改变了照射到光电元件上的光通量，如用于检测尺寸或振动的光电传感器。

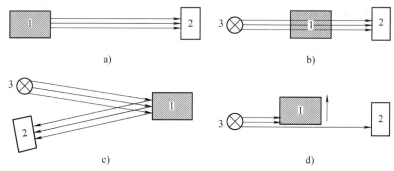

图 2-63　光电元件的应用形式
a）辐射式　b）吸收式　c）反射式　d）遮光式
1—被测物　2—光电元件　3—光源

如图 2-64 所示是自动物品分类装置。反射式光电传感器可根据物体表面的性质检测出不同表面特征和不同颜色的物体。

2. 开关量光电传感器

开关量光电传感器仅有两个稳定状态，即通、断的"开"与"关"状态，当光电器件受光照射时，有电信号输出；不受光照射时，没有电信号输出。开关量光电传感器大多用在光机电结合的检测装置中，具有测量准确、测量范围广、性能可靠等诸多优点，在数控机床、计量业中得到广泛应用。

（1）光电盘　光电盘是一种最简单的光电式转角测量元件。光电盘测量系统的结构和工作原理如图 2-65 所示，由光源、聚光镜、光电盘、光栏板、光电管、整形放大电路和数字显示装置组成。光电盘和光栏板可用玻璃研磨抛光制成，经真空镀铬后，用照相腐蚀法在镀铬层上制成透光的狭缝，光电盘狭缝的数量可有几百条或几千条。光电盘也可用精制的金属圆盘，在其圆周上开出一定数量的等分槽缝，或在一定半径的圆周上钻出一定数量的小孔，

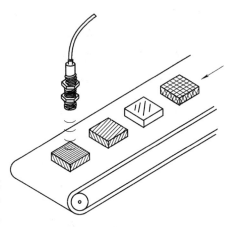

图 2-64　自动物品分类装置

使圆盘形成相等数量的透明和不透明区域。光栏板上有两条透光的狭缝，缝距等于光电盘槽距或孔距的 1/4，每条缝后面放一只光电管。光电盘置于光源和光电管之间，当光电盘转动时，光电管把通过光电盘和光栏板射来的忽明忽暗的光信号转换为电脉冲信号，经整形、放大、分频、计数和译码后输出或显示。由于光电盘每转发生的脉冲数不变，所以由脉冲数即可测出被测轴的转角或转速。也可以根据传动装置的速比，换算出直线运动机构的直线位移。根据光栏板上两条狭缝中信号的先后顺序，可以判别光电盘的旋转方向。

光电盘的制造精度较低，只能测增量值，且易受环境干扰，一般多用在简易型和经济型数控设备上。

（2）编码盘　编码盘是一种得到广泛应用的编码式数字传感器。它将被测角位移转换为某种形式的数码信号输出，因此又被称为绝对编码盘或码盘式编码器。绝对编码盘有光电式、接触式和电磁式三种。近年来，使用最多、性价比较好的编码盘是光电式编码盘。

光电式编码盘由玻璃制成，码盘上有代表编码的透明和不透明的图形，这些图形是采用照相制板真空镀膜工艺形成。一个完整的光电式数字编码器包括：光源、光学系统、码盘、读数系统和电路系统，如图 2-66 所示。编码器的精度主要由码盘的精度决定，目前的分辨率可以达到 $0.15''$，径向线条宽度为 $0.06\mathrm{rad} \cdot \mathrm{s}$。为了保证精度，码盘的透明和不透明的图形边缘必须清晰、锐利，以减少光电元件在电平转换时产生的过渡噪声。

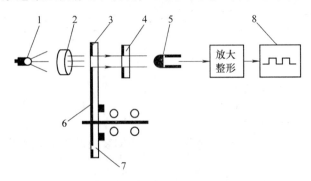

图 2-65　光电盘测量系统的结构和工作原理
1—光源　2—聚光镜　3—光电盘　4—光栏板
5—光电管　6—铬层　7—狭缝　8—数字显示装置

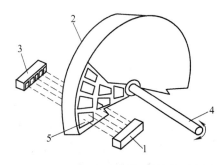

图 2-66　光电式数字编码器结构示意图
1—光源　2—码盘　3—光电元件
4—敏感轴　5—狭缝

　　四位二进制码盘如图 2-67a 所示。码盘上各圆环分别代表一位二进制的数字码道，在同一个码道上，印制黑白等间隔图案，形成一套编码。黑色不透光区（暗区）和白色透光区（亮区）分别代表二进制的"0"和"1"。在一个四位光电码盘上，从最内圈算起，有四圈环形码道 C_4、C_3、C_2、C_1，每个码道上亮区与暗区等分总数为 2^1、2^2、2^3、2^4。在最外圈分成 16 个角度方位 0,1,2…,15，每个角度方位对应不同的编码。如零方位对应 0000；第 12 方位对应 1100。码盘转动某一角度，光电读出装置输出的信号是"1"与"0"的组合 $[C_4C_3C_2C_1]$。码盘转动一周，光电读出装置就输出 16 种不同的四位二进制数码。测量时，只要根据码盘的起始方位角和终止方位角，就可确定转角，而与转动的中间过程无关。

　　二进制码盘有 2^n 种不同的编码（n 为码道数），所能分辨的旋转角度 α，即码盘的分辨率为

$$\alpha = \frac{360°}{2^n} \tag{2-40}$$

　　由此可见，位数越大，码道数 n 越多，能分辨的角度越小，测量精度越高。因此，为提高角度分辨率，可采用增加码盘的码道数或采用多级码盘的方法。

　　如果各码道刻线位置不准，造成一个码道上的亮区或暗区相对其余码道提前或迟后改变，则产生数码误读。如果光电管安装有误差，当码盘回转在两码段交替过程中，就会有一些光电管越过分界线，而另一些尚未越过，产生读数误差。例如，当码盘顺时针方向旋转，由位置"0111"变为"1000"时，四位数要同时都变化，就有可能将数码误读成 16 种代码中的任意一种，产生无法估计的数值误差，称为非单值性误差（或粗误差）。为了消除这样的非单值误差，通常采用循环码盘（见图 2-67b）。循环码的特点是：相邻的两个数码只有一位是变化的，因此即使制作和安装不准，产生的读数误差最多不超过"1"，即只可能读成相邻两个数中的一个数。

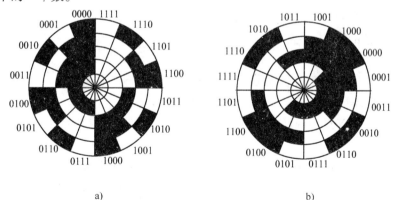

a) b)

图 2-67　码盘结构图
a) 四位二进制码盘　b) 二进制循环码盘

2.9　其他类型传感器

2.9.1　霍尔传感器

　　霍尔传感器是基于霍尔效应将被测量转换成电动势输出的一种传感器。1879 年，美国

物理学家霍尔首先在金属材料中发现了霍尔效应，但由于金属材料的霍尔效应太弱而没有得到应用。随着半导体技术的发展，开始用半导体材料制成霍尔元件，且由于其霍尔效应显著而得到应用和发展。霍尔传感器广泛用于电流、磁场、压力、加速度、振动等方面的测量，还可作为加、减、乘、除、开方、乘方及积分等运算的基础电路。

1. 霍尔效应及霍尔元件

将一载流导体置于磁场中，如果磁场方向与电流方向正交，则在与磁场和电流两者垂直的方向上产生横向电动势，这种现象称为霍尔效应，相应的电动势称为霍尔电势。

如图 2-68 所示，一块长为 l、宽为 b、厚为 d 的 N 型半导体，置于磁感应强度为 B，方向为 z 的外磁场中。当 x 方向有电流 I 从 A 流向 B 时，半导体中的载流子空穴要受到洛仑兹力 F_m 的作用而偏转，其方向符合右手螺旋定则。在洛仑兹力的作用下，空穴正电荷被推向半导体的 C 侧面积累，而 D 侧面则形成负电荷积累，从而在半导体 CD 间形成静电场 E_H。该电场力将阻止空穴继续向 C 面偏转，当空穴受到的电场力与洛仑兹力相等时，达到动态平衡。这时在 CD 间形成的电场称为霍尔电场，相应的电动势称为霍尔电势 U_H，大小为

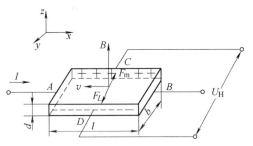

图 2-68　霍尔效应原理图

$$U_H = R_H \frac{IB}{d} \tag{2-41}$$

式中，R_H（单位为 $\mathrm{m^3 \cdot s^{-1} \cdot A^{-1}}$）称为霍尔系数，取决于材质、温度和元件尺寸。

具有霍尔效应的半导体，在其相应的侧面上装上电极后即构成霍尔元件。常用灵敏度 S_H 来表征霍尔元件的特性，$S_H = R_H/d$，由此可得

$$U_H = S_H IB \tag{2-42}$$

式(2-42)表明，霍尔电势正比于激励电流 I 和磁感应强度 B，而灵敏度 S_H 由霍尔片的厚度 d 决定，因此为了提高灵敏度，霍尔元件常制成薄片形状。

霍尔元件多采用 N 型半导体材料，通常由霍尔片、四根引线和壳体组成，如图 2-69 所示。霍尔片是一块半导体单晶薄片（一般为 4mm×2mm×0.1mm），在长度方向两端面上焊有 a、b 两根激励电流引线，通常用红色导线，其焊接处称为激励电极；在另两侧端面的中间，以点的形式对称地焊有 c、d 两根霍尔输出引线，通常用绿色导线，其焊接处称为霍尔

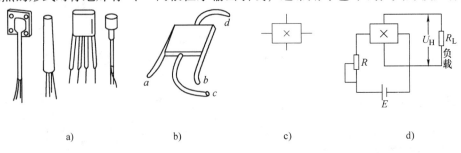

图 2-69　霍尔元件

a）外形　b）结构　c）符号　d）基本电路

电极。霍尔元件的壳体用非导磁金属、陶瓷或环氧树脂封装。目前常用的霍尔元件材料有锗（Ge）、硅（Si）、砷化铟（InAs）、锑化铟（InSb）等半导体材料。

2. 霍尔元件的基本特性

（1）额定激励电流和最大允许激励电流　当霍尔元件自身温升 10℃ 时所流过的激励电流，称为额定激励电流。以元件允许最大温升为限制所对应的激励电流，称为最大允许激励电流。因霍尔电动势随激励电流增加而增加，所以使用中希望选用尽可能大的激励电流，这需要知道元件的最大允许激励电流。

（2）输入电阻和输出电阻　激励电极间的电阻值称为输入电阻。霍尔电极输出电动势对外电路来说相当于一个电压源，其电源内阻即为输出电阻。以上电阻值是在磁感应强度为零且环境温度在 20℃ ±5℃ 时确定的。

（3）不等位电动势和不等位电阻　当霍尔元件的激励电流为 I 时，若元件所处位置磁感应强度为零，则它的霍尔电动势应该为零。但实际不为零，这时测得的空载霍尔电动势称为不等位电动势。产生不等位电势的主要原因有：霍尔电极安装位置不对称或不在同一等电位面上；半导体材料不均匀造成了电阻率不均匀或是几何尺寸不均匀；激励电极接触不良造成激励电流不均匀分布等。

（4）寄生直流电动势　在外加磁场为零、霍尔元件用交流激励时，霍尔电极的输出除了交流不等位电动势外还有一直流电动势，称为寄生直流电动势。寄生直流电动势一般在 1mV 以下，是霍尔片产生温漂的原因之一。

（5）霍尔电动势温度系数　在一定磁感应强度和激励电流作用下，温度每变化 1℃ 时，霍尔电动势变化的百分率，称霍尔电动势温度系数，它同时也是霍尔系数的温度系数。

3. 霍尔式传感器的应用

（1）霍尔式位移传感器　霍尔元件具有结构简单、体积小、动态特性好和寿命长的优点，在位移测量中得到广泛应用。图 2-70 给出了一些霍尔式位移传感器的工作原理图。

图 2-70a 是磁场强度相同的两块永久磁铁，同极性相对地放置，霍尔元件处在两块磁铁的中间。由于磁铁中间的磁感应强度 $B=0$，因此霍尔元件输出的霍尔电动势 U_H 也等于零，此时位移 $\Delta x=0$。若霍尔元件在两磁铁中产生相对位移，霍尔元件所受的磁感应强度也随之改变，U_H 不为零，其量值大小反映出霍尔元件与磁铁之间相对位置的变化量。这种结构的传感器其动态范围可达 5mm，分辨率为 0.001mm。

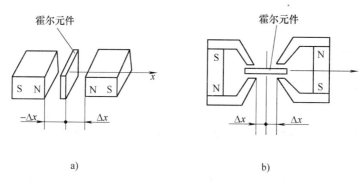

图 2-70　霍尔式位移传感器的工作原理图

图 2-70b 是一个由两个结构相同的磁路组成的霍尔式位移传感器，为了获得较好的线性

分布，在磁极端面装有极靴，调整霍尔元件的初始位置，使霍尔电压 $U_H = 0$。这种结构的传感器灵敏度较高，所能检测的位移量较小，适合于微位移量及振动的测量。

（2）霍尔式转速传感器　图 2-71 是几种不同结构的霍尔式转速传感器。不同类型的非磁性圆盘上附有磁铁，将非磁性转盘的输入轴与被测转轴相连，当被测转轴转动时，非磁性转盘同步转动，而固定在非磁性转盘附近的霍尔传感器便可在每一个小磁铁通过时产生一个相应的脉冲，检测出单位时间的脉冲数，便可知被测转速。磁性转盘上小磁铁数目的多少决定了传感器测量转速的分辨率。

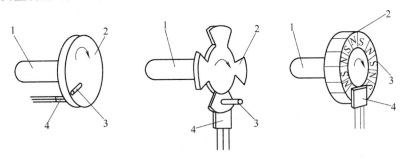

图 2-71　不同结构的霍尔式转速传感器
1—输入轴　2—转盘　3—磁铁　4—霍尔传感器

2.9.2　光纤传感器

光纤传感器是 20 世纪 70 年代中期发展起来的新型传感器，它与以电为基础的传感器相比具有本质区别。传统的传感器是将物理量转换成电信号，再用导线进行传输。而光纤传感器是以光学量为转换基础，以光信号为变换和传输载体，用光纤进行传输。光纤传感器技术现已成为极其重要的传感器技术，其应用领域正在迅速扩展。

光纤传感器具有以下优点：

1）采用光波传递信息，不受电磁干扰，电气绝缘性能好，可在强电磁干扰下完成传统传感器难以完成的某些参量的测量，特别是电流、电压测量。

2）光纤耐高温、耐腐蚀，因而能在易燃、易爆和强腐蚀性的环境中安全工作。

3）光纤质量轻、体积小、可绕性好，可做成任意形状的传感器和传感器阵列，利于在狭窄的空间使用。

4）光纤频带宽、动态范围大，利于测量各种类型的参数和提高测量精度。

5）利用光通信技术，可实现远距离测控。

目前光纤传感器的主要缺点是：系统复杂，成本较高。

1. 光纤的结构和传输原理

光导纤维是用比头发丝还细的石英玻璃制作而成的，每根光纤由一个圆柱型的纤芯和包层组成，如图 2-72 所示。其中，纤芯材料的主要成分是 SiO_2，并掺入少量的 GeO_2、P_2O_5，以提高材料的光折射率，纤芯直径通常在 $5 \sim 75 \mu m$ 之间。包层材料主要也是 SiO_2，同时掺入了微量的 B_2O_3 或 SiF_4 以降低对光的折射率。涂敷层为硅铜或丙烯酸盐以保护光纤不受损坏，同时增加光纤的机械强度。护套采用不同颜

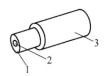

图 2-72　光纤的结构
1—包层　2—纤芯
3—涂敷层及护套

色的塑料管套，一方面起保护作用，另一方面以颜色区分各种光纤。光缆是由许多根单条光纤组合而成。

众所周知，光在空间是直线传播的。在光纤中，光的传输是基于光的全内反射。设有一段圆柱形光纤，如图 2-73 所示，它的两个端面均为光滑的平面，当光线从空气中（折射率为 $n_0 = 1$）沿与圆柱的轴线成 θ 角射入一个端面时，根据光的折射定律，在光纤内以 θ' 角折射，然后以 ψ 角（$90° - \theta'$）入射至纤芯与包层的界面。由斯涅尔定律可知，

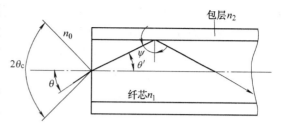

图 2-73　光纤传输原理

当光从折射率大的光密物质射出至折射率低的光疏物质时，折射角大于入射角，由于光纤芯的折射率（n_1）大于包层的折射率（n_2），所以折射角 θ' 恒大于入射角 ψ。

可以推导，当 $\sin\psi > n_2/n_1$ 或 $\sin\theta < \dfrac{1}{n_0}\sqrt{n_1^2 - n_2^2}$ 时，入射光线就会在纤芯与包层间的界面发生全反射，从而在光纤内部以同样的角度反复逐次反射，直至传播到另一端面。就是说，能发生发射的光线在端面的入射角有一个范围，若超出这个范围，进入光纤的光线便会透过包层消失。光线能够在界面全反射，不逸出纤芯的最大入射角 θ_c 为

$$\sin\theta_c = \frac{1}{n_0}\sqrt{n_1^2 - n_2^2} \tag{2-43}$$

通常将 $n_0\sin\theta_c(NA)$ 定义为光纤的"数值孔径"，它反映了纤芯接收光量的多少，是光纤的一个重要参数。数值孔径的意义是：无论光源发射功率有多大，只有入射光处于 $2\theta_c$ 的光锥内，光纤才能导光，如入射角过大，光线便从包层逸出而产生漏光。通常希望有大的数值孔径，以利于耦合效率的提高，但数值孔径过大，又会造成光信号畸变，一般取 $0.2 \leqslant NA < 0.4$。

实际应用中有时需要光纤弯曲，但只要满足全反射条件，光线仍继续前进。

光纤传送的光由两种分量组成，一种是沿轴向传播的平面波分量，另一种是沿径向传播的平面波分量。沿径向传播的平面波在纤芯和包层界面会发生全反射，当此波往返一周后对应于光波相位差恰好为 2π 的整数倍时，就会形成驻波。只有能形成驻波并满足全反射条件的光，才能在光纤中传播。一种驻波就称为一个模，只能传播一个模的光纤便称为单模光纤，能够传送多个模的光纤称为多模光纤。单模光纤的纤芯直径通常为 $2 \sim 12\mu m$，很细的纤芯半径接近于光源波长。一般相位调制型和偏振调制型的光纤传感器采用单模光纤。光强度调制型或传光型光纤传感器多采用多模光纤。单模光纤传输性能好，频带很宽，制成的传感器有更好的线性、灵敏度及动态范围，但由于纤芯直径太小，给制造带来一定困难。多模光纤性能较差，带宽较窄，但制造工艺相对容易。

为了满足特殊要求，还出现了保偏光纤、低双折射光纤、高双折射光纤等。采用新材料研制特殊结构的专用光纤成为光纤传感技术的发展方向。

2. 光纤传感器的分类

根据光纤所起的作用，光纤传感器可以分成功能型和传光型两种类型，如图 2-74 所示。

功能型光纤传感器采用信息敏感能力和检测功能较强的光纤作为传感元件，利用光纤对环境变化的敏感性，将输入的物理量变换为调制的光信号。其工作原理基于光纤的光调制效

应，即光纤在外界环境因素(如温度、压力、电场、磁场等)改变时，其传光特性(如相位与光强)会发生变化的现象。通过检测光纤的光相位、光强的变化，确定被测物理量的变化，如图 2-74a 所示。功能型光纤传感器既传光又传感。

在传光型光纤传感器中，光纤仅作为传输光线的介质，对外界信息"感觉"的功能是依靠其他功能元件来完成的，系统通常由光检测元件、光纤传输回路及测量电路组成。传光型光纤传感器可分为两种：一种是把敏感元件置于发送与接收的光纤中间，在被测对象的作用下，使敏感元件遮断光路，或使敏感元件的(光)穿透率发生变化，从而使接收的光成为被测量调制的信号，如图 2-74b 所示；另一种是在光纤终端设置"敏感元件加发光元件"的组合件，敏感元件感受被测对象，并将其变换为电信号后作用于发光元件，最终以发光元件的发光强度作为测量所得信号，如图 2-74c 所示。

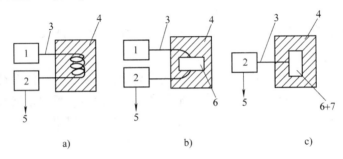

图 2-74　光纤传感器的类型
a）功能型　b）、c）传光型
1—光源　2—光敏元件　3—光纤　4—被测对象
5—电信号输出　6—敏感元件　7—发光元件

3. 光纤传感器的应用

（1）光纤流速传感器　如图 2-75 所示，光纤流速传感器是功能型光纤传感器，由多模光纤、光源、铜管、光电二极管及测量电路组成。多模光纤插入顺流而置的铜管中，由于流体流动而使光纤发生机械变形，从而使光纤中传播的各模式光的相位发生变化，光纤的发射光强出现强弱变化，且其振幅的变化与流速成正比。

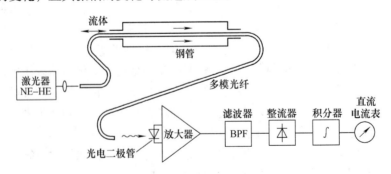

图 2-75　光纤流速传感器

（2）光纤位移传感器　如图 2-76 所示为传光型光纤位移传感器的工作原理图。光源发出的光经发射光纤射出，照射到被测物体的反光表面，一部分光反射进入接收光纤。接收光纤所接收的光强度随被测物体表面与光纤端面之间的距离 x 的变化而变化，使光电管转换输出的电压也随之变化。通过检测电压，就可以知道被测物体位置的变化量。由于在距离较小的范围内，接收光强（输出的电压）与位移 x 呈线性关系，因此这种传感器广泛用于非接触微小位移的测量和表面粗糙度的测量。如某些三坐标测量机上就应用了这种光纤传感器。

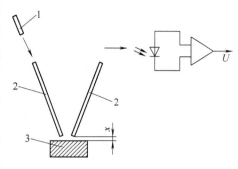

图 2-76　光纤位移传感器工作原理图
1—光源　2—光纤　3—被测物

（3）光纤图像传感器　图像光纤是由数目众多的光纤组成一个图像单元（或像素单元），典型数目为 0.3 万 ~ 10 万股，每一股光纤的直径约为 $10\mu m$。图像光纤传输的原理如图 2-77 所示，在光纤的两端，所有的光纤都是按同一规律整齐排列的。投影在光纤束一端的图像被分解成许多像素，然后所有像素作为一组强度与颜色不同的光点传送，并在另一端重建原图像。

可用于检查系统内部结构的工业内窥镜，就是采用了光纤图像传感器。它将探头放入系统内部，通过光束的传输在系统外部进行观察和监视。如图 2-78 所示，光源发出的光通过传光束照射到被测物体上照明视场，通过物镜和传像束把内部图像通过 CCD 电荷耦合器传送出来，将图像信号转换成电信号，可以观察、照像等，送入微机进行处理后，可以显示或打印。

图 2-77　图像光纤传输原理

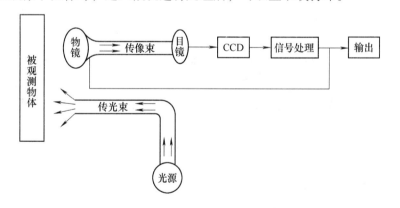

图 2-78　工业用内窥镜结构

2.9.3　图像传感器

图像传感器是利用光电传感器的光-电转换功能，将其感光面上的光信号图像转换为与之成比例的电信号图像的一种功能器件。数码摄像机、数码照相机、彩信手机等使用的固态图像传感器，多为 CCD 图像或 CMOS 图像传感器，即利用 CCD 或 CMOS 作为敏感元件的传感器。CCD 图像传感器的光谱范围为可见光及近红外光。

1. 电荷耦合器件（CCD）

电荷耦合器件（Charge Coupled Device，简称 CCD）是 20 世纪 70 年代初发展起来的新型半导体器件。它是由按一定规律排列的 MOS（Metal Oxide Semiconductor）电容器组成的阵列，以电荷包的形式存储和传送信息。一个 MOS 器件是一个光敏元，可以感受一个像素点，如果一个图像需要 512×320 个像素点，那么就需要同样多个光敏元。因此，如果要传送一幅图像就需要由许多 MOS 元大规模集成的器件来完成。

CCD 电荷耦合器件的结构如图 2-79 所示。首先在 P 型或 N 型硅衬底上形成一层很薄（约 1200Å）的二氧化硅，再在二氧化硅薄层上依次沉积金属或掺杂多晶硅形成电极，即栅极，栅极和 P 型或 N 型硅衬底形成了规则的 MOS 电容阵列，再加上两端的输入和输出二极管就构成了 CCD 电荷耦合器件。假定衬底为 P 型硅，若在栅极上加正电压，衬底接地，则衬底中带正电荷的多数载流子空穴被排斥，离开硅-二氧化硅界面，带负电的电子被吸引而紧靠硅-二氧化硅界面。当栅极电压达到一定值时，硅-二氧化硅界面就形成了对电子而言的陷阱，电子一旦进入就不能离开，从而使 MOS 电容器具有存储电荷的功能。当光照射到 MOS 电容器的 P 型硅衬底上时，会产生电子空穴对（光生电荷），电子被栅极吸引存储在陷阱中，入射光越强，则光生电子越多，从而把光的强弱转换成与之成比例的电荷的多少，实现了光电的转换。若停止光照，则由于陷阱的作用，电荷在一定时间内也不会消失，从而实现对光照的记忆。

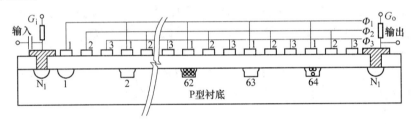

图 2-79　CCD 电荷耦合器件的结构

在设计 CCD 时，若把单个的 MOS 电容器排列成一条直线，形成一维线阵，则可接收一条光线的照射；若设计成二维平面面阵，则可接收一个平面的光线照射。CCD 摄像机、照相机就是通过透镜把外界的影像投射到二维 MOS 电容器面阵上，从而产生影像信号的光电转换和记忆的，如图 2-80 所示。

线阵或面阵 MOS 电容器上记忆的电荷信号的输出，是采用栅极转移的方法来完成的。在图2-79中，每一个光敏元件（像素）对应有三个相邻的栅电极 1、2、3，所有的 1、2、3 电极相连分别施加时序相互交叠的时钟脉冲 Φ_1、Φ_2、Φ_3。若是一维

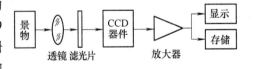

图 2-80　面阵 MOS 电容器光电转换

的 MOS 线阵，在 Φ_1、Φ_2、Φ_3 的作用下，三个相邻的栅极依次为高电平。这样，电极 1 下的电荷依次吸引转移到电极 3 下，再从电极 3 下吸引转移到下一组栅电极的电极 1 下。这样持续下去，使电荷定向转移，直到传送完整个一行的各像素，在 CCD 的末端就能依次接收到原存储在各个 MOS 电容器中的电荷。完成一行像素传送后，可再进行光照，传送新的一行像素信息。如果是二维的 MOS 电容器面阵，完成一行像素传送后，再开始面阵上第二行像素的传送，直到传送完整个面阵上所有行像素信息为止，最终完成了一帧像素的传送。CCD 输出电荷经由放大器放大变成一连串的模拟脉冲信号。每一个脉冲反映了一个光敏元件的受光情况，脉冲幅度反映光敏元件受光的强弱，脉冲顺序反映了光敏元件的位置，即光点的位置。从而起到了光图像转换为电图像的图像传感器作用。

CCD 的集成度很高, 例如, 在一块硅片上线阵的光敏元件数目可从 256 到 4096 个或更多, 面阵上的光敏元件数目可以是 500×500(25 万个), 甚至是 2048×2048(400 万以上)。

2. CCD 图像传感器应用

利用 CCD 图像传感器, 可进行图像信息的光电转换、存储、延时和按顺序传送; 可实现视觉功能的扩展(如图像的修饰、布景裁剪、组合, 亮度、颜色调整等); 可给出直观、真实、多层次的内容丰富的可视图像信息。CCD 图像传感器由于具有集成度高、功耗小、驱动电压低、结构简单、耐冲击、寿命长、性能稳定的特点, 被广泛用于军事、天文、医疗、广播、电视、传真、通信以及工业测量和自动控制等领域。

(1) 数码摄相机及数码照相机 数码摄相机大多采用 CCD 彩色图像传感器(线型或面型)制成。其基本结构如图 2-81 所示。

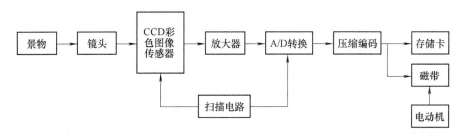

图 2-81 数码摄像机基本结构

外界景物光线通过镜头照射到 CCD 彩色图像传感器上, 在扫描电路的控制下, CCD 可将变化的外界景物以 25 幅图像/s 的速度转换为串行模拟脉冲信号输出, 经 A/D 转换器转换为数字信号, 对数字信号进行压缩后, 存入存储卡和磁带上。模拟脉冲信号的转换速度(25 幅图像/s)是根据人的视觉暂留原理确定的。由人的视觉暂留原理可知, 对变化的外界景物拍摄速度超过 24 幅/s, 再以同样的速度播放, 就可重现该景物的变化过程。

数码照相机与数码摄像机相似, 只不过其拍摄的是景物变化在某一瞬间的静止图像, 其工作原理不再赘述。

另外, 市场上的拍照手机、计算机摄像头等大多采用的是 CMOS 彩色图像传感器, 与 CCD 相比, 其技术发展还较不完善。读者可参阅有关资料。

(2) CCD 光电精密测径仪 CCD 光电精密测径系统可对工件进行高精度的自动检测, 对不合格产品进行自动筛选, 测量精度可达 ±0.003mm。系统主要包括 CCD、测量电路和光学系统, 如图 2-82 所示。

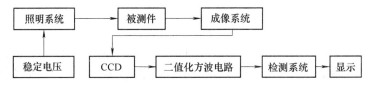

图 2-82 光电精密测径系统

被测工件被均匀照明后, 经成像系统按一定倍率准确地成像在 CCD 光敏器件上, 所形成的影像即反映了被测件的直径尺寸大小。它们之间的关系为

$$D = \frac{D'}{\beta} \tag{2-44}$$

式中　D——被测件直径大小；

　　　D'——被测件直径在 CCD 光敏面上的影像大小；

　　　β——光学系统的放大率。

由此看出，只要测出被测件影像的大小，就可以求出被测件的直径大小。

2.9.4　超声波传感器

超声技术是一门以物理、电子、机械及材料学为基础，广泛应用于各行各业的通用技术之一。它通过超声波产生、传播及接收来完成测量过程，具有聚束、定向及反射等特性。超声技术的应用按振动辐射大小不同可分为：功率超声——用超声波使物体或物性发生变化的应用；检测超声——用超声波的反射、透射获取若干被测物体的信息。这些应用都必须借助于超声波探头（换能器或传感器）来实现。

目前，超声波技术主要应用于冶金、船舶、机械、医疗、信息产业等各行业的超声清洗、焊接、加工、检测及超声医疗等方面。

1. 声波及其分类

振动在弹性介质内的传播称为波动，简称波。频率在 $16 \sim 2 \times 10^4\,\text{Hz}$ 之间，能为人耳所闻的机械波称为声波；低于 16Hz 的机械波称为次声波；高于 20kHz 的机械波称为超声波。测量中常用的超声波频率在 $(0.25 \sim 20)\,\text{MHz}$ 范围内，如图2-83所示。

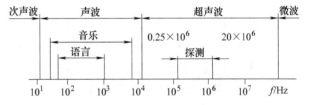

图 2-83　声波的频率界限图

由于在介质中施力方向与传播方向的不同，超声波通常有以下几种波形。

（1）纵波　质点振动方向与波的传播方向一致的波称为纵波，纵波能在固体、液体和气体中传播。

（2）横波　质点振动方向与波的传播方向相垂直的波称为横波，横波只能在固体中传播。

（3）表面波　质点的振动介于纵波和横波之间，沿着表面传播，振幅随深度增加而迅速衰减的波称为表面波。表面波质点振动的轨迹是椭圆形，其长轴垂直于传播方向，短轴平行于传播方向。表面波只在固体的表面传播。

2. 物质的声学特性

（1）声压与声强　介质中有声波传播时的压强与无声波传播时的静压强之差称为声压。随着介质中各点声波振动的周期性变化，声压也在作周期性变化。声压的单位是 $\text{Pa}(\text{N/m}^2)$。

声强是单位时间内通过垂直于声波传播方向的单位面积的声波能量，又称为声波的能流密度。声强是一个矢量，它的方向就是能量传播的方向，声强的单位是 W/m^2。

（2）声速　声波在介质中的传播速度取决于介质密度、介质的弹性系数和波形。一般来说，在固体中，纵波的传播速度为横波的两倍，而表面波的传播速度又低于横波声速。除水以外，大部分液体中的声速随温度的升高而减小，而水中的声速则随温度的升高而增加。

流体中的声速随压力的增加而增加。

（3）声阻抗　声阻抗有效值等于传声介质的密度 ρ 与声速 c 之积，记作 $Z_a = \rho c$。声波在两种介质界面上反射能量与透射能量的变化，取决于两种介质的声阻抗。两种介质的声阻抗差越大，则反射波的强度越大。例如，气体与金属材料的声阻抗之比接近于 $1:80000$，所以当声波垂直入射空气与金属的界面上时，几乎是百分之百地被反射。此外，温度的变化对声阻抗值有显著的影响，实际中应予以注意。

3. 超声波的物理性质

（1）反射与折射　超声波在通过两种不同的介质时，将产生反射与折射的现象，且有如下关系

$$\frac{\sin\alpha}{\sin\beta} = \frac{c_1}{c_2} \qquad (2\text{-}45)$$

式中，c_1、c_2 为超声波在两种介质中的速度；α 为入射角；β 为折射角，如图 2-84 所示。

（2）传播中的衰减　超声波在介质中传播时，随着传播距离的增加能量逐渐衰减。其衰减的程度与声波的扩散、散射及吸收等因素有关，其声压和声强的衰减规律为

$$P_x = P_0 e^{-\psi x} \qquad (2\text{-}46)$$
$$I_x = I_0 e^{-2\psi x} \qquad (2\text{-}47)$$

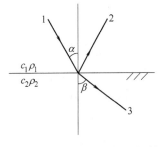

式中　P_x、I_x——距声源 x 处的声压和声强；

P_0、I_0——距声源距离为 0 处的声压和声强；

x——声波与声源间的距离；

ψ——衰减系数（dB/m）。

图 2-84　超声波的反射与折射
1—入射波　2—反射波　3—折射波

扩散衰减是指超声波随着传播距离的增加，在单位面积内声能的减弱；散射衰减是指超声波传输时由于介质不均匀性所产生的能量损失；吸收衰减是指由于介质的导热性、粘滞性及弹性，超声波在传输时其声能被介质吸收后直接转换为热能。

4. 超声波换能器

利用超声波在超声场中的物理特性和各种效应研制的装置称为超声波探测器（探头）、换能器或传感器。超声波探头按其工作原理可分为压电式、磁致伸缩式、电磁式等，其中以压电式最为常用。按其结构不同分为直探头、斜探头、双探头、表面波探头、空气传导探头及其他专用探头等。

（1）以固体为传导介质的探头　用于固体介质的单晶直探头（俗称直探头）的结构如图 2-85 所示，主要由压电晶片、吸收块（阻尼块）、保护膜组成。压电晶片采用 PZT 压电陶瓷，两面镀有银层，作为导电的极板；保护膜用于防止压电晶片磨损，改善耦合条件；阻尼块用于吸收压电晶片背面的超声冲能量，防止杂乱反射波的产生。

图 2-86a 所示为双晶直探头结构，它由两个单晶直探头（一个发射，一个接收）组合而成，装在同一壳体内，两个探头之间用一块吸声性强、绝缘性能好的薄

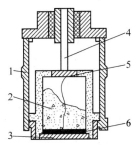

图 2-85　压电式超声波单晶直探头结构
1—外壳　2—阻尼块　3—保护膜
4—导电螺杆　5—引线　6—压电晶片

片加以隔离，并在压电晶片下方增设延迟块，使超声波的发射与接收互不干扰。

有时为了使超声波能倾斜入射到被测介质中，选用斜探头，如图 2-86b 所示。压电晶片粘贴在与底面成一定角度的有机玻璃斜楔块上，上方用吸声性强的阻尼块覆盖，当斜楔块与不同材料的被测介质（试件）接触时，超声波产生一定角度的折射，倾斜入射到试件中去。

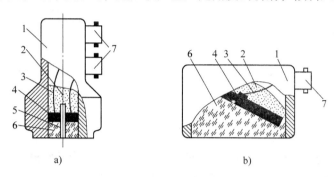

图 2-86　压电式超声波其他探头结构

a）双晶直探头　b）斜探头

1—外壳　2—阻尼块　3—引线　4—压电晶体　5—隔离层　6—延迟块　7—插头

（2）以空气为传导介质的超声波探头　此类探头的发射器和接收器分开设置，两者的结构各不相同。如发射器的压电晶片上粘贴了一只锥形共振盘，以提高发射效率和方向性；接收器的共振盘上增加了一只阻抗匹配器，以提高接收效率。详细内容可参考有关资料。

5. 超声波传感器的应用

按照超声波的行进方向，将超声波传感器的应用分为两种基本类型：一是发射器、接收器置于被测物体两侧，称为透射型，可用于遥控器、防盗报警器、接近开关等；二是发射器、接收器置于被测物体同侧，称为反射型，可用于接近开关，测距、测液（料）位、测厚及金属探伤等。

（1）超声波探伤　超声波探伤是一种无损探伤技术，主要用于检测板材、管材、锻件和焊缝等材料中的缺陷（如裂缝、气孔、夹渣等），测定材料的厚度，检测材料的晶粒，配合断裂力学对材料使用寿命进行评价等。超声波探伤具有检测灵敏度高、速度快、成本低等优点。

常用的超声波探伤方法为脉冲反射法，而脉冲反射法又分为纵波、横波和表面波反射探伤法。

1）纵波探伤：纵波探伤使用直探头，如图 2-87a 所示。探头发出纵波超声波，以一定的速度向工件内部扫描传播，若工件无缺陷，则超声波传至工件底部才发生反射，在探伤仪的荧光屏上只出现始脉冲 T 和底脉冲 B；若工件有缺陷，则一部分声脉冲在缺陷处发生反射，另一部分继续传播至工件底面产生反射，在荧光屏上除出现始脉冲 T 和底脉冲 B 外，还出现缺陷脉冲 F，如图 2-87b 所示。荧光屏上的水平亮线为扫描线（时间基线），其长度与工件的厚度成正比，通过缺陷脉冲 F 在荧光屏上的位置可确定缺陷在工件中的位置，同时通过缺陷脉冲的幅度大小判断缺陷当量的大小。若缺陷面积大，则缺陷脉冲的幅度就高，通过移动探头可判断出缺陷的大致长度。

2）横波探伤：横波探伤多采用斜探头。超声波探头在使用时，其波速中心线与缺陷截

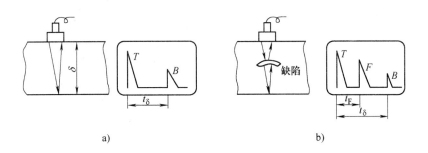

a)   b)

图 2-87　超声波探伤

a) 无缺陷时超声波的反射及显示的波形　b) 有缺陷时超声波的反射及显示的波形

面积垂直时的灵敏度最高,但如若遇到如图 2-88 所示的缺陷时,用直探头探测虽然可探出缺陷存在,但并不能真实反映缺陷大小,此时就需采用斜探头探测。在实际工程测试中,有些工件的缺陷性及取向事先不能确定,为了保证探伤质量,会采用几种不同探头进行多次探测。

3) 表面波探伤:表面波探伤主要用于检测工件表面及附近的缺陷是否存在。如图 2-89 所示,当超声波的入射角 α 超过一定值时,折射角 β 可达到 90°,此时固体表面由于受到由超声波能量引起的交替变化的表面张力作用,质点在介质表面的平衡位置附近作椭圆轨迹振动,称为表面波。当工件表面存在缺陷时,表面波被反射回探头,在荧光屏上显示出来。

图 2-88　横波单探头探伤   图 2-89　表面波探伤

(2) 超声波测厚　用超声波测量金属零件的厚度,具有测量精度高、测试仪器轻便、操作安全简单、易于读数以及可实现连续自动检测等优点。但是对于声衰减很大的材料,以及表面凹凸不平或形状很不规则的零件,用超声波测厚则很困难。超声波测厚常用脉冲回波法,该方法检测厚度的原理如图 2-90 所示。超声波探头与被测物体表面接触,主控制器产生一定频率的脉冲信号,送往发射电路,经电流放大后激励压电式探头,以产生重复的超声波脉冲,脉冲波传到被测工件另一面被反射回来,被同一探头接收,超声波在工件中的声速 c 是已知的,若试件厚度为 d,脉冲波从发射到接收的时间间隔 Δt 可以测量,则可求出工件的厚度为

$$d = \frac{c\Delta t}{2} \tag{2-48}$$

(3) 超声波测液面高度　用于液面测量的超声波物位传感器分为单换能器和双换能器两种。图 2-91 给出了几种超声波物位传感器的结构示意图。超声波发射和接收换能器可设置在水中,让超声波在液体中传播。由于超声波在液体中的衰减比较小,因此即使发生的超

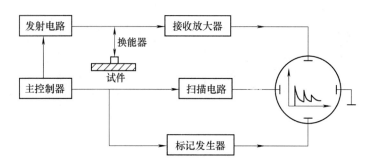

图 2-90 脉冲回波法测厚度工作原理

声脉冲幅度较小也可以传播。超声波发射和接收换能器也可以安装在液面的上方，让超声波在空气中传播。这种方式便于安装和维修，但超声波在空气中的衰减比较厉害。

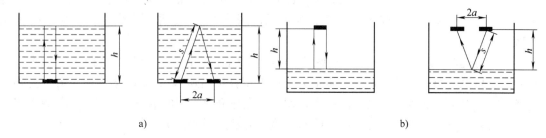

图 2-91 超声波物位传感器的结构和测量原理图

对于单换能器来说，超声波从发射到液面，又从液面反射到换能器的时间为

$$t = \frac{2h}{v}$$

式中　h——换能器距液面的距离；

　　　v——超声波在介质中传播的速度。

则

$$h = \frac{vt}{2} \qquad (2\text{-}49)$$

对于双换能器来说，超声波从发射到被接收经过的路程为 $2s$，而

$$s = \frac{vt}{2}$$

式中，s 为超声波反射点到换能器的距离。因此液位高度为

$$h = \sqrt{s^2 - a^2} \qquad (2\text{-}50)$$

式中　a——两换能器间距之半。

由此看出，只要测得超声波脉冲从发射到接收的间隔时间，便可以求得待测液面的高度。超声波物位传感器具有精度高和使用寿命长等特点，但若液体中有气泡或液面发生波动，便会有较大的误差。一般使用条件下，测量误差为 $\pm 0.1\%$，检测物位的范围为 $10^{-2} \sim 10^4 \mathrm{m}$。

（4）超声波测流量　一般所讲的流量大小是指单位时间内流过管道某一横截面的流体（气体、液体）数量的多少，称为瞬时流量，单位有 kg/h、t/h、$\mathrm{m^3/h}$、l/h 等。而在某一段时间内流过管道某一横截面的流体数量的总和，称为总量流量，单位有 kg、t、$\mathrm{m^3}$、l 等。测量瞬时流量的仪表称为流量计，测量总量流量的仪表称为计量表。

如图 2-92 所示，在被测管道的上下游的一定距离上分别安装两对超声波发射和接收探头（F_1，T_1）、（F_2，T_2）。其中（F_1，T_1）的超声波是顺流传播的，而（F_2，T_2）的超声波是逆流传播的。根据这两束超声波在流体中的传播速度的不同，采用测量两接收探头上超声波传播的时间差、相位差或频率差，可测量出流体的平均速度及流量。

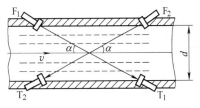

图 2-92　超声波流量计原理图

以测时间差为例。设超声波传播方向与流体流动方向夹角为 α，流体在管道内的平均流速为 v，超声波在静止流体中的声速为 c，管道的内径为 d，则超声波由 F_1 至 T_1 的绝对传播速度为 $v_1 = c + v\cos\alpha$，超声波由 F_2 至 T_2 的绝对传播速度为 $v_2 = c - v\cos\alpha$。超声波顺流与逆流传播的时间差为（考虑了 $v \ll c$）

$$\Delta t = t_2 - t_1 = \frac{\dfrac{d}{\sin\alpha}}{c - v\cos\alpha} - \frac{\dfrac{d}{\sin\alpha}}{c + v\cos\alpha} = \frac{2dv\cot\alpha}{c^2 - v^2\cos^2\alpha} \approx \frac{2dv}{c^2}\cot\alpha$$

所以

$$v = \frac{c^2 \Delta t}{2d}\tan\alpha \tag{2-51}$$

则体积流量为

$$Q = \frac{\pi d^2}{4}v = \frac{\pi}{8}dc^2\Delta t\tan\alpha \tag{2-52}$$

由式（2-51）、式（2-52）可知，流速 v 及流量 Q 均与时间差 Δt 成正比，而时间差可用标准时间脉冲计数器测量。在上述时差法测量中，由于流量与声速 c 有关，而声速一般随介质的温度变化而变化，因此易造成温漂。

2.9.5　智能传感器

1. 概述

随着微处理器技术及测控系统自动化、智能化（如 DCS、FCS、智能仪表等）的迅猛发展，在要求传感器具有准确度高、稳定性好的同时，还必须具有一定的数据通信、处理和自校正、自诊断、自补偿等功能，而与微处理器芯片紧密结合的智能传感器满足了这一要求。所谓智能传感器（英国人称为 Intelligent Sensor；美国人习惯称为 Smart Sensor，直译为"灵巧的、聪明的传感器"）是在传统传感器基础上，利用微处理器的功能实现信息的测量、处理、记忆、判断、补偿、校正（让传感器具有人类的大脑智能）及网络通信等功能的传感器。

传感器与微处理器的结合有两种途径：一是采用微处理器或微型计算机系统来强化和提高传统传感器的功能，此种结构传感器和微处理机为两个独立部分，即传感器的输出信号经硬件调理后，经接口送微处理机运算和处理，这是一般意义上的智能传感器，即传感器的智能化；二是借助于半导体技术把传感器部分与信号调理电路、I/O 接口、微处理器等集成在同一芯片上，再配置相关的处理软件而形成的集成智能传感器系统。智能传感器系统体积小、精度高、功能多，是 21 世纪传感器领域的高新科技成果，是传感器技术发展的必然趋势。

如图 2-93 为智能传感器系统的一般结构框图，主要包括信号调理器、信号处理系统、单片智能系统、单片数据采集系统、网络智能系统等。其中作为系统"大脑"的微处理机主要以单片机(在一块芯片上超大规模集成有微控制器 μC、数字信号处理器(DSP)、SRAM/Flash、并口/串口、A/D、D/A、定时器、中断系统、低电压监测/复位(LVD/LVR)、Watchdog 等)或专用开发芯片为主。与此同时，处理器的软件系统在系统中也起着重要作用，它能对信息测量过程进行管理和调节，使系统工作在最佳状态；能够实现某些硬件难以实现的功能(以软代硬)；还能配合测试系统管理网络实现串行通信(SIO 或 UART)的数据校验、传送速率管理等。

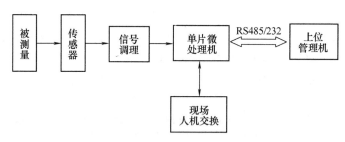

图 2-93　智能传感器系统的结构框图

2. 智能传感器(系统)的应用

(1) MAX1668 型 5 通道精密智能温度传感器　MAX1668 是 MAXIM 公司生产的基于 SMBus 串行接口的、可编程的 5 通道(4 路远程，1 路本地)智能温度传感器，适用于工业控制、电信局远程设备、局域网服务器、PC 机和笔记本电脑的温度测试系统中。

MAX1668 的内部组成框图如图 2-94 所示，主要包括远程温度传感器使用的 8 个引出端 (DXP_1、DXN_1 ~ DXP_4、DXN_4)电流源、本地温度传感器、多路转换器、8 位 A/D 转换器、SMBus 串行通信接口等。来自 A/D 转换器的温度数据分别存入 5 个数据寄存器中，并通过 5 个数字比较器与所设定的 10 个上、下限温度值进行比较，判断是否超限和报警。

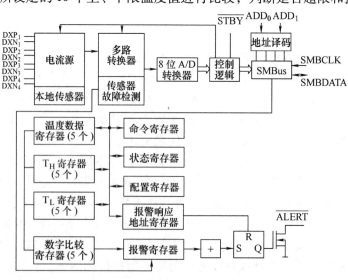

图 2-94　MAX1668 内部组成框图

一种由 MAX1668 构成的多通道温度巡回检测系统整机电路框图如图 2-95 所示。

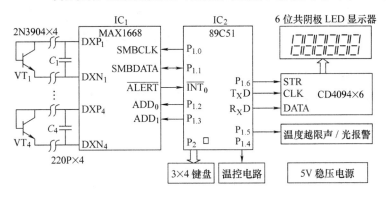

图 2-95 多通道温度巡回检测系统整机电路框图

（2）系统的总体设计方案

1）采用 MAX1668 型 5 通道智能温度传感器，同时对 4 路远程温度和一路本地温度进行巡回检测与控制，该芯片还允许在总线上再接上 4 片 MAX1668，总共可测量 16 路远程温度和一路本地温度，系统采用 +5V 稳压电源供电。

2）采用 89C51 型低功耗、高性能、带 $4KE^2PROM$ 的 8 位 CMOS 单片机作为测温系统的中央处理器。由其内部定时器定时通过并行口引脚 P_{10} 产生 MAX1668 串行通信口的波特率脉冲，串行数据通信在 SMBDATA 与 P_{11} 之间进行，报警中断由 INT_0 完成；P_{12}、P_{13} 作为 SMBus 的地址选择信号。报警信号通过 P_{15} 送出，若测量温度需要控制，控制脉冲可通过 P_{14} 送往执行机构。

3）为了简化电路，89C51 的串口（引脚为 T_XD、R_XD）通过 6 片 8 位移位锁存寄存器 CD4094 驱动 6 位静态 LED 显示器（最高位显示通道号、次高位显示符号、低 4 位显示测量数值，分辨率为 0.1℃），测量误差不超过 ±3℃；并行口 P_2 设计连接一个 3×4 键盘，作为编程和人-机对话操作使用。

4）采用数字滤波排除测量系统中产生的主要干扰。

5）远程温度测量采用半导体温度传感器 2N3904。

（3）系统的基本工作原理　首先由 89C51 将操作命令字写入 MAX1668 工作寄存器中，通知 MAX1668 要做什么工作(例如在使用多片 MAX1668 时，在某一时刻由哪个芯片中的哪个通道进行检测温度)，然后用命令读取测量结果，并通过 CD4094 将测量结果显示在 LED 显示器上。当温度超限时，MAX1668 的 ALERT 引脚送出低电平，使 89C51 产生中断。在中断服务程序中，从 P_{15} 引脚以 2kHz 频率连续送出报警信号。若要进行温度控制的话，则在显示测量结果的同时，还要对测量误差进行计算，用一定的控制算法(如 PID、大林、最少拍、模糊、神经元网络等)对误差值进行处理，得到控制信号，送往控制电路。

2.10　传感器的选用

如何根据测试目的和实际工作条件合理地选用传感器，是经常会遇到的问题。本节在了解常用传感器基本原理的基础上，就合理选用传感器的一些注意事项作概略介绍。

1）首先要仔细研究被测信号，确定测试方式和初步确定传感器类型。例如是位移测量，还是速度、加速度、力的测量等。

2）要分析测试环境和干扰因素。如测试环境是否有磁场、电场、温度的干扰，测试现场是否潮湿等。

3）根据测试范围确定某种传感器。例如位移测量，要分析是小位移，还是大位移。若是小位移测量，有电感传感器、电容传感器、霍尔传感器等供选择；若是大位移测量，有感应同步器、光栅传感器等供选择。

4）确定测量方式是接触测量，还是非接触测量。在机械系统中，运动部件的测量，如回转轴的运动误差、振动、扭力矩等，往往需要非接触测量。因为对部件的接触式测量不仅造成对被测系统的影响，且有许多实际困难，诸如测量头的磨损、接触状态的变动、信号的采集都不易妥善解决，也易造成测量误差。此时采用电容式、涡电流式等非接触式传感器会比较方便。若选用电阻应变片，则需配以遥测应变仪，或其他装置。

在线测试是与实际情况接近一致的测试方式，特别是对自动化控制与检测系统，要求必须在现场实时条件下进行检测。实现在线测试是比较困难的，对传感器及测试系统都有一定特殊要求。例如，在加工过程中，若要实现表面粗糙度的检测，以往的光切法、干涉法都很难实现，取而代之的是激光检测法。实现在线检测的新型传感器的研制也是当前测试技术发展的一个方向。

5）考虑传感器的尺寸，同时还要考虑传感器的价格等因素。

根据上述分析确定传感器类型后，就要考虑以下传感器的性能指标。

1）灵敏度。传感器的灵敏度 S 是指输出量增量 Δy 与输入量增量 Δx 的比值，即 $S = \Delta y / \Delta x$。对于线性传感器，灵敏度为常数，而非线性传感器的灵敏度为一变量。一般来讲，传感器灵敏度越高越好，因为灵敏度越高，意味着传感器所能感知的变化量越小，即被测量稍有微小变化时，传感器就有较大的输出。但当传感器的灵敏度较高时，与测量信号无关的外界干扰也容易混入，并被放大装置所放大。因此，应要求信噪比越大越好，既要检测微小量值，又要干扰小。

当被测量是矢量时，应要求传感器在该方向灵敏度越高越好，而横向灵敏度则越小越好。在测量多维矢量时，还应要求传感器的交叉灵敏度越小越好。

此外，应注意与灵敏度紧密相关的测量范围。除非有专门的非线性校正措施，否则不应使传感器在非线性区工作，更不能在饱和区工作，过高的灵敏度会缩小其适用的范围。

2）响应特性。在所测频率范围内，传感器的响应特性必须满足不失真的测量条件。

实际传感器的响应总有一定延迟，希望延迟时间越短越好。一般来讲，利用光电效应、压电效应等物性型传感器，响应较快，工作频率范围较宽。而结构型，如电感、电容、磁电式传感器等，由于结构中的机械系统惯性的影响，其固有频率低，因此工作频率较低。

在动态测量中，传感器的响应特性对测试结果有直接影响，在选用时，应充分考虑到被测物理量的变化特点（如稳态、瞬变、随机等）。

3）线性范围。任何传感器都有一定的线性范围。在线性范围内输入与输出成比例关系。线性范围越宽，则表明传感器的工作量程越大。

使传感器在线性范围内工作，是保证测量精度的基本条件。例如，机械式传感器中的测力弹性元件，其材料的弹性极限是决定测力量程的基本因素，当超过其弹性极限时，将产生线性误差。但任何传感器都不易保证其绝对线性，只能在许可限度内，在其近似线性范围内应用。例如，变间隙型电容、电感传感器，均采用在初始间隙附近的近似线性区内工作。因此，在选用时必须考虑被测物理量的变化范围，以使其线性误差在允许范围内。

4）可靠性。可靠性是指仪器、装置等产品在规定的条件下，在规定的时间内可完成规定功能的能力。只有产品的性能参数（特别是主要性能参数）均处在规定的误差范围内，方能视为完成了规定的功能。

为了保证传感器在使用中有较高的可靠性，首先须选用设计、制造良好，使用条件适宜的传感器；其次在使用过程中，应严格规定使用条件，尽量减少因使用条件造成的不良影响。例如电阻应变式传感器，湿度会影响其绝缘性，温度会影响其零漂，长期使用会产生蠕变现象。对于变间隙型电容传感器，环境湿度或浸入间隙的油剂会改变介质的介电常数。光电传感器的感光表面若有尘埃或水汽时，会改变光通量、偏振性和光谱成分。磁电式传感器在电场、磁场中工作时，亦会带来测量误差。滑线电阻式传感器表面有尘埃时，将引入噪声等。

在工程实际中，有些机械系统或自动加工过程往往要求传感器能长期地使用而不需经常更换或校准，但往往传感器的工作环境比较恶劣，受尘埃、油剂、温度、振动等干扰比较严重。例如，热轧机系统控制钢板厚度的 γ 射线检测装置，用于自适应磨削过程的测力系统或零件尺寸的自动检测装置等，在这些情况下就应对传感器的可靠性提出严格要求。

5）精确度。传感器的精确度表示传感器的输出与被测量真值一致的程度。传感器一般处于测试系统的输入端，传感器能否真实地反映被测量值，对整个测试系统有直接影响。

然而，也并非要求传感器的精确度越高越好，还应考虑其经济性。传感器精确度越高，价格也越贵。首先应了解测试目的，判断是定性分析还是定量分析。如果是相对比较的定性试验研究，只需获得相对比较值即可，无须要求绝对值，那么应要求传感器精密度高。如果是定量分析，必须获得精确量值，则要求传感器应有足够高的精确度。例如，为研究超精密切削机床运动部件的定位精度、主轴回转运动误差、振动及热变形等，往往要求测量精确度在 $0.1 \sim 0.01 \mu m$ 范围内，就必须采用高精确度的传感器。表 2-2 列出了常用传感器的主要技术指标。

表 2-2　常用传感器的主要技术指标

基本参数指标		环境参数指标		可靠性指标	其他指标	
量程	量程范围、过载能力等	温度	工作温度范围、温度误差、温度漂移、温度系数、热滞后等	工作寿命、平均无故障时间、保险期、疲劳性能、绝缘电阻、耐压及抗飞弧等	使用	供电方式（直流、交流、频率及波形等）、功率、各项分布参数值、电压范围与稳定度
灵敏度	灵敏度、分辨力、满量程输出等	抗冲振	允许各向抗冲振的频率、振幅及加速度，冲振所引入的误差等		结构	外形尺寸、质量、壳体材质、结构特点等
精度	精度、误差、线性、滞后、重复性、灵敏度误差、稳定性等					
动态性能	固有频率、阻尼比、时间常数、频率响应范围、频率特性、临界频率、临界速度、稳定时间等	其他环境参数	抗潮湿、抗介质腐蚀能力，抗电磁干扰能力等		安装连接	安装方式、馈线电缆等

思考题与习题

2-1 传感器的基本组成环节有哪些？各环节的作用是什么？

2-2 电阻丝式应变片与半导体应变片的工作原理有何不同？各有什么特点？针对具体情况应如何选用？

2-3 有一钢板，原长 $l = 1\text{m}$，钢板弹性模量为 $E = 2 \times 10^{11}\text{Pa}$，使用 BP-3 箔式应变片 $R = 120\Omega$，灵敏度系数 $S_g = 2$，测出的拉伸应变值为 $300\mu\varepsilon(1\mu\varepsilon = 10^{-6})$。试求：钢板伸长量 $\Delta l = ?$，$\sigma = ?$，$\Delta R/R = ?$ 如果要测出 $1\mu\varepsilon$ 应变值，则相应的 $\Delta R/R = ?$

2-4 有一电阻应变片如图 2-96 所示，其灵敏度 $S_g = 2$，$R = 120\Omega$，$E = 5\text{V}$，设工作时其应变为 $1000\mu\varepsilon$，问 $\Delta R = ?$ 若将此应变片接成图中所示的电路，试求：

（1）无应变时电流表的示值；

（2）有应变时电流表的示值；

（3）电流表的示值相对变化量，试分析这个变量能否从表中读出？

2-5 把一个变阻器式传感器按图 2-97 接线，它的输入量是什么？输出量是什么？在什么样条件下它的输出量与输入量之间有较好的线性关系？

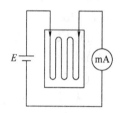

图 2-96 题 2-4 图

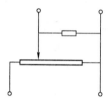

图 2-97 题 2-5 图

2-6 电容式传感器有哪几种类型？各适用于测量哪些物理量？

2-7 为什么电感式、电容式传感器常做成差动式？

2-8 欲测量某容器内液体的液位高度，试选用合适的传感器，并设计出可行的方案。

2-9 某电容测微仪的传感器为变间隙式的电容传感器，其圆形极板的半径 $r = 4\text{mm}$，工作初始间隙 $\delta_0 = 0.3\text{mm}$，试问：

（1）工作时，如果传感器的极板间隙变化 $\Delta\delta = \pm 1\mu\text{m}$，则传感器的电容变化量是多少？

（2）如果测量电路的灵敏度是 $S_1 = 100\text{mV/pF}$，指示仪表的灵敏度为 $S_2 = 5$ 格/mV，那么在 $\Delta\delta = \pm 1\mu\text{m}$ 时，读数仪表的指示值将有多少格的变化量？（空气的介电常数为 $\varepsilon_0 = 8.85 \times 10^{-15}\text{F/m}$）

2-10 电感传感器（自感型）的灵敏度与哪些因素有关，要提高灵敏度可采取哪些措施？采取这些措施会带来什么后果？

2-11 电容传感器、电感传感器、电阻应变片传感器的测量电路有何异同？

2-12 利用涡流式传感器测量物体位移时，如果被测物体是塑料材料，此时可否进行位移测量？为了能对该物体进行位移测量应采取什么措施，并应考虑哪些方面的问题？

2-13 如图 2-98 所示为沉筒式液位计，利用沉筒浮力的变化来确定液位的变化。根据图示说明液位计使用的是什么传感器？简述其工作原理。

2-14 为什么说压电式传感器只适用于动态测量而不能用于静态测量？

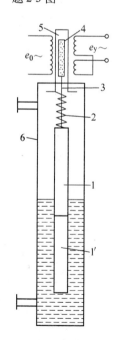

图 2-98 题 2-13 图

1′—沉筒固定段 1—沉筒浮力段 2—弹簧 3—连杆 4—差动变压器 5—密封管 6—壳体

2-15　一压电式传感器的灵敏度 $S = 10\text{pC/MPa}$，把它和一台灵敏度调到 0.005V/pC 的电荷放大器连接，放大器的输出又接到一灵敏度已调到 20mm/V 的光线示波器上记录，试绘出这个测试系统的框图，并计算其总的灵敏度。

2-16　压电加速度计的固有电容为 C_a，连接电缆电容为 C_c，输出电压灵敏度 $S_u = u_0/a$（a 为输入加速度），输出电荷灵敏度 $S_q = q/a$。

（1）推导出传感器的电压灵敏度与电荷灵敏度之间的关系。

（2）如已知 $C_a = 1000\text{pF}$，标定的电压灵敏度为 $100(\text{mV}/g)$，则电荷灵敏度 $S_q = ?$ 如果改用 $C_a = 300\text{pF}$ 的电缆，则此时的电压灵敏度 $S_u = ?$ 电荷灵敏度有无变化？（g 为重力加速度）

2-17　何谓霍尔效应？其物理本质是什么？举例说明用霍尔元件可测量哪些物理量？

2-18　光电传感器包括哪几种类型？各有何特点？用光电传感器可以测量哪些物理量？

2-19　说明用光纤传感器测量压力和位移的工作原理，指出其不同点。

2-20　选用传感器时应注意哪些事项？

第3章 信号调理与记录

信号调理和转换是测试系统进行测量时必不可少的环节。被测量经过传感器输出后的信号通常很微弱或者是非电量信号，很难直接被仪表显示、传输、数据处理和在线控制，而且有些信号夹杂有噪声或无用的信息。为了获得我们所需要的有用信息，必须根据具体要求，采取适当措施，对信号的幅值、驱动能力、传输特性、抗干扰能力等进行调理，将非电信号转换为电信号，以便于后面的分析处理和显示记录。

本章主要叙述信号调理中的放大与隔离、调制与解调、滤波以及信号的记录装置等内容。

3.1 电桥

在利用应变式传感器进行应力、应变测试过程中，被测物体的机械应变一般为微小应变，引起的电阻变化量很小，难以用仪表直接显示数据的变化，而需要采用适当的测量电路对信号进行转换。电桥就是一种常见的测量电路，可将电阻、电感、电容等电参量的变化转换为电压或电流的输出，且其输出可用仪器直接显示或记录，也可以送入放大电路进行放大。

电桥测量电路结构简单，具有较高的精确度和灵敏度，能预调平衡，易消除温度及环境的影响，因此广泛用于测试系统中。

按照电桥所采用的电源种类不同，可分为直流电桥和交流电桥；按照电桥输出测量方式不同，可分为不平衡电桥和平衡电桥。

3.1.1 直流电桥

采用直流电源的电桥称为直流电桥，如图 3-1 所示。直流电桥由四个桥臂电阻 R_1、R_2、R_3 和 R_4 头尾相接而成。四个电阻连接点 a、b、c、d 叫做电桥的顶点；a、c 两端接入直流电源称为输入端(电源端)；b、d 两端接负载或测量仪表称为输出端（测量端）；e_0 为直流电压源；e_y 为输出电压。

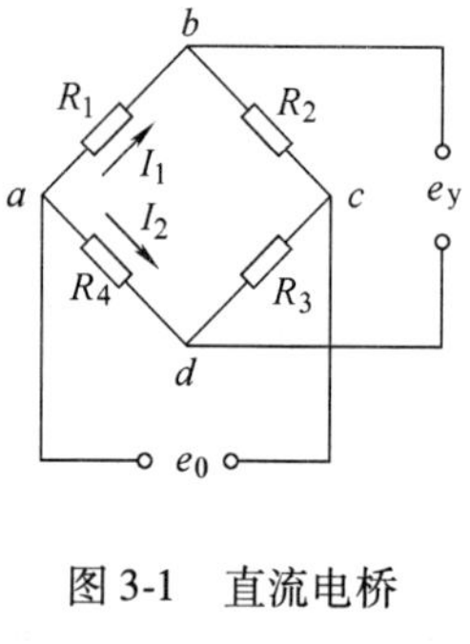

1. 直流电桥的平衡条件

如果直流电桥以电压形式输出，则输出电压 e_y 为

$$e_y = U_{bd} = U_{ab} - U_{ad} = I_1 R_1 - I_2 R_4$$

$$= \left(\frac{R_1}{R_1 + R_2} - \frac{R_4}{R_3 + R_4} \right) e_0$$

$$= \frac{R_1 R_3 - R_2 R_4}{(R_1 + R_2)(R_3 + R_4)} e_0 \qquad (3\text{-}1)$$

图 3-1 直流电桥

由式(3-1)可知，当电桥各桥臂电阻满足如下条件，即

$$R_1 R_3 = R_2 R_4$$

$$或 \quad \frac{R_1}{R_4} = \frac{R_2}{R_3} \tag{3-2}$$

电桥的输出电压 e_y 为零，表明电桥输出为"零"，即电桥处于平衡状态。式(3-2)称为直流电桥的平衡条件。

如果把电桥中某桥臂电阻用电阻式传感器替换，当被测物理量变化时，桥臂电阻也发生变化，使电桥失去平衡，输出端将有电压 e_y 产生，e_y 与被测物理量有对应关系，这就是直流电桥的测量原理。

2. 直流电桥的连接方式

按参与测量的桥臂数目，电桥可分为单臂电桥、半桥及全桥。

（1）单臂电桥　单臂电桥是指工作中仅有一个桥臂上的电阻值随被测量变化而变化，其余桥臂均为固定电阻的电桥。如图 3-2a 所示，当 R_1 的阻值变化 $\Delta R_1 = \Delta R$ 时，单臂电桥输出电压为

$$e_y = \frac{\Delta R}{4R} e_0 \tag{3-3}$$

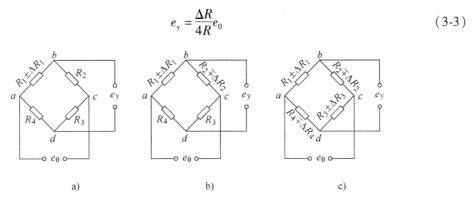

图 3-2　直流电桥的连接方式

a）单臂电桥　b）半桥　c）全桥

（2）半桥　半桥是指测量时电桥的两个桥臂电阻值随被测量变化而变化，而另外两个桥臂电阻没有变化的电桥，如图 3-2b 所示，且 $R_1 \pm \Delta R_1$、$R_2 \mp \Delta R_2$，当 $R_1 = R_2 = R$，$\Delta R_1 = -\Delta R_2 = \Delta R$ 时，半桥输出电压为

$$e_y = \frac{\Delta R}{2R} e_0 \tag{3-4}$$

（3）全桥　全桥是指四个桥臂的阻值都随被测量变化而变化的电桥。如图 3-2c 所示，此时输出电压为

$$e_y = \frac{(R_1 + \Delta R_1)(R_3 + \Delta R_3) - (R_2 + \Delta R_2)(R_4 + \Delta R_4)}{(R_1 + \Delta R_1 + R_2 + \Delta R_2)(R_3 + \Delta R_3 + R_4 + \Delta R_4)} e_0 \tag{3-5}$$

若 $R_1 = R_2 = R_3 = R_4 = R$，称为全等臂电桥。由于 $\Delta R \ll R$，上式可简化为

$$e_y = \frac{e_0}{4R}(\Delta R_1 - \Delta R_2 + \Delta R_3 - \Delta R_4) \tag{3-6}$$

当 $\Delta R_1 = -\Delta R_2 = \Delta R_3 = -\Delta R_4 = \Delta R$ 时，全等臂电桥输出电压为

$$e_y = \frac{\Delta R}{R} e_0 \tag{3-7}$$

综上所述，当试件受载相同时，全桥比半桥的输出大一倍，半桥比单桥的输出大一倍。

3.1.2 交流电桥

1. 交流电桥的平衡条件

传感器输出的微弱电压、电流或电荷信号，通常为毫伏级，其幅值或功率不能进行后续的转换处理，或驱动指示器、记录器以及各种控制机构，因此需对其进行放大处理。应变仪通常采用交流放大器，且用交流电压作为电桥的供桥电压。这样可以避免直流放大器易产生零点漂移，影响测量精度的弊端。

如图 3-3 所示，用交流电压作为电桥供桥电压的电桥称为交流电桥。

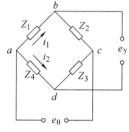

图 3-3　交流电桥

交流电桥的输入端接入高频交流电压 e_0，四个桥臂是由阻抗元件 Z 组成，阻抗 Z 即表示桥臂上存在着电阻、电容和电感的作用。与直流电桥分析过程相同，用阻抗 Z 代替 R，交流电桥的平衡条件为

$$Z_1 Z_3 = Z_2 Z_4 \tag{3-8}$$

即两相对臂阻抗的乘积相等。

2. 交流电桥的输出

在电阻应变测量法中采用交流电桥，是通过桥臂电阻的应变测量应变值。电桥原始状态处于平衡，假如电桥中只有一个工作臂的应变片受到静态拉应变 ε，则交流电桥的输出电压应为

$$e_y = \frac{1}{4} \frac{\Delta R}{R} e_0 \sin\omega t = \frac{1}{4} S_g \varepsilon e_0 \sin\omega t \tag{3-9}$$

可以看出，桥臂输出的是静态拉应变 ε，是一条静态的直线波形，而电桥的输出电压输出为一正弦波，此为交流电桥的调幅作用，即电桥输出电压是由应变信号通过电桥调制成调幅波形。

3. 交流电桥的电容影响

如图 3-4 所示，对于纯电阻交流电桥，即使各桥臂均为电阻，在测试中，由于测量导线之间和应变片与试件之间均存在着分布电容，相当于在各桥臂上并联一个电容，会影响到电桥的平衡和输出，导致输出信号失真。为尽量减小桥臂上的分布电容，交流电桥通常设有电容平衡调节装置，且在测试过程中尽量避免由于导线间互相运动等原因产生的电容变化。

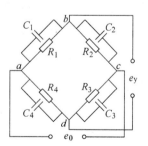

图 3-4　电阻交流电桥的分布电容

3.1.3 电桥特性

1. 电桥的和差特性

电桥的输出电压与电阻变化或应变变化的符号有关，这是电桥的一个重要特性，即电桥的和差特性。当相邻桥臂电阻阻值变化方向相反，相对桥臂电阻阻值变化方向相同时，电桥输出电压相互叠加；而相邻桥臂电阻阻值变化方向相同，相对桥臂电阻阻值变化方向相反时，电桥输出电压相互抵消。其基本公

式为

$$e_y = \frac{1}{4}e_0 S_g (\varepsilon_1 - \varepsilon_2 + \varepsilon_3 - \varepsilon_4) \tag{3-10}$$

式中　S_g——电桥的灵敏度。

这个重要特性是合理布置应变片、进行温度补偿、提高电桥灵敏度的依据。实际测试时，为了保证电桥有较大的输出，应使电桥相对臂的应变受相同性质载荷，相邻臂的应变受相反性质载荷。

2. 电桥的温度补偿

由于环境温度的变化总是同时作用在被测物体和应变片上，因此会使应变片产生虚假应变，使测试产生误差。为消除此误差，常常采用桥路温度补偿法，即在电桥工作臂的相邻臂上设置温度补偿片（简称补偿片）。桥路温度补偿遵循以下原则：

1）温度补偿片和工作片要具备相同的技术参数。

2）组桥时，温度补偿片应接在工作片的相邻臂。

3）温度补偿片应贴在和被测物体相同材料的补偿块上，且距离不能太远。

如图 3-5a 所示，应变片 R_1 和 R_2 处于相同的温度场，但受力状态不同。R_1 处于受力状态，称为工作片，R_2 处于不受力状态，称为补偿片。将两个应变片分别接在电桥的相邻两臂，如图 3-5b 所示，R_2 起到了温度补偿的作用。

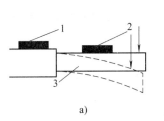
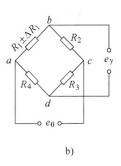

图 3-5　桥路温度补偿
a）结构图　b）电桥
1—补偿片 R_2　2—工作片 R_1　3—悬臂梁

例 3-1　如图 3-6a 所示，试件受弯矩 M 作用，若考虑环境温度的影响，工作片 R_1 和 R_3 粘贴在上表面，温度补偿片 R_2 和 R_4 粘贴在对称于中性层的下表面，并按图 3-6b 组成全等臂电桥，则各桥臂的电阻变化率为

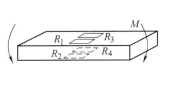

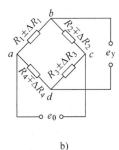

$$\frac{\Delta R_{1M}}{R_1} = -\frac{\Delta R_{2M}}{R_2} = \frac{\Delta R_{3M}}{R_3} = -\frac{\Delta R_{4M}}{R_4}$$

$$\frac{\Delta R_{1t}}{R_1} = \frac{\Delta R_{2t}}{R_2} = \frac{\Delta R_{3t}}{R_3} = \frac{\Delta R_{4t}}{R_4}$$

代入式(3-6)得

图 3-6　全桥测量的温度补偿
a）应变片粘贴位置　b）电桥连接方式

$$e_y = \frac{\Delta R_{1M}}{R_1} e_0$$

因此可以看出，补偿片的使用不仅实现了温度补偿，而且电桥的输出为单臂电桥测量时的 4 倍，大大提高了测量的灵敏度。

3.1.4 电桥的平衡装置

试件在未受力时，如果电桥处于不平衡状态，会使输出端产生一个虚假的应变信号，此信号影响测试的精度，因此在电桥电路中必须设置平衡装置，使电桥在进行测试工作之前处于平衡状态，即使电桥输出电压为零。

1. 电阻平衡装置

对于直流电桥，只需设置电阻平衡装置。如图 3-7 所示，通过调节零位平衡，使工作臂电阻变化为零时，电桥的输出也为零。

调节电位器 R_6 即可实现电阻差动并联平衡，动态电阻应变仪通常采用此种方式进行电阻平衡。

2. 电容平衡装置

对于交流电桥，为保证测试结果的正确性，在测试前不但要保证电桥的电阻平衡，同时要保证电桥的电容平衡，消除由于电容分布不均而引起的电桥输出的虚假信号。动态电阻应变仪一般采用两种电容平衡电路：即电阻电容平衡式（见图 3-8a）和差动电容平衡式（见图 3-8b）。C_1、C_2 为差动可调电容，当 C_1 增加 ΔC 时，C_2 同时减少 ΔC，从而达到电容平衡的目的。

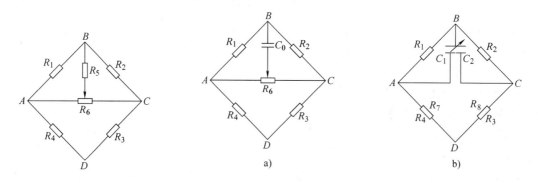

图 3-7　电阻平衡装置

图 3-8　电容平衡装置
a）电阻电容平衡式　b）差动电容平衡式

3.2　信号的放大与隔离

由于传感器所处的环境条件、噪声对传感器的影响，以及测试要求等不同，所采用放大电路的形式和性能指标要求也不同。对放大电路的基本要求是：

1）放大倍数应该满足测量需要。

2）输入阻抗高，输出阻抗低。

3）共模抑制能力高。

4）温漂、噪声、失调电压和电流都低。

3.2.1　基本放大电路

反相与同相放大电路是两种最基本的集成运算放大器电路。许多集成运算放大器的功能电路都是在反相和同相两种放大电路的基础上组合和演变而来的。

1. 反相放大器

基本的反相放大器电路如图 3-9 所示，其特点是输入信号和反馈信号均加在运算放大器的反相输入端。反相放大器是其他多种运放电路(如滤波器、积分器和微分器)的基础。根据理想运放特性，其同相输入端电压与反相输入端电压近似相等，流入运放输入端的电流近似为零，反相放大器的闭环电压增益为

$$A_V = -\frac{R_F}{R_1} \tag{3-11}$$

式中　A_V——电压增益，负值表示输出 U_o 与输入 U_i 反相；

　　R_F——反馈电阻。

反馈电阻 R_F 值不能太大，否则会产生较大的噪声及漂移，一般为几十千欧至几百千欧。R_1 的取值应远大于信号源 U_i 的内阻。

2. 同相放大器

如图 3-10 所示为同相放大器电路，其特点是输入信号加在同相输入端，而反馈信号加在反相输入端。同样，由理想运放特性可以分析出同相放大器的增益为

$$A_V = 1 + \frac{R_F}{R_1} \tag{3-12}$$

式中　A_V——正值，表示输出 U_o 与输入 U_i 同相。

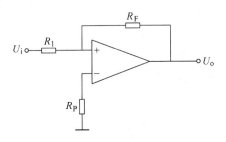

图 3-9　反相放大器

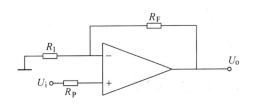

图 3-10　同相放大器

由于流入运放同相端的电流近似为零，故同相放大器的输入电阻为无限大，而输出电阻仍趋于零。由于运放同相端与反相端电压近似相等，即引入了共模电压，因此需要高共模抑制比的运放才能保证精度，同时在使用中需注意其输入电压幅度不能超过其共模电压输入范围。

同相放大器和反相放大器同样都具有低阻抗特性，一般小于 1Ω，但是二者也有明显的不同点，同相放大器的输入阻抗达几百兆欧姆，而反相放大器的输入阻抗约等于 R_1，其阻值通常不大于 100kΩ。

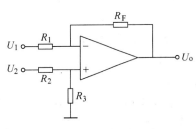

图 3-11　差动放大器

3. 差动放大

当运算放大器的反相端和同相端分别输入信号 U_1 和 U_2 时，如图 3-11 所示，输出电压 U_o 为

$$U_o = -\frac{R_F}{R_1}U_1 + \left(1 + \frac{R_F}{R_1}\right)\left(\frac{R_3}{R_2 + R_3}\right)U_2 \tag{3-13}$$

当 $R_1 = R_2$，$R_F = R_3$ 时，即为差动放大器。其差模电压增益为

$$A_V = \frac{U_o}{U_2 - U_1} = \frac{R_F}{R_1} = \frac{R_3}{R_2} \tag{3-14}$$

由于差动放大器具有双端输入-单端输出、共模抑制比较高的特点，通常用作传感放大器或测量仪器的前端放大器。

3.2.2 信号的隔离

对生物电信号以及强电、强电磁干扰环境下信号的放大，需要采用隔离放大技术，以保证人身及设备的安全并降低干扰的影响。

信号隔离技术是使模拟信号在发送时不存在穿越发送和接收端之间屏障的电流连接。这允许发送和接收端外的地或基准电平之差值可以高达几千伏，并且防止了可能损害信号的不同地电位之间的环路电流。由于信号地的噪声可使信号受损，而隔离可将信号分离到一个干净的信号子系统地，使传感器、仪器仪表或控制系统与电源之间互相隔离，从而保证整个系统装置的工作安全、可靠及稳定。

隔离放大器一般应用于高共模电压环境下的小信号测量，是一种特殊的测量放大电路，其输入、输出和电源电路之间没有直接的电路耦合。隔离放大器由输入放大器、输出放大器、隔离器以及隔离电源等组成。

信号隔离器件依赖于无发送器和接收器来跨越隔离屏障，这种器件曾用于数字信号。由于线性化等问题，模拟信号隔离采用变压器、光耦合器、电容或光电池等器件来实现。变压器耦合采用载波调制-解调技术，具有较高的线性度和隔离性能，且共模抑制比高。电容耦合采用数字调制技术，将输入信号以数字量的形式由电容耦合到输出端，可靠性好，频率特性良好。光耦合结构简单，器件质量轻，频带宽，但是当信号较大时，易出现较大的非线性误差。

3.3 调制与解调

在工程测试过程中，许多测试信号，如温度、位移、力等被测物理量，经过传感器转换后得到的信号多为低频缓变的微弱信号。如果直接采用直流放大，由于受到零点漂移的影响，信号易失真。因此，在实际应用中，通常采用将被测信号先调制，后交流放大，再用解调恢复原来被测信号的方法。

所谓调制就是利用低频缓慢变化的信号控制或改变高频振荡信号的某个参数，使其随缓变信号做有规律变化的过程。

如图 3-12 所示，控制高频振荡信号的低频缓变信号称为调制信号；被控制的高频振荡信号称为载波；用于载送缓变信号、经过调制后的高频振荡信号称为已调制信号。载波信号被控制的主要参数包括幅值、频率和相位。根据载波信号分别随调制信号而变化的

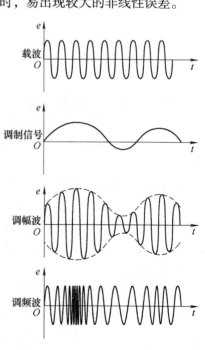

图 3-12 载波、调制波及已调波

过程，调制分为幅值调制（调幅）、频率调制（调频）和相位调制（调相），其波形分别称为调幅波、调频波和调相波。解调则是对已调波进行鉴别以恢复缓变的测量信号（调制波）的过程。

3.3.1 调幅及其解调

1. 调幅的工作原理

调幅是将高频正弦或余弦信号（载波）与被测信号（调制波）相乘，使高频载波信号的幅值随被测信号的变化而变化。现以频率为 f_0 的余弦信号作为载波进行讨论。

由傅里叶的性质可知，时域中两个信号相乘，对应在频域中是两个信号的卷积，即

$$x(t) \cdot y(t) \Leftrightarrow X(f) * Y(f) \tag{3-15}$$

余弦函数的频谱是一对脉冲谱线，即

$$\cos 2\pi f_0 t \Leftrightarrow \frac{1}{2}\delta(f - f_0) + \frac{1}{2}\delta(f + f_0)$$

根据 δ 函数特性，一个函数与单位脉冲函数（δ 函数）卷积的结果，就是将其以坐标原点为中心的频谱平移至该脉冲函数发生处。所以若以高频余弦信号作载波，把信号 $x(t)$ 和载波信号相乘，在频域中相当于把原信号频谱由原点平移至载波频率 f_0 处，其幅值减半，如图 3-13b 所示。即

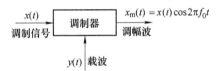

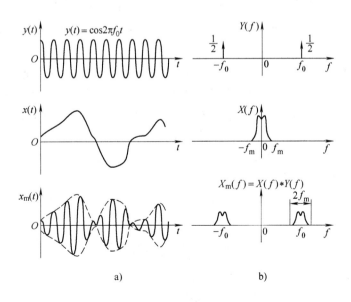

图 3-13　调幅过程

a）时域　b）频域

$$x(t)\cos 2\pi f_0 t \Leftrightarrow \frac{1}{2}X(f) * \delta(f-f_0) + \frac{1}{2}X(f) * \delta(f+f_0) \tag{3-16}$$

可以看出，调幅过程在时域是调制波与载波相乘的运算。在频域是调制波频谱与载波频谱卷积的运算，是频率"搬移"的过程，这是幅值调制得到广泛应用的重要理论依据。

幅值调制的频移功能在工程技术上具有重要的使用价值。例如，广播电台把声频信号移频至各自分配的高频、超高频频段上，既便于放大和传递，也可避免各电台之间的干扰。

2. 幅值调制的解调

为了从调幅波中将原测量信号恢复出来，就必须对调制信号进行解调。常用的解调方法有同步解调、整流检波解调和相敏检波解调。

（1）同步解调　若把调幅波再次与原载波信号相乘，则相当于频域信号将再一次进行"搬移"，这次频移是把以坐标原点为中心的已调波频谱搬移至以载波为中心处。由于载波频谱与原来调制时相同而使第二次"搬移"后的频谱有一部分又"搬移"回原点处，所以频谱中包含有与原调制信号相同的频谱和附加的高频频谱两部分，如图 3-14 所示。用低通滤波器滤去高频成分，就可以复现幅值减少一半的原信号的频谱，这一过程称为同步解调。

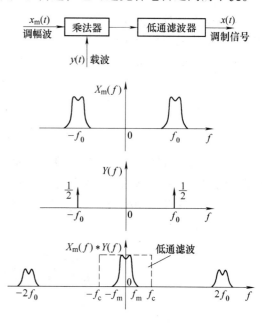

图 3-14　同步解调

$$x(t)\cos 2\pi f_0 t \cos 2\pi f_0 t = \frac{1}{2}x(t) + \frac{1}{2}x(t)\cos 4\pi f_0 t$$

由此可见，调幅的目的是使缓变信号便于放大和传输，解调的目的则是为了恢复原信号。

由图 3-13 可知，载波频率 f_0 必须高于原信号中的最高频率 f_m 才能使已调波仍保持原信号的频谱，不致混叠。因此，欲减小放大电路可能引起的失真，信号的频宽（$2f_m$）相对中心频率（载波频率 f_0）越小越好。实际工程应用中，载波频率至少应数倍甚至数十倍于被测信号的最高频率。载波频率的提高通常受到放大电路截止频率的限制。

幅值调制装置实质是一个乘法器，电桥本质上也是一个乘法器。设供桥电源电压 e_0 为高频正弦波，幅值为 E_0，频率为 f_0，即

$$e_0 = E_0\sin 2\pi f_0 t$$

则

$$e_y = \frac{\Delta R}{4R}E_0\sin 2\pi f_0 t$$

若此时桥臂电阻 R_1 为电阻应变片，则有

$$\frac{\Delta R}{R_1} = S_g\varepsilon$$

即

$$e_y = \frac{1}{4} S_g E_0 \varepsilon \sin 2\pi f_0 t \qquad (3\text{-}17)$$

式中 S_g——应变片的灵敏度；

ε——应变片的应变。

式 3-17 表明，等幅载波 e_0 经电桥调幅后，输出 e_y 幅值为 $\frac{1}{4} S_g E_0 \varepsilon$，即载波幅值被应变 ε 所调制。而且随着调制信号 ε 正负半周的改变，调幅波的相位也随着改变，即当调制信号 ε 为正时，调幅波与载波同相；当 ε 为负时，调幅波与载波反相。

（2）检波解调 如图 3-15 所示，在时域，将被测信号即调制信号 $x_A(t)$ 在进行幅值调制前，预加一直流分量 A，使之不再具有正负双向极性，然后再与高频载波相乘得到已调制波 $x_m(t)$，即

$$x_m(t) = [A + x(t)] \cos 2\pi f_0 t$$

这种解调方式称为整流检波解调，其包络线具有调制波的形状。解调时，只需对已调制波作整流和检波，再去掉所加直流分量 A，就可以恢复原调制信号 $x(t)$。

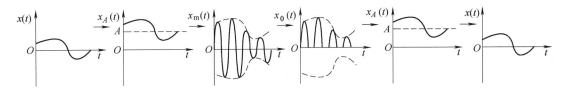

图 3-15 整流检波解调

此方法虽然可以恢复原信号，但在调制解调过程中有一加、减直流分量 A 的过程，而实际工作中要使每一直流本身很稳定，且使两个直流完全对称是较难实现的，这样原信号波形与经调制解调后恢复的波形虽然幅值上可以成比例，但在分界正、负极性的零点上可能有漂移，从而使得分辨原波形正、负极性上可能有误。而下面介绍的相敏检波解调技术就解决了这一问题。

（3）相敏检波 工程中检测到的信号往往是矢量，经调制后的电信号极性会与原信号有所不同，相敏检波技术可辨识原信号的极性变化，即相敏检波解调方法能够使已调幅的信号在幅值和极性上完整地恢复成原调制信号。

相敏检波器的电路原理如图 3-16 所示。它由四个特性相同的二极管 VD_1、VD_2、VD_3、VD_4 首尾相接串联成一个桥式电路，各桥臂上通过附加电阻将电桥预调平衡。四个端点分别接在变压器 T_1 和 T_2 的二次线圈上，变压器 T_1 的输入信号为调幅波 $x_m(t)$，T_2 的输入信号为载波 $y(t)$，$u_f(t)$ 为输出。

当调制信号 $x(t) > 0$ 时，调幅波 $x_m(t)$ 与载波 $y(t)$ 同相。若 $x_m(t) > 0$，$y(t) > 0$，二极管 VD_2、VD_3 导通，在负载上形成两个电流回路，回路 1 为 e-g-f-3-c-VD_3-d-2-e 及回路 2 为 1-b-VD_2-c-3-f-g-e-1，其中回路 1 在负载电容 C 及电阻 R_f 上产生的输出为

$$u_{f1} = \frac{x_m(t)}{2} - \frac{y(t)}{2} \qquad (3\text{-}18)$$

回路 2 在负载电容 C 及电阻 R_f 上产生的输出为

$$u_{f1} = \frac{x_m(t)}{2} + \frac{y(t)}{2} \qquad (3\text{-}19)$$

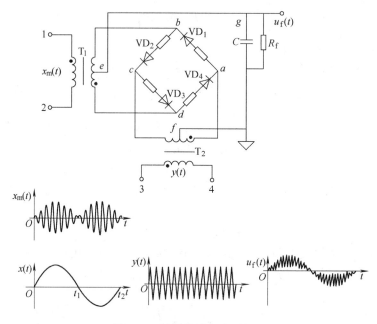

图 3-16　相敏检波电路原理图

总输出为

$$u_f(t) = u_{f1}(t) + u_{f2}(t) = x_m(t) \tag{3-20}$$

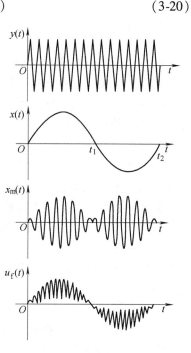

　　若 $x_m(t) < 0$，$y(t) < 0$，二极管 VD_1、VD_4 导通，在负载上形成回路 1 为 e-g-f-4-a-VD_1-b-1-e 及回路 2 为 2-d-VD_4-a-4-f-g-e-2，同理，负载电容及电阻上产生的总输出为 $u_f(t) = u_{f1}(t) + u_{f2}(t) = x_m(t)$。

　　由以上分析可知，$x(t) > 0$ 时，无论调制波是否为正，相敏检波器的输出波形均为正，即保持与调制信号极性相同，如图 3-17 所示，这种电路相当于在 $0 \sim t_1$ 段对 $x_m(t)$ 全波整流，故解调后的频率比原调制波高 1 倍。

　　当调制信号 $x(t) < 0$ 时，调幅波 $x_m(t)$ 与载波 $y(t)$ 反相，同样可以得出不管调制波极性如何，相敏检波器的输出波形均为负，保持与调制信号极性相同。同时，电路在 $t_1 \sim t_2$ 段相当于对 $x_m(t)$ 全波整流后反相，解调后的频率为原调制波的 2 倍。

　　相敏滤波器输出波形的包络线即是所需要的信号，因此，必须把它和载波分离。由于被测信号的最高频率 $f_m \leqslant (1/10 \sim 1/5) f_0$（$f_0$ 为载波频率），所以应在相敏检波器的输出端再接一个适当频带的低通滤波器，即可得到与原信号波形一致但已经放大了的信号，从而达到解调的目的。

图 3-17　解调后频率比原调制信号频率提高 1 倍

3.3.2　调频及其解调

　　调频（频率调制）是利用信号电压的幅值控制一个振荡器，振荡器的输出是等幅波，其振荡频率和信号电压成正比。当信号电压为零时，调频波的频率等于载波频率（中心频率）；信号电压为正值时频率提高，负值时频率降低。在整个调制过程中，调频波的幅值保持不变，而瞬时频率随信号电压作相应的变化，即调频波是随信号电压变化的疏密不等的等幅波。

信号经调频后具有抗干扰能力强，便于远距离传输，不易错乱、跌落和失真等优点。调频后易实现数字化。

调频是基于压控振荡器（VCO）的原理。如图 3-18 所示，A_1 是正反馈放大器，其输出电压受稳压管 VS 控制，为 $+e_w$ 或 $-e_w$。假设初始时 A_1 输出为 $+e_w$，乘法器 M 输出 e_z 是正电压，积分器 A_2 的输出电压将线性下降。当降到比 $-e_w$ 更低时，A_1 翻转，输出为 $-e_w$，同时乘法器的输出，即 A_2 的输入也随之变为负电压，结果是 A_2 的输出将线性上升。当 A_2 的输出升至 $+e_w$ 时，A_1 又将翻转，输出为 $+e_w$。即在恒值正电压 e_x 作用下，积分器 A_2 输出频率一定的三角波，A_1 则输出同一频率的方波 e_y。

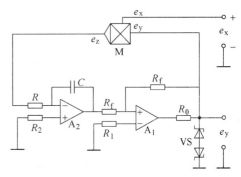

图 3-18　采用乘法器的压控振荡器

乘法器 M 的一个输入端 e_y 幅度为定值（$\pm e_w$），改变另一个输入端 e_x，就可以线性地改变其输出 e_z，使积分器 A_2 的输入电压也随之改变。导致积分器由 $-e_w$ 充电至 e_w 或由 e_w 放电至 $-e_w$ 所需时间发生变化，从而使振荡器的振荡频率与电压 e_x 成正比。即改变 e_x 值就达到线性控制振荡频率的目的。

调频波的解调称为鉴频或频率检波，对应有多种方案。最简单的一种是将调频波放大，限幅为方波，然后取其上升（或下降）沿转换为脉冲，脉冲的疏密就是调频波的疏密。每个脉冲触发一个定时的单稳，这样可获得一系列脉宽相等、疏密随调频波频率而变的单向窄矩形波，取其瞬时平均电压就可以反映原信号电压的变化。但应注意必须从平均电压中减去与载波中心频率所对应的直流偏置电压。

3.4　滤波器

3.4.1　概述

滤波器是一种选频装置，可以使信号中特定的频率成分通过，而极大地衰减其他频率成分。在测试装置中，利用滤波器的这种筛选作用，可以滤除干扰噪声或进行频谱分析。在机械设备中，经常采用各种隔振、防噪声的装置，其实质也是滤波。各类仪器仪表都有一定的工作频率范围，说明它们本身也有滤波作用。

根据滤波器的选频作用，一般将滤波器分为四类，即低通、高通、带通和带阻滤波器。如图 3-19 所示。

（1）低通滤波器　如图 3-19a 所示，低通滤波器从 $0 \sim f_{c2}$ 频率之间，幅频特性平直。它可以使信号中低于 f_{c2} 的频率成分几乎不受衰减地通过，而高于 f_{c2} 的频率成分受到极大衰减。

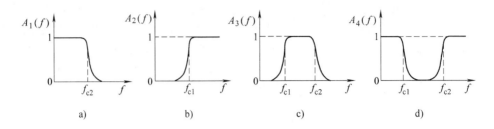

图 3-19　四类滤波器的幅频特性

a) 低通滤波器　b) 高通滤波器　c) 带通滤波器　d) 带阻滤波器

（2）高通滤波器　如图 3-19b 所示，与低通滤波器相反，高通滤波器从频率 $f_{c1} \sim \infty$ 之间，幅值特性平直。它可以使信号中高于 f_{c1} 的频率成分几乎不受衰减地通过，而低于 f_{c1} 的频率成分受到极大衰减。

（3）带通滤波器　如图 3-19c 所示，带通滤波器的通频带在 $f_{c1} \sim f_{c2}$ 之间，它可以使信号中高于 f_{c1} 而低于 f_{c2} 的频率成分几乎不受衰减地通过，而其他成分受到极大衰减。

（4）带阻滤波器　如图 3-19d 所示，带阻滤波器与带通滤波器相反，阻带在频率 $f_{c1} \sim f_{c2}$ 之间。它使信号中高于 f_{c1} 而低于 f_{c2} 的频率成分受到极大衰减，其余频率成分几乎不受衰减地通过。

这四种滤波器互有联系。如 $A_1(f)$ 是低通滤波器的频率特性，则高通滤波器的频率特性 $A_2(f)$ 可看作 $[1 - A_1(f)]$，因此可以用低通滤波器做负反馈回路而获得高通滤波器。带通滤波器是低通和高通的串联组合，带阻滤波器是以带通滤波器做负反馈而获得。

滤波器还有其他不同的分类方法，如根据构成滤波器的元件类型，可分为 RC、LC 或晶体谐振滤波器；根据构成滤波器的电路性质，可分为有源滤波器和无源滤波器；根据滤波器所处理的信号性质，可分为模拟滤波器和数字滤波器等。

3.4.2　理想滤波器

理想滤波器是指能使通带内信号的幅值和相位都不失真，阻带内的频率成分都衰减为零，其通带和阻带之间有明显分界线的滤波器。也就是说，理想滤波器在通带内的幅频特性为常数，相频特性的斜率亦为常数，在通带外的幅频特性为零。

图 3-20a 为理想低通滤波器的幅频及相频特性曲线，其频率特性为

$$H(f) = \begin{cases} A_0 e^{-j2\pi f t_0} & |f| < f_c \\ 0 & \text{其他} \end{cases} \tag{3-21}$$

图中频域图形以双边谱形式画出，相频特性的直线斜率为 $(-2\pi t_0)$。

由已学知识可知，理想低通滤波器的时域脉冲响应函数为 sinc 函数。如无相角滞后，即 $t_0 = 0$，则

$$h(t) = 2A_0 f_c \frac{\sin 2\pi f_c t}{2\pi f_c t} \tag{3-22}$$

如 $t_0 \neq 0$，则

$$h(t) = 2A_0 f_c \frac{\sin 2\pi f_c (t - t_0)}{2\pi f_c (t - t_0)} \tag{3-23}$$

即相当于把图形右移 t_0，如图 3-20b 所示。$h(t)$ 是具有对称性的图形，不仅延伸至 $t\to\infty$，还延伸至 $t\to-\infty$。

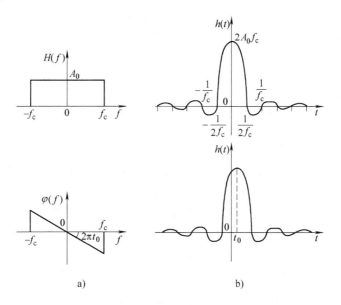

图 3-20 理想低通滤波器

a）理想低通滤波器的幅、相频特性　b）理想低通滤波器的脉冲响应函数

理想滤波器是不可能实现的，讨论理想滤波器是为了进一步了解滤波器的传输特性，确定滤波器的通频带宽及其与建立比较稳定输出时所需时间之间的关系。

若滤波器的输入为单位阶跃信号 $u(t)$，即

$$u(t) = \begin{cases} 1 & t \geqslant 0 \\ 0 & t < 0 \end{cases}$$

则滤波器的输出 $y(t)$ 是脉冲响函数 $h(t)$ 和输入 $u(t)$ 的卷积，即

$$y(t) = h(t) * u(t) = \int_{-\infty}^{\infty} u(t')h(t-t')\mathrm{d}t' \tag{3-24}$$

$y(t)$ 曲线如图 3-21 所示。

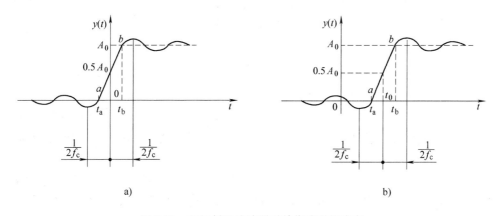

图 3-21 理想低通滤波器对单位阶跃的响应

a）无相角滞后，时移 $t_0 = 0$　b）有相角滞后，时移 $t_0 \neq 0$

由图 3-21 可知，若不考虑前、后皱波，输出响应从零值（a 点）到稳定值 A_0（b 点）需要一定的建立时间（$t_b - t_a$）。时移 t_0 只影响输出曲线 $y(t)$ 的右移，不影响（$t_b - t_a$）的值。若滤波器的通频带很宽，即 f_c 大，那么 $y(t)$ 陡峭，响应的建立时间 $t_b - t_a$ 短。反之，若通频带窄，即 f_c 小，则建立时间就长。由式（3-24）可得

$$t_b - t_a = \frac{0.61}{f_c} \tag{3-25}$$

式中 f_c——低通滤波器的截止频率。

若按理论响应值的 0.1~0.9 作为建立时间的标准，则建立时间

$$T_e = t_b' - t_a' = \frac{0.45}{f_c} \tag{3-26}$$

建立时间可以这样理解，输入信号突变处形成尖角，必然含有丰富的高频分量，低通滤波器阻衰了高频分量，结果是把信号波形"圆滑"了。通带越宽，阻衰的高频分量越少，信号就能更多、更快地通过，则建立时间就短；反之，建立时间就长。

低通滤波器阶跃响应的建立时间 T_e 和带宽 B 成反比，即

$$BT_e = 常数$$

这一结论对其他滤波器（高通、带通、带阻）也适用。滤波器的带宽表示其频率分辨力，带宽越窄分辨力越高。滤波器的高分辨能力和测量时的快速响应是互相矛盾的，这一结论对工程应用具有重要的意义。若想通过从信号中选取某一很窄的频率成分（例如希望做高分辨力的频谱分析），就需要足够的时间，如建立时间不够，就会产生谬误和假象。但对已定带宽的滤波器，过长的测量时间也没有必要，一般取 $BT_e = 5 \sim 10$。

3.4.3 实际滤波器

1. 实际滤波器的基本参数

图 3-22 表示理想带通（虚线）与实际带通（粗实线）滤波器的幅频特性。对于实际滤波器，由于其特性曲线没有明显的转折点，通带中的幅频特性也并非常数，因此需要更多的参数来描述其性能。

（1）波纹幅度 d 实际滤波器在通带内的幅频特性呈波纹变化，其波动的幅度称为波纹幅度 d。通带内幅频特性的平均值 A_0 越小越好，一般应远小于 -3dB，即 $d \ll A_0/\sqrt{2}$。

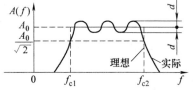

图 3-22 理想带通与实际带通滤波器的幅频特性

（2）截止频率 实际滤波器没有明显的截止频率，为保证通带内的信号幅值不会产生较明显的衰减，一般规定幅频特性值等于 $A_0/\sqrt{2}$ 时所对应的频率 f_{c1}、f_{c2} 称为滤波器的上、下截止频率。以 A_0 为参考值，$A_0/\sqrt{2}$ 对应于点 -3dB，即相对于 A_0 衰减 3dB。若以信号的幅值平方表示信号功率，则 -3dB 点正好是半功率点。

（3）带宽 B、品质因数 Q 上、下截止频率之间的频率范围称为滤波器带宽 B，或 -3dB 带宽，单位为 Hz。带宽决定着滤波器分离信号中相邻频率成分的能力，即频率分辨力。

滤波器的品质因数 Q 是中心频率 f_0 和带宽 B 的比值。中心频率的定义是上、下截止频

率的几何平均值，即

$$f_0 = \sqrt{f_{c1}f_{c2}} \tag{3-27}$$

则

$$Q = \frac{f_0}{B} = \frac{\sqrt{f_{c1}f_{c2}}}{f_{c2} - f_{c1}} \tag{3-28}$$

品质因数 Q 也用来衡量滤波器分离相邻频率成分的能力。Q 值越大，滤波器的分辨力越高。

（4）倍频程选择性　实际滤波器存在过渡带，过渡带的幅频曲线倾斜程度表明了幅频特性衰减的快慢，决定了滤波器对通带外频率成分的衰减能力，这通常用倍频程选择性来表示。所谓倍频程选择性，是指在上截止频率 f_{c2} 与 $2f_{c2}$ 之间，或者在下截止频率 f_{c1} 与 $\frac{1}{2}f_{c1}$ 之间幅频特性的衰减值，即频率变化一倍频程的衰减量，以 dB 表示，即

$$倍频程选择性（dB） = 20\lg\frac{A(2f_{c2})}{A(f_{c2})} \tag{3-29}$$

或

$$倍频程选择性（dB） = 20\lg\frac{A\left(\frac{1}{2}f_{c1}\right)}{A(f_{c1})} \tag{3-30}$$

显然，上述比值衰减越快，滤波性能越好。

（5）滤波器因数（或矩形系数）　滤波器选择性的另一种表示方法是滤波器幅频特性的 $-60\mathrm{dB}$ 带宽与 $-3\mathrm{dB}$ 带宽的比值，即

$$\lambda = \frac{B_{-60\mathrm{dB}}}{B_{-3\mathrm{dB}}} \tag{3-31}$$

理想滤波器的 $\lambda = 1$，常用滤波器的 $\lambda = 1 \sim 5$。λ 值越小，表明滤波器的选择性越好。

2. RC 滤波器

RC 滤波器因其电路简单，抗干扰性强，有较好的低频特性，在实际中应用较多。根据构成滤波器的电路性质，RC 滤波器可分为无源滤波器和有源滤波器两类。

（1）RC 无源滤波器

1）一阶 RC 低通滤波器。如图 3-23 所示是典型的一阶系统。设输入和输出信号电压分别为 e_x 和 e_y，电路时间常数 $\tau = RC$，其频率特性和幅频特性分别为

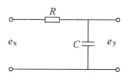

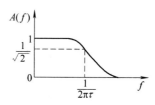

$$H(f) = \frac{1}{1 + \mathrm{j}2\pi f\tau} \tag{3-32}$$

$$A(f) = \frac{1}{\sqrt{1 + (2\pi f\tau)^2}} \tag{3-33}$$

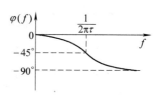

分析该系统特性可知，当 $f \ll 1/2\pi\tau$ 时，$A(f) = 1$，信号几乎不受衰减地通过，且相频特性近似为一条通

图 3-23　一阶 RC 低通滤波器及其幅频、相频特性

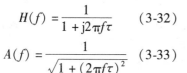

过原点的直线。因此可以认为在此情况下，RC 低通滤波器是一个不失真的传输系统。

当 $f_{c2} = \dfrac{1}{2\pi\tau}$ 时，$A(f) = \dfrac{1}{\sqrt{2}}$，即

$$f_{c2} = \frac{1}{2\pi RC} \tag{3-34}$$

式(3-34)表明，RC 值决定着上截止频率。适当改变 RC 时，可以改变滤波器的截止频率。

当 $f \gg 1/2\pi\tau$ 时，输出 e_y 与输入 e_x 的积分成正比，即

$$e_y = \frac{1}{\tau}\int e_x \mathrm{d}t$$

此时 RC 低通滤波器起积分器作用，对高频成分的衰减率为 $-20\mathrm{dB}/10$ 倍频程。

2）一阶 RC 高通滤波器。如图 3-24 所示，设输入和输出信号电压分别为 e_x 和 e_y，电路时间常数 $\tau = RC$，则其频率特性和幅频特性分别为

$$H(f) = \frac{\mathrm{j}2\pi f\tau}{1 + \mathrm{j}2\pi f\tau} \tag{3-35}$$

$$A(f) = \frac{2\pi f\tau}{\sqrt{1 + (2\pi f\tau)^2}} \tag{3-36}$$

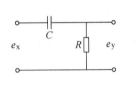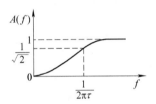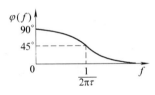

图 3-24　一阶 RC 高通滤波器及其幅频、相频特性

由图 3-24 可见，当 $f \gg 1/2\pi\tau$ 时，幅频特性接近于 1，相移趋于零，此时 RC 高通滤波器可视为不失真的传输系统。

当 $f = \dfrac{1}{2\pi\tau}$ 时，$A(f) = \dfrac{1}{\sqrt{2}}$，即滤波器的 $-3\mathrm{dB}$ 截止频率为

$$f_{c1} = \frac{1}{2\pi\tau} \tag{3-37}$$

同样可以证明，当 $f \ll 1/2\pi\tau$ 时，RC 高通滤波器的输出与输入的微分成正比，起着微分器的作用。

（2）RC 有源滤波器　一阶滤波器通带外衰减率为 $-20\mathrm{dB}/10$ 倍频程，因此在过渡区衰减缓慢，选择性不佳。若把无源 RC 滤波器串联，虽然也可以提高阶次，但受级间耦合的影响，效果是互相削弱的，且信号的幅值逐级减弱。为了克服上述缺点，可采用有源滤波器。

有源滤波器由 RC 调谐网络和运算放大器（有源器件）组成。运算放大器既可起级间隔离作用，又可起信号幅值的放大作用，RC 网络则通常作为运算放大器的负反馈网络。运算放大器的负反馈电路若是高通滤波网络，则得到有源低通滤波器；若用带阻网络做负反馈，则得到带通滤波器。

1）RC 有源低通滤波器。图 3-25a 是将简单一阶低通滤波网络接到运算放大器的输入

端，运算放大器起隔离负载影响、提高增益和提高负载能力的作用。其截止频率 f_c $=1/2\pi RC$，放大倍数 $K=(1+R_F/R_1)$。图 3-25b 则把高通网络作为运算放大器的负反馈，获得低通滤波器，其截止频率为 $f_c=1/2\pi R_F C$，直流放大倍数 $K=R_F/R_1$。这两个放大器的滤波网络都是一阶的，故通带外高频衰减率均为 $-20\text{dB}/10$ 倍频程。

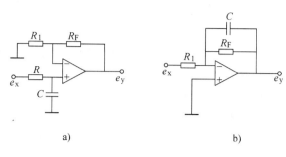

图 3-25　一阶有源低通滤波器
a）滤波网络接至放大器的输入端　b）滤波网络作负反馈

欲改善滤波器的选择性，使通带外的高频成分衰减更快，应提高低通滤波器的阶次。图 3-26 是二阶 RC 低通滤波器。

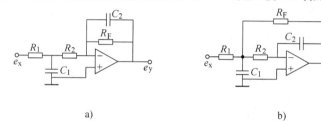

图 3-26　二阶 RC 低通滤波器
a）两个一阶低通的简单组合　b）采用多路负反馈

2）RC 有源带通滤波器。图 3-27a 是由低、高通网络简单组合而成的带通滤波器，运算放大器只起级间隔离和提高带负载能力的作用，这种滤波器的 Q 值很低。图 3-27b 是常用的多路负反馈二阶带通滤波器，适当调整电路中元件的参数，可获得较大的 Q 值。

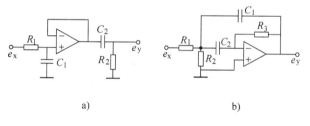

图 3-27　RC 有源带通滤波器
a）低、高通网络简单组合　b）采用多路负反馈

3. 恒带宽滤波器

上述利用 RC 元件组合而成的带通、带阻滤波器都是恒带宽比的。对这样一组增益相同的滤波器，若基本电路选定以后，每一个滤波器都具有大致相同的 Q 值及带宽比。显然，其滤波性能在低频区较好，而在高频区则由于带宽增加而使分辨力下降。

欲使滤波器在所有频段都具有同样良好的频率分辨力，可采用恒带宽的滤波器。图 3-28 是恒带宽比和恒带宽滤波器的特性对照图，图中滤波器的特性都画成

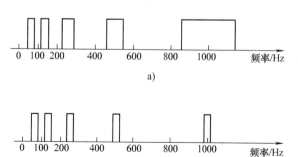

图 3-28　理想恒带宽比和恒带宽滤波器的特性对照
a）恒带宽比滤波器　b）恒带宽滤波器

理想的。由于恒带宽滤波器的带宽 B 为一定值，因此在高频段的频率分辨力可以达到很高。

欲提高滤波器的分辨能力，带宽应窄一些，这样为覆盖整个频率范围所需的滤波器数量就很大。因此恒带宽滤波器不宜做成固定中心频率的，一般利用一个参考信号，并使滤波器的中心频率跟随参考信号频率。

4. 数字滤波器

数字滤波器是具有一定传输选择特性的数字信号处理装置，其输入输出均为数字信号。它的基本工作原理是利用线性时不变系统对输入信号进行加工和变换，改变输入序列的频谱或信号波形，让有用的信号分量通过，抑制无用的信号分量输出。数字滤波器只能处理离散信号。

数字滤波器具有精度高(与系统的字长有关)、稳定性好(仅有 0、1 两种电平状态)、灵活性强和可预见性、不要求阻抗匹配以及可实现模拟滤波器无法实现的特殊滤波功能等优点。由于它通常由软件实现，可以进行软件仿真和预先设计测试。若想处理模拟信号，则可通过 A/D 和 D/A 转换实现信号形式上的匹配。实际上数字滤波器经常指的是一种算法，已不再具有"器"或"装置"的含义。

数字滤波器总体上可分为两大类：一类称为经典滤波器，即一般的滤波器。如果输入信号中有用的频率成分和希望滤除的频率成分各占不同的频带，则通过一个选频合适的滤波器即可达到滤波目的。当噪声与有用信号的频带重叠时，使用一般滤波器不可能达到有效抑制噪声的目的。这时需要采用现代滤波器，如维纳滤波器、卡尔曼滤波器、自适应滤波器等。这些滤波器是从传统概念出发，对要提取的有用信号从时域上进行统计，在统计指标最优的意义下，估计出最优逼近的有用信号，衰减噪声。

经典数字滤波器根据选频作用不同，也可分为低通、高通、带通和带阻滤波器。如果从实现的网络结构或者从单位抽样分类，分为无限冲击响应滤波器(IIR)和有限冲击响应滤波器(FIR)。前者是指单位抽样响应 $h(n)$ 为无限长序列，后者 $h(n)$ 则为有限长序列。

关于数字滤波器详细的工作原理和应用范围，请查阅相关资料。

3.5 信号记录装置

信号记录装置是用来记录各种信号变化规律所必须的设备，是测试系统不可缺少的组成部分。信号记录的目的在于：

1）对被测物理量的变化过程进行即时记录。

2）观察各路信号的大小和实时波形。

3）及时掌握测试系统的动态信息，对某些参数做相应调整。

4）在原始信号消失以后，仍然可以重新观察或再现。

5）对信号进行后续分析和处理。

由于在传感器和信号调理电路中已经把被测量转换为电量，而且进行过变换和处理，使电量适合于显示和记录。因此，各种常用的灵敏度较高的电工仪表都可以作为测量显示和记录仪表，如电压表、电流表、示波器等。

选择记录装置时，首先是看其响应能力，即能否正确地跟踪测量信号的变化，并如实地记录下来。通常把记录装置对正弦信号的响应能力称为记录装置的频率响应特性，它决定了记录装置的工作频率范围。如笔式记录仪多用于变化频率较低的动态应变测量中，其工作频率的上限为 80~100Hz，而光线示波器的上限频率可达 104Hz。工作频率最高的是阴极射线示波器，它和快速摄影装置结合，可记录频率高达几十兆赫兹的信号。表 3-1 给出了常见记录装置的性能表。

表 3-1 常见记录装置的性能表

装 置 名 称	X-Y 记录器	笔式记录仪	光线示波器	阴极射线示波器照相
特点	在平面上记录两种物理量关系的记录器	使用较广，操作方便	使用较广，频率响应好，易多线化	频带宽，操作复杂
用途	特性曲线自动记录	记录变化频率较低的信号	同时记录变化频率较高的信号	记录瞬态过程
记录单元名称	伺服机构	笔式检流计	振子	荧光屏
记录方式	墨水记录、圆珠笔记录	墨水、热笔	直记式、显定影式	照相或存贮
工作频带	满幅 1Hz	30~100Hz	5kHz(最高超过 10kHz)	0~100MHz 或微秒级瞬变
线数	1~2	1~12	达 60	1~2
灵敏度	10mV/满幅	$(0.5~2.5)$mm/mA	1.5×10^5 mm/mA	—
振幅精度	0.25%	2%	2%	取决于定标精度
记录带速度	—	$(1~25)$cm/s	—	—
记录幅宽	纵横 250mm	40mm 左右	100mm 左右	—
输入阻抗	不平衡时 100kΩ 以上	约 4kΩ	10~200Ω	—

3.5.1 磁带记录仪

磁记录属隐式记录，须通过其他显示记录仪器才能观察波形，但它能多次反复重放。它以电量输出(复现信号)，可以与记录时不同的速度重放，从而实现信号的时间压缩与扩展。它便于复制，可抹除并重复使用记录介质。磁记录的存贮信息密度大，易于多线记录，记录信号频率范围宽，存贮的信息稳定性高，对环境不敏感，抗干扰能力强。

磁记录器有磁带式、磁盘式和磁鼓式。磁带式记录仪结构简单，便于携带，广泛用于记录测试信号。

如图 3-29 所示，为磁带记录器的基本构成。

磁带是一种坚韧的塑料薄带，厚约 50μm，一面涂有硬磁性材料粉末，涂层厚约 10μm。磁头是一个环形铁心，上绕线圈。在与磁带贴近的前端有一很窄的缝

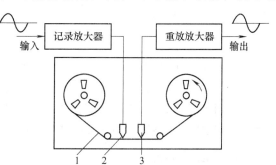

图 3-29 磁带记录器的基本构成

1—磁带 2—记录磁头 3—重放磁头

隙，一般为几微米，称为工作间隙，如图 3-30 所示。

（1）记录过程 当信号电流通过记录磁头的线圈时，铁心中产生随信号电流变化的磁通。由于工作间隙的磁阻较高，大部分磁力线绕磁带上的磁性深层回到另一磁极而构成闭合回路，磁极下的那段磁带上所通过的磁通和方向随电流改变。当磁带以一定的速度离开磁极后，磁带上的剩余磁化图像就反映了输入信号的情况。

图 3-31 反映了磁带上的磁化过程。a-b-c-d 是磁滞回线，c-O-a 是磁化曲线。磁场强度 H 和信号电流成正比。当磁场强度为 H_2 时，磁极下工作间隙内磁带表层的磁感应强度为 B_2。当磁带离开工作间隙，外磁场去除，磁感应强度沿着磁滞回线到 B_{r2}，这就是在与信号电流相对应的外磁场强度 H_2 下磁化后的剩磁感应强度。

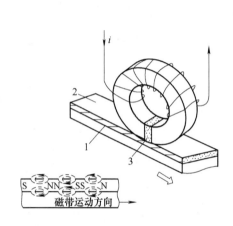

图 3-30 磁带和磁头
1—塑料带基 2—磁性涂层 3—工作间隙

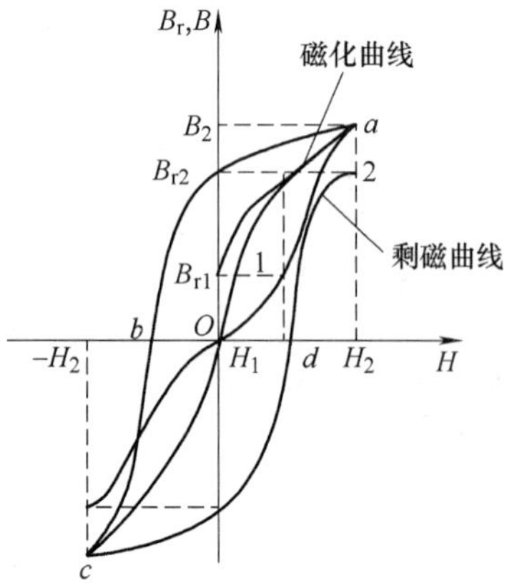

图 3-31 磁带磁化过程和剩磁曲线

（2）重放过程 与记录过程相反，当初被磁化的磁带经过重放磁头时，磁带上剩磁小磁畴的磁力线便通过磁极和铁心形成回路。因为磁带不断移动，铁心中的磁通也不断变化，在线圈绕组中就感应出电动势，且感应电动势和磁通 ϕ 的变化率成正比，即

$$e = N \frac{\mathrm{d}\Phi}{\mathrm{d}t} \qquad (3\text{-}38)$$

式中 N——线圈匝数。

由于磁通 ϕ 和磁带剩余磁感应强度成正比，也即和记录时的信号电流有关，因此重放时线圈电压输出也与信号电流的微分有关。如信号电流为 $I_0\sin\omega t$，输出电压应为 $-I_0\cos\omega t$，也即 $I_0\omega\sin\left(\omega t - \dfrac{\pi}{2}\right)$ 的形式。

（3）抹磁 磁带存贮的信息可以消除。把"消去磁头"通入高频大电流（100mA 以上）。如果信号电流在磁带上的记录波长 λ 远小于磁头工作间隙 d，则磁带上的一个微段在行经工作间隙时就受到正、反方向多次反复磁化。当这微段逐渐离开工作间隙时，高频磁场强度逐渐减弱，微段磁带上的剩磁减弱，直至不再呈磁性。

3.5.2 光线示波器

光线示波器是一种由光学、机械、磁、电系统综合组成的通用记录仪器。它利用磁电式振子将输入的电流信号转换成光点的横向移动，然后在等速移动的感光纸上将被测信号记录下来。

图 3-32 为光线示波器的工作原理图，它由振动子系统、光学系统、记录纸传动系统以及电气系统组成。振动子系统包括振子、磁系统和恒温装置。目前光线示波器都采用共磁式动圈振子，即许多振子插入一个公共的磁系统中。磁系统上还有调节振子俯仰角和水平位置转角的调节装置，以使振子得到最佳位置。为了保证振子的动态特性不受或少受环境温度的影响，磁系统上还装有自动控制的电热器，以保证振子处于恒温($45℃ \pm 5℃$)环境中。振子本身有张丝、支撑、反射镜、线圈、弹簧等组成。反射镜粘结在张丝上，当电流流经线圈时，线圈在磁场中受到

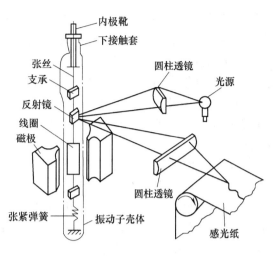

图 3-32　光线示波器工作原理图

电磁转矩的作用，带着镜子一起转动，由光源射到反射镜的光束被反射到感光纸上，形成光点。该光点随反射镜转动而在感光纸上产生横向偏移，于是在等速移动的感光纸上就描绘出波形，该波形表达了被测信号与时间的关系。

3.5.3　磁光盘记录器

随着计算机的迅速发展，以旋转的圆盘状介质进行磁记录和重放的磁盘记录器得到了广泛应用。磁盘记录的工作原理与磁带记录类似，在应用时各具特色，从进行随机存取的时间来看，以磁盘为佳。

磁盘记录器目前大都用于计算机以及与之相关的仪器设备中，如数字式示波器、数码照相机等。从构造来看，磁盘可以分为"硬磁盘"和"软磁盘"两大类，简称硬盘和软盘以及光盘存储器。

1. 硬盘

现在绝大多数硬磁盘在结构上都是温彻斯特(Winchester)盘，所以有时硬盘驱动器又称为温盘驱动器，简称硬盘或温盘。从 1973 年 IBM 生产出第一块温氏硬盘以来，硬磁盘基本都采用了温彻斯特技术，该技术的核心是磁盘片被密封、固定并且高速旋转，磁头悬浮于盘片上方并沿磁盘径向移动，但不和盘片接触。

硬盘存储器主要由磁头、盘片、硬盘驱动器和读/写控制电路组成。盘片用铝合金或玻璃等材料制成，其表面涂有磁性材料。硬盘存储器按磁头和盘片结构不同分为固定磁头硬盘、活动磁头固定盘片硬盘以及活动可换盘片硬盘等；按盘片数量不同可分为单片式和多片组合式，多片组合式中有 2 片、8 片、12 片等。盘片直径有 14in、8in、5.25in、3.5in 和 2.5in(1in = 2.54cm) 等。存储容量从几兆字节到数百吉字节。磁盘的转速有 12000r/min、7200r/min、5400r/min 等多种，并朝着越来越快的方向发展。

硬盘工作时，盘片以高速旋转，通过浮在盘面上的磁头记录或读取信息。盘面上磁头下的一条圆周轨迹称为一条磁道，数据信息就记录在磁道上。盘面上全部磁道从外缘向圆心方向编号，每条磁道可分为若干段，每一段称为一个扇段，同一区域的扇段组成扇区。

硬盘的工作过程从查找开始,驱动机构把磁头定位到目标磁道上,等待目标段转到磁头下,然后进行读/写操作。写入时,数据经编码电路变换成相应的写电流,送到磁头写线圈,磁化盘面上的表面磁层,形成一个微小的磁化单元。读出时,磁化单元高速经过磁头,在磁头读线圈中感应出电压信号,经放大、整形和选通后输出。当硬盘接到一个系统读取数据指令后,磁头根据给出的地址,首先按磁道号产生驱动信号进行定位,然后再通过盘片的转动找到具体的扇区(所耗费的时间即为寻道时间),最后由磁头读取指定位置的信息,并传送到硬盘自带的缓存中。在缓存中的数据可以通过硬盘接口与外界进行数据交换。

硬盘的性能主要由它的技术参数决定,如数据传输率、平均寻道时间、硬盘接口类型等,最能说明硬盘速度的两个常数是数据传输率和平均寻道时间。而实际上真正影响硬盘速度的是硬盘的另外两个指标,主轴电机转速和缓存容量。硬磁盘的接口方式直接决定硬磁盘的性能。常见的接口有 IDE(Integrated Drive Electronics)和 SCSI(Small Computer System Interface)两种,此外还有一些移动硬盘采用了 PCMCIA 或 USB 接口。IDE 接口由美国国家标准协会(ATA)制定标准,所以又称 ATA 接口。SCSI 接口并不是专为硬磁盘设计的,它是一种总线型接口。由于独立于系统总线工作,所以它的最大优势在于其系统占用率极低。但由于其昂贵的价格,这种接口的硬盘大多用于服务器等高端应用场合。

2. 软盘

软盘按盘片直径分类主要有 2.5in、3.5in、5.25in 和 8in 等。常用的是 3.5in 磁盘。其存储容量有 720KB、1.44MB 和 2.88MB 三种。软盘盘片是一种圆形盘片,以软质的聚酯塑料薄片为载体,涂敷氧化铁磁性材料作为记录介质。其存储面有单面和双面之分,信息存储密度分为单密度和双密度。

为了防止磁面受损并保持一定的清洁度,盘片被永久地封装在一个黑色保护套内。保护套的正面除有商标和规格外,有用于读、写的磁头读写槽,有便于盘片与电机相连的驱动孔,以及可以对软盘进行磁道起点定位的索引孔。另外还有一个是写保护口。若用专用的保护胶纸封住写保护口后,只能从盘中读出信息,而不能将信息写入磁盘,起到了保护盘中的信息的作用。

软盘存放时不可重压,应远离磁场,避免热源,不可用手触摸读写槽,使用温度一般为 10~30℃,否则会影响软盘的正常工作和使用寿命,甚至损坏。

3. 光盘存储器

随着人们对信息需求量的与日俱增,需有新型数据储存技术,以采集和处理大规模的信息资料。作为大容量的固定存储器,不仅造价较高,且不便于携带。而早期的软盘作为便携式存储器,其容量又太小,不能适应现代的信息量,这使得光盘存储器应运而生。

常见的光盘存储器是 CD-ROM。目前有只读光盘(CD-R)、只写一次光盘(Write Once Read Many)、可读写光盘(Rewritable)等几种。其工作原理是把被记录信息经过数字化处理后,变成了"0"与"1",其对应在光盘上就是沿着盘面螺旋形状的信息轨道上的一系列凹点(Pits)和平面(Lands)。所有的凹点都具有相同的深度和长度,其深度约为 0.11~0.13μm,宽度约为 0.4~0.5μm,而激光光束能在 1μs 内从 1μm² 的面积内获得清晰的反射信号。一张 CD 光盘上大约有 28 亿个这样的光点,当激光映射到盘片上时,如果是照在平面上就会有 70%~80% 的激光被反射回来，如果照在凹点上就无法反射回激光，根据其反射回激光的状况，光盘驱动器将其解读为 "0" 或 "1" 的数字编码。

光盘基片材料一般采用聚甲基-丙烯酸甲脂(PMMA)，它是一种耐热性较强的有机玻璃，具有极好的光学和力学性能。目前基片的尺寸主要是 5.25in，另外还有 3.5in，8in 和 12in 等几种直径，通常厚度为 1.1~1.5mm。

光盘的记录介质分为不能重写的一次性介质和能重写的可擦式介质两大类。只读光盘使用的是不能重写的一次性介质，材料一般为光刻胶，其记录方式为用氩离子激光器等对其进行灼烧记录。

3.5.4　现代记录方式

传统的记录仪器是将被测信号记录在纸质介质上，频率响应差、分辨率低、记录长度受物理载体限制，而且需要用手工方式进行后续处理，有很多不便之处。目前信号的记录方式已趋向于数据采集仪器和在以计算机内插入 A/D 卡的形式进行信号记录。

1. 数据采集仪器进行信号记录

用数据采集仪器进行信号记录有如下的优点：

1）具有高性能的 A/D 转换板卡。

2）具有良好的信号输入前端。

3）具有大容量的存储器。

4）具有专用的数字信号分析与处理软件。

2. 在计算机内插入 A/D 卡进行数据采集和记录

利用计算机的硬件资源，如总线、机箱、电源、存储器和系统软件等，借助于插入微机或工控机内的 A/D 卡与数据采集软件相结合，完成记录任务。

3. 仪器前端直接实现数据采集与记录

在仪器的前端含有 DSP 模块，可用于实现采集控制，并将经过 A/D 转换的信号直接送入前端的存储器，进行存储，再通过接口母线由计算机调出实现后续的信号处理和显示。

思考题与习题

3-1　用阻值 $R = 120\Omega$、灵敏度 $S_g = 2$ 的电阻丝应变片与阻值为 120Ω 的固定电阻组成电桥，输入端电压为 3V，假定负载为无穷大，当应变片的应变值分别为 $3\mu\varepsilon$ 和 $3000\mu\varepsilon$ 时，分别求出单臂、双臂电桥的输出电压值。

3-2　用灵敏度为 $S_g = 2$ 的电阻应变片组成单臂电桥测量构件的应变，已知电桥激励电压为 $u_0 = 8\sin10000t$，应变的变化规律为 $\varepsilon(t) = 10\cos10t + 4\cos100t$，试求电桥输出信号的频谱，并画出频谱图。

3-3　在电桥的工作桥臂上，如果采用串联或者并联的方式增加电阻应变片的个数，能否提高电桥的灵敏度？为什么？

3-4　什么是调制？调制的目的是什么？

3-5　调幅波是否可以看作是载波与调制信号的叠加？为什么？

3-6　已知调幅波 $x(t) = (200 + 20\cos2\pi f_1 t + 30\cos5\pi f_1 t)(\cos2\pi f_c t)$，其中 $f_c = 10\text{kHz}$，$f_1 = 500\text{Hz}$。试求所包含的各分量的频率和幅值。

3-7 调频信号与调幅信号有何相同之处？有何不同之处？

3-8 低通、高通、带通、带阻滤波器各有什么特点？画出它们的理想幅频特性图。

3-9 什么是滤波器的品质因数？它与滤波器的频率分辨力有何关系？

3-10 为什么将两个中心频率相同的滤波器串联后，滤波器的选择性变好，但相移增加？

3-11 用磁带记录仪对信号进行快录慢放时，输出信号频谱的带宽将(　　)。

A. 变窄，幅值降低；B. 变窄，幅值增高；C. 扩展，幅值降低；D. 扩展，幅值增高

3-12 简述光线示波器的工作原理。

第 4 章   测试系统的特性

测试是具有试验性质的测量，包含测量和试验的全过程。测试的目的不仅在于确定所研究对象的量值，更多的是为了解决科研生产的实际问题，是具有一定探索性的试验研究过程。在这一过程中，必须借助于专门的设备——测试系统，只有正确选择测试系统，通过合适的实验方法和必要的数学处理方法，才能得到较为准确的测试结果，为此必须了解测试系统的特性。

测试系统的特性是指系统的输入信号与输出信号的关系。测试系统能否正确地完成预定的测试任务，主要取决于所选择系统的本身特性。当输入信号不随时间变化时，系统输入与输出的关系称为测试系统的静态特性；当输入信号随时间变化时，系统输入与输出的关系称为测试系统的动态特性。

4.1   概述

典型的测试系统主要由传感器、信号调理电路、数据处理设备以及显示仪表等部分组成。需要指出的是，当测试目的、要求不同时，测试系统的差别很大。简单的温度测试系统是一个液柱式温度计，也可以是较完整的动刚度测试系统，不仅包括测试系统中的各组成环节，而且各环节设备比较复杂。本章中所称的测试系统，既可能是上述含义下所构成的一个复杂测试系统，也可以是该测试系统中的各组成环节，如传感器、放大器、显示器，甚至一个简单的 RC 滤波器等。

4.1.1   测试系统的基本要求

工程测试中的问题通常是处理输入量 $x(t)$、系统的传输或转换特性 $h(t)$ 和输出量 $y(t)$ 三者之间的关系，如图 4-1 所示。理想的测试系统应该具有单值的、确定的输入输出关系。

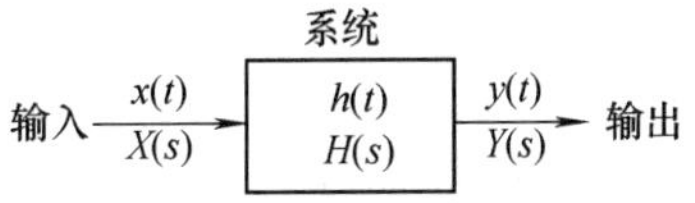

对于每一个输入量，系统都有一个单一的输出量与之一一对应，知道其中一个量就可以确定另一个量，并且以输出和输入呈线性关系为最佳。在静态测量中，测试系统的这种线性关系虽然总是所希望的，但不是必须的，因为用曲线校正或用输出补偿技术作非线性校正并不困难。在动态测量中，测试系统本身应力求是线性系统。虽然目前对线性系统能作比较完善的数学处理与分析，但在动态测试中作线性校正还相当困难或不经济。对相当多的实际测试系统，由于不可能在较大的工作范围内完全保持线性，因此只能限制在一定工作范围和一定误差允许范围内近似地做线性系统处理。

图 4-1   系统、输入和输出之间的关系

4.1.2   线性系统及其主要性质

线性系统的输入 $x(t)$ 和输出 $y(t)$ 之间可用下列微分方程来描述

$$a_n \frac{\mathrm{d}^n y(t)}{\mathrm{d}t^n} + a_{n-1} \frac{\mathrm{d}^{n-1} y(t)}{\mathrm{d}t^{n-1}} + \cdots + a_1 \frac{\mathrm{d}y(t)}{\mathrm{d}t} + a_0 y(t)$$

$$= b_m \frac{\mathrm{d}^m x(t)}{\mathrm{d}t^m} + b_{m-1} \frac{\mathrm{d}^{m-1} x(t)}{\mathrm{d}t^{m-1}} + \cdots + b_1 \frac{\mathrm{d}x(t)}{\mathrm{d}t} + b_0 x(t) \tag{4-1}$$

若系数 $a_n, a_{n-1}, \cdots, a_1, a_0$ 和 $b_m, b_{m-1}, \cdots, b_1, b_0$ 均为常数，该方程就是常系数线性微分方程，所描述的是时不变（常系数）线性系统。若系数是时变的，即 $a_n, a_{n-1}, \cdots,$ $b_m, b_{m-1} \cdots$ 均为时间 t 的函数，则称为时变系统。严格地说，很多物理系统都是时变的，例如弹性材料的弹性模量、电子元件的电阻和电容、半导体管的特性曲线都受温度的影响，而环境温度是一个随时间而缓慢变化的时变量。但实际工程中，常可以以足够的精度把多数物理系统中的系数 $a_n, a_{n-1}, \cdots, b_m, b_{m-1} \cdots$ 看作是时不变的常数，即把时变系统作为线性时不变系统处理。本章讨论仅限于时不变线性系统。

若以 $x(t) \to y(t)$ 表示测试系统的输入与输出对应关系，则线性时不变系统具有以下主要性质。

1. 叠加性

若 $x_1(t) \to y_1(t)$，$x_2(t) \to y_2(t)$，则

$$[x_1(t) \pm x_2(t)] \to [y_1(t) \pm y_2(t)] \tag{4-2}$$

即两个输入量共同作用引起的输出量等同于它们分别作用引起的输出量的代数和。

2. 比例性

对于任意常数 c 都有

$$cx(t) \to cy(t) \tag{4-3}$$

即输入量放大 c 常数倍，则输出量等同于该输入量引起的输出量的 c 常数倍。

3. 微分性

系统对输入量微分的响应，等同于对原输入量响应的微分，即

$$\frac{\mathrm{d}x(t)}{\mathrm{d}t} \to \frac{\mathrm{d}y(t)}{\mathrm{d}t} \tag{4-4}$$

4. 积分性

若系统的初始状态为零，则系统对输入量积分的响应，等同于对原输入量响应的积分，即

$$\int_0^t x(t)\,\mathrm{d}t \to \int_0^t y(t)\,\mathrm{d}t \tag{4-5}$$

如已测得某物振动加速度的响应函数，可利用积分特性作数学运算，求得该系统的速度或位移的响应函数。

5. 频率保持性

若输入为某一频率的正弦（或余弦）信号，则系统的稳态输出有且只有该同一频率，但幅值与相位发生了变化，即

$$x_0 \sin\omega t \to y_0 \sin(\omega t + \varphi) \tag{4-6}$$

线性系统的这些主要性质，特别是频率保持性和叠加性，在动态测试中具有重要作用。例如已知系统是线性的，其输入信号的频率已知（如稳态正弦激振），则所测得信号中只有与输入信号频率相同的成分才可能是由该输入引起的振动，其他频率成分都是噪声（干扰）。利用这一性质，采用相应的滤波技术，即使在很强的噪声干扰下也能把有用的频率成分提取

出来。再如，当输入信号包含多种频率成分时，对应的输出应等于组成输入信号的各频率成分分别输入到该测试系统时所引起的输出信号的叠加。

4.2　测试系统的静态特性

测试系统的静态特性是指在静态测量情况下激励与响应稳定值之间的关系。在静态测试中，由于输入和输出都不随时间而变化或变化极慢（在所观察的时间内可忽略其变化），则式（4-1）中各微分项均为零，该式变为

$$y = \frac{b_0}{a_0}x \tag{4-7}$$

由此可见，静态特性是动态特性的一个特例，即输入频率为零。

测试系统的静态特性参数主要有线性度、灵敏度和重复性误差，此外还有漂移、回程误差等。

4.2.1　线性度

线性度是指测试系统的实际输出与输入之间能否像理想系统那样保持常值比例关系（线性关系）的一种度量。在静态测量中，通常用实验的方法求取系统的输出与输入关系曲线，称为标定曲线，标定曲线与拟合直线的接近程度称为线性度。如图4-2所示，线性度用标定曲线与拟合直线的最大偏差 B 与满量程输出值 A 的百分比表示，即

$$\delta_l = \frac{B}{A} \times 100\% \tag{4-8}$$

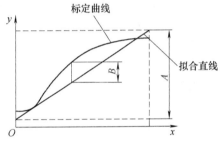

图4-2　线性度

拟合直线的确定常用端点连线法、平均法和最小二乘法。端点连线法就是最小与最大数据值的连线。平均法确定拟合直线的实质是选择合适的系数，使标定曲线与拟合直线偏差的代数和为零。最小二乘法确定拟合直线的实质是选择合适的系数，使标定曲线与拟合直线偏差的平方和为最小。由于偏差的平方均为正值，因此若偏差的平方和为最小，则意味着拟合直线与整个实验数据的偏离程度最小。

用不同方法得到的拟合直线是不同的，计算的线性度也有所不同。平均法计算简单，但对实验数据的统计规律考虑不足，仅能作粗略估计之用。较为重要的实验数据通常选用最小二乘法确定拟合直线方程。

4.2.2　灵敏度

灵敏度是测试系统对被测量变化的反应能力，是反映系统特性的一个基本参数。当系统输入 x 有一个变化量 Δx 时，引起输出 y 也发生相应的变化量 Δy，输出变化量与输入变化量之比称为灵敏度，用 S 表示，即

$$S = \frac{\Delta y}{\Delta x}$$

在静态测量中，对于呈直线关系的线性系统，如图4-3a所示，由式(4-7)得

$$S = \frac{\Delta y}{\Delta x} = \frac{b_0}{a_0} = k \tag{4-9}$$

式中　k——拟合直线的斜率。

非线性系统的灵敏度是该系统特性曲线的斜率，如图4-3b所示。

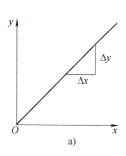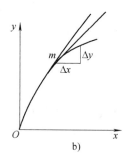

图4-3　静态灵敏度的测量

a）线性系统　b）非线性系统

灵敏度的量纲为输出量的量纲与输入量的量纲之比。例如，位移传感器的被测位移的单位是mm，输出量的单位是mV，因此位移传感器的灵敏度单位是mV/mm。有些仪器的灵敏度表示方法和定义相反，例如，记录仪及示波器的灵敏度常表示为V/cm，而不是cm/V。若测量仪器的激励与响应为同一形式的物理量（例如电压放大器），则常用"增益"来取代灵敏度。

上述定义与表示方法都是指绝对灵敏度。灵敏度还可表示为相对灵敏度。相对灵敏度S_r的定义为

$$S_r = \frac{\Delta y}{\Delta x/x} \tag{4-10}$$

式中　Δy——输出量的变化；

　　　$\Delta x/x$——输入量的相对变化。

在实际测量中，由于被测量的变化有大有小，因此在要求相同的测量精度条件下，被测量越小，则所要求的绝对灵敏度就越高。若此时用相对灵敏度表示，则不管被测量的大小如何，只要相对灵敏度相同，测量精度也相同。

如果测试系统由多个环节组成，则总的灵敏度等于各个环节灵敏度的乘积。

需要注意的是，灵敏度越高，测量范围越窄，系统稳定性越差。

4.2.3　回程误差

回程误差亦称为滞后量、滞后或迟滞。它表征测量系统在全量程范围内，同一输入量由小增大（正行程），又由大减小（反行程）时，输出量的不同，即表征两者静态特性不一致的程度。如图4-4所示，在全量程范围内，滞后量用最大输出差值H与满量程输出值A的百分比表示，即

$$h = \frac{H}{A} \times 100\% \tag{4-11}$$

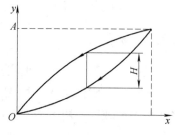

图4-4　滞后量

滞后量包括了一般的滞后现象和仪器的不工作区（或称死区）。例如压电材料中的迟滞现象和弹性材料的迟滞现象都将产生滞后现象。不工作区是输入变化对输出无影响的范围，如放大器的零漂、机械设备中的摩擦力和游隙都是不工作区存在的主要原因。

4.2.4 重复性

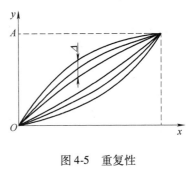

重复性表示测量系统在同一工作条件下，输入量按同一方向变化时，在全量程范围内重复进行测量时所得到的各特性曲线的重合程度，如图4-5所示。一般采用输出最大不重合误差 Δ 与满量程输出值 A 的百分比来表示，即

$$\delta_r = \frac{\Delta}{A} \times 100\% \qquad (4-12)$$

图4-5 重复性

重复性反映测试系统随机误差的大小。

要使测量结果准确可靠，就应要求测试系统的线性度好、灵敏度高、滞后量和重复性误差小。实际上，线性度是一项综合性参数，滞后量和重复性都能反映在线性度上。因此，有关滞后量和重复性在动态测量中的频率特性一般不再做详细分析。

为了确定上述静态特性参数，通常用静态标准量作为输入，用实验方法测出对应的输出量，这一过程称为静态标定。然后根据静态标定实验数据求出拟合直线方程，并计算出各测得值与理论估计值（由拟合直线方程计算得到）之间的偏差，即可求出静态特性参数值。

4.2.5 漂移

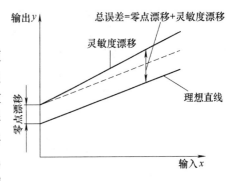

漂移是指当测量系统的激励不变时，响应量随时间的变化趋势。漂移表示仪器的不稳定性。产生漂移的原因主要有两方面，一是仪器自身结构参数的变化，二是外界工作环境参数的变化对响应的影响。随着这两方面的变化，仪器的零点和灵敏度将会发生漂移，相应称之为零点漂移和灵敏度漂移。漂移总误差为二者之和，如图4-6所示。最常见的漂移问题是温漂，即由于外界工作温度的变化而引起的输出的变化。

图4-6 零点漂移和灵敏度漂移

4.3 测试系统的动态特性

测试系统的动态特性是指当被测输入量变化较快时，输入与响应输出之间动态关系的数学描述。

静态信号测量时，由于被测信号不随时间变化，测量和记录过程不受时间限制，因此对线性测试系统来说，输出-输入特性是一条直线。在实际工程测试中，被测信号大都为动态信号，测试系统不仅要准确地测量动态信号的幅值，而且还要测量和记录动态信号变化过程的波形。

一个动态特性好的测试系统，其输出随时间变化的规律(变化曲线)应能同时再现输入随时间变化的规律(变化曲线)，即具有相同的时间函数。但实际上除了具有理想的比例特性外，输出信号不会与输入信号具有完全相同的时间函数，这种输出与输入的差异就是动态误差。

前面已经指出，通常用式(4-1)来描述输出 $y(t)$ 和输入 $x(t)$ 之间的关系。对于时不变线性系统，该常系数线性微分方程是在时域中描述测试系统的动态特性。由于用经典法求解该微分方程比较困难，因此，需要通过拉普拉斯变换(Laplace 变换，以下简称拉氏变换)建立相应的传递函数，再通过傅里叶(Fourier)变换建立与其相应的频率特性函数，这样把时域中的微分方程变换成频域中的代数方程，不仅易于求解，而且更能简便有效地描述测试系统的动态特性。

4.3.1 传递函数

对于时不变线性系统，如果 $x(t)$ 是时间变量 t 的函数，并且在初始条件 $t \leqslant 0$ 时 $x(t) = 0$，则它的拉氏变换定义为

$$L[x(t)] = \int_0^\infty x(t) e^{-st} dt = X(s) \tag{4-13}$$

由此可得 $x(t) n$ 阶微分的拉氏变换为

$$L\left[\frac{d^n x(t)}{dt^n}\right] = \int_0^\infty \frac{d^n x(t)}{dt^n} e^{-st} dt = s^n X(s) \tag{4-14}$$

式中 s——复变量，$s = \sigma + j\omega$，且 $\sigma > 0$。

当系统的初始条件为零，即在考察时刻($t = 0$)前，输出、输入量以及各阶微分都为零，对式(4-1)进行拉氏变换，可得

$$(a_n s^n + a_{n-1} s^{n-1} + \cdots + a_1 s + a_0) Y(s) = (b_m s^m + b_{m-1} s^{m-1} + \cdots + b_1 s + b_0) X(s)$$

线性系统的传递函数定义为：在零初始条件下，系统输出量拉氏变换与输入量拉氏变换之比，即

$$H(s) = \frac{Y(s)}{X(s)} = \frac{b_m s^m + b_{m-1} s^{m-1} + \cdots + b_1 s + b_0}{a_n s^n + a_{n-1} s^{n-1} + \cdots + a_1 s + a_0} \tag{4-15}$$

传递函数为复变量 s 的函数。一般测量装置总是稳定系统，即 $n > m$，分母中 s 的最高阶数为 n，则称该系统为 n 阶测试系统。

1. 传递函数的特点

传递函数与输入无关，即不因 $x(t)$ 的不同而异。传递函数只反映测试系统的特性，所描述的测试系统对任一具体的输入 $x(t)$ 都确定地给出了相应的输出 $y(t)$。

传递函数是把实际物理系统，即式(4-1)所表示的微分方程，抽象成数学模型，因此只反映测试系统的传输、转换和响应特性，而与具体的物理结构无关。同一形式的传递函数可以表征完全不同的物理系统，例如液柱式温度计和简单的 RC 低通滤波器具有相似的一阶测试系统传递函数，动圈式仪表和简单的弹簧、质量、阻尼系统具有相似的二阶测试系统传递函数。

传递函数的分母取决于测试系统的结构，分子则和输入点的位置、输入方式、所测变量以及测点布置情况有关。

2. 复杂测试系统的传递函数

实际的测试系统往往由若干个环节通过串联或反馈方式所组成，如图 4-7 所示。图 4-7a 为两个环节串联组成的测试系统，其传递函数为

$$H(s) = \frac{Y(s)}{X(s)} = \frac{Z(s)}{X(s)} \frac{Y(s)}{Z(s)} = H_1(s) H_2(s) \tag{4-16}$$

类似地，对 n 个环节串联组成的测试系统，则有

$$H(s) = \prod_{i=1}^{n} H_i(s) \tag{4-17}$$

若两个环节并联，如图 4-7b 所示，则因

$$Y(s) = Y_1(s) + Y_2(s)$$

而有

$$H(s) = \frac{Y(s)}{X(s)} = \frac{Y_1(s) + Y_2(s)}{X(s)} = H_1(s) + H_2(s) \tag{4-18}$$

由 n 个环节并联组成的系统，有

$$H(s) = \sum_{i=1}^{n} H_i(s) \tag{4-19}$$

图 4-8 为闭环反馈测试系统，其传递函数为

$$H(s) = \frac{H_1(s)}{1 \pm H_1(s) H_2(s)} \tag{4-20}$$

式中，负反馈取"+"号，正反馈取"-"号。

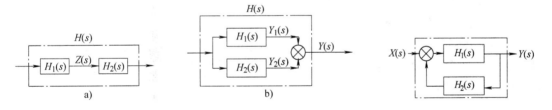

图 4-7　两个环节组成的串、并联测试系统　　　　图 4-8　闭环反馈测试系统
a）串联　b）并联

4.3.2　测试系统的频率特性

测试系统的频率响应是系统对正弦信号输入的稳态响应，当由低到高改变正弦输入信号的频率时，输出与输入的幅值比及相位差的变化称为测试系统的频率特性。把 $s = j\omega$ 代入式 (4-13)可得到

$$X(j\omega) = \int_0^\infty x(t) e^{-j\omega t} dt$$

这是单边傅里叶变换，相应的式(4-15)变为

$$H(j\omega) = \frac{Y(j\omega)}{X(j\omega)} = \frac{b_m (j\omega)^m + b_{m-1}(j\omega)^{m-1} + \cdots + b_1(j\omega) + b_0}{a_n (j\omega)^n + a_{n-1}(j\omega)^{n-1} + \cdots + a_1(j\omega) + a_0} \tag{4-21}$$

$H(j\omega)$ 即为测试系统的频率特性。显然，频率特性是传递函数的一个特例。

测试系统的响应由瞬态响应和稳态响应两部分组成。瞬态响应取决于测试系统的结构参

数，是测试系统固有特性的"自然响应"。稳态响应取决于输入信号的形式，由于测试系统中存在阻尼，因此瞬态响应要经过一段过渡过程后趋于零。

频率特性可反映测试系统的稳态响应，是传递函数在特定输入下的描述。但是频率特性不能反映过渡过程，传递函数可反映响应的全过程。

对于稳定的常系数线性系统，若输入为正弦信号，则稳态响应是与输入同一频率的正弦信号，输出的幅值和相位不等于输入的幅值和相位。输出与输入的幅值比和相位差是输入信号频率的函数，反映在频率特性的模和相角上。

由于频率特性是复数，则有

$$H(j\omega) = P(\omega) + jQ(\omega) \tag{4-22}$$

即

$$H(j\omega) = A(\omega) e^{j\varphi(\omega)} \tag{4-23}$$

其中

$$A(\omega) = |H(j\omega)| = \sqrt{P^2(\omega) + Q^2(\omega)} \tag{4-24}$$

$$\varphi(\omega) = \angle H(j\omega) = \arctan \frac{Q(\omega)}{P(\omega)} \tag{4-25}$$

$A(\omega)$ 称为测试系统的幅频特性函数，$\varphi(\omega)$ 称为测试系统的相频特性函数，即当测试系统输入不同频率的正弦信号时，输出与输入的幅值比和相位差。据此画出的 $A(\omega) - \omega$ 曲线和 $\varphi(\omega) - \omega$ 曲线分别称为测试系统的幅频特性曲线和相频特性曲线。

4.3.3 一阶、二阶测试系统的动态特性

1. 一阶测试系统的动态特性

图 4-9 为典型的一阶测试系统。其中图 4-9a 是由弹簧、阻尼器组成的机械系统，$x(t)$ 为输入位移量，$y(t)$ 为输出位移量。通常阻尼力 F_b 与运动速度成正比，作用力 F_a 与弹簧刚度及位移成正比，即

$$F_a = k[x(t) - y(t)]$$

$$F_b = c \frac{dy(t)}{dt}$$

式中　k——弹簧刚度系数；

　　　c——阻尼系数。

根据力的平衡条件 $\sum F_i = 0$，可得

$$c \frac{dy(t)}{dt} + ky(t) = kx(t) \tag{4-26}$$

图 4-9b 是一个常见的 RC 低通滤波器电路。输出电压 $y_u(t)$ 与输入电压 $x_u(t)$ 之间关系为

$$x_u(t) = iR + y_u(t)$$

由于

$$i = C \frac{dy_u(t)}{dt}$$

所以有

$$RC \frac{\mathrm{d}y_u(t)}{\mathrm{d}t} + y_u(t) = x_u(t) \tag{4-27}$$

对于图 4-9c 所示的液柱式温度计，若 $T_i(t)$ 表示被测温度，$T_o(t)$ 表示示值温度，c 表示热容量，α 表示传热系数，根据热力学定律，它们之间关系为

$$c \frac{\mathrm{d}T_o(t)}{\mathrm{d}t} = \alpha \left[T_i(t) - T_o(t) \right]$$

即

$$\frac{c}{\alpha} \frac{\mathrm{d}T_o(t)}{\mathrm{d}t} + T_o(t) = T_i(t) \tag{4-28}$$

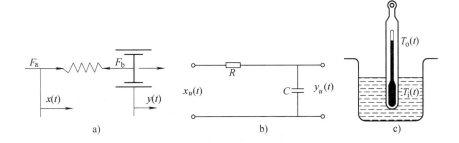

图 4-9 典型的一阶测试系统

a）弹簧阻尼系统 b）RC 低通滤波器 c）液柱式温度计

上述所列举的三个测试系统，虽然分别属于力学、电学、热学范畴，但其输出与输入的关系都可以用一阶微分方程描述，均属于一阶测试系统。

式(4-26)、式(4-27)、式(4-28)与式(4-1)相比较，可写成如下一般形式

$$a_1 \frac{\mathrm{d}y(t)}{\mathrm{d}t} + a_0 y(t) = b_0 x(t) \tag{4-29}$$

式中 a_1、a_0、b_0——由测试系统特性确定的常数。

将式(4-29)归一化，即

$$\tau \frac{\mathrm{d}y(t)}{\mathrm{d}t} + y(t) = Sx(t) \tag{4-30}$$

式中 τ——测试系统的时间常数，$\tau = a_1/a_0$；

S——测试系统的灵敏度，$S = b_0/a_0$。

对于时不变线性系统，$S = b_0/a_0$ 为常数。在动态特性分析中，灵敏度为"增益"。为方便起见，灵敏度 $S = 1$。这样，对式(4-30)求拉氏变换，可得一阶测试系统的传递函数为

$$H(s) = \frac{Y(s)}{X(s)} = \frac{1}{1 + \tau s} \tag{4-31}$$

频率特性为

$$H(\mathrm{j}\omega) = \frac{Y(\mathrm{j}\omega)}{X(\mathrm{j}\omega)} = \frac{1}{1 + \mathrm{j}\omega\tau} \tag{4-32}$$

幅频特性函数和相频特性函数分别为

$$A(\omega) = \frac{1}{\sqrt{1 + (\omega\tau)^2}} \tag{4-33}$$

$$\varphi(\omega) = -\arctan(\omega\tau) \tag{4-34}$$

以无量纲系数 $\omega\tau$ 为横坐标，$A(\omega)$ 和 $\varphi(\omega)$ 为纵坐标，可得一阶测试系统的幅频特性曲线和相频特性曲线，如图 4-10 所示。

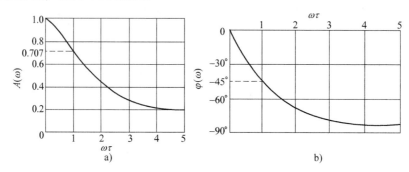

图 4-10　一阶测试系统的频率特性

a）幅频特性曲线　b）相频特性曲线

一个理想的测试系统，其输出应该是无滞后按比例地再现被测信号，即

$$A(\omega) = |H(j\omega)| = 1（常数）$$

$$\varphi(\omega) = \angle H(j\omega) = 0°$$

由此可得一阶测试系统的幅值误差和相位误差分别为

$$\Delta A(\omega) = 1 - \frac{1}{\sqrt{1 + (\omega\tau)}} \tag{4-35}$$

$$\Delta\varphi(\omega) = \arctan(\omega\tau) \tag{4-36}$$

由图 4-10 可以看出，在 $\omega\tau = 1$ 处，输出与输入幅值比降为 0.707，相位滞后 45°。当 $\omega\tau \ll 1$ 时，幅值比接近于 1，即当 $\omega\tau$ 很小时，测试系统接近于理想状态。此时即使时间常数 τ 值已确定，总可以找到一个角频率 ω 值，使得 $\omega\tau$ 足够小，即当被测信号角频率小于该 ω 值时，测量就足够准确。而要测量高频率信号时，则要求测试系统的 τ 值必须很小。因此说，一阶测试系统的动态特性参数是时间常数 τ，τ 决定了测试系统的频率范围。

2. 二阶测试系统的传递函数和频率特性

图 4-11 为典型的二阶测试系统。其中图 4-11a 所示的测力弹簧可简化为弹簧-质量-阻尼系统。当被测力 $x_f(t) = 0$ 时，可调整初始值使输出位移 $y(t) = 0$。若不计系统质量的影响，根据力平衡方程可得

$$m\frac{d^2 y(t)}{dt^2} + c\frac{dy(t)}{dt} + ky(t) = x_f(t) \tag{4-37}$$

式中　m——总等效质量；

　　　c——阻尼系数；

　　　k——弹簧刚度系数。

图 4-11b 为 LRC 振荡回路，输入电压 $x_u(t)$ 和输出电压 $y_u(t)$ 之间的关系为

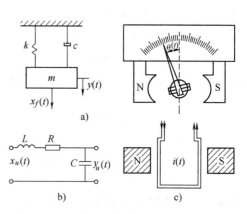

图 4-11　典型的二阶测试系统

a）测力弹簧　b）LRC 振荡回路　c）动圈式仪表

$$x_u(t) = L\frac{\mathrm{d}i}{\mathrm{d}t} + iR + y_u(t)$$

因为
$$i = C\frac{\mathrm{d}y_u(t)}{\mathrm{d}t}$$

所以
$$LC\frac{\mathrm{d}^2 y_u(t)}{\mathrm{d}t^2} + RC\frac{\mathrm{d}y_u(t)}{\mathrm{d}t} + y_u(t) = x_u(t) \tag{4-38}$$

图 4-11c 为动圈式测试仪表，电流 $i(t)$ 为输入信号，指针偏转角度 $\theta(t)$ 为输出信号。当动圈有电流流过时，线圈在磁场中受到电磁转矩 M_i 的作用，即

$$M_i = K_i i(t)$$

式中　K_i——电流灵敏度。

在电磁转矩作用下，测试仪表的可动部分发生偏转，产生惯性力矩 M_J、阻尼力矩 M_c 和弹簧刚度力矩 M_G，这些力矩之和与电磁转矩 M_i 相平衡，即

$$M_J + M_c + M_G = M_i$$

$$J\frac{\mathrm{d}^2\theta(t)}{\mathrm{d}t^2} + c\frac{\mathrm{d}\theta(t)}{\mathrm{d}t} + G\theta(t) = K_i i(t) \tag{4-39}$$

式中　J——可动部分的转动惯量；

　　　c——阻尼系数；

　　　G——游丝弹簧的刚度。

式(4-37)、式(4-38)、式(4-39)与式(4-1)相比较，可写成如下通式

$$a_2\frac{\mathrm{d}^2 y(t)}{\mathrm{d}t^2} + a_1\frac{\mathrm{d}y(t)}{\mathrm{d}t} + a_0 y(t) = b_0 x(t) \tag{4-40}$$

式中　a_2、a_1、a_0、b_0——由测试系统特性确定的常数。

把式(4-40)归一化，得

$$\frac{\mathrm{d}^2 y(t)}{\mathrm{d}t^2} + 2\xi\omega_n\frac{\mathrm{d}y(t)}{\mathrm{d}t} + \omega_n^2 y(t) = S\omega_n^2 x(t) \tag{4-41}$$

式中　ω_n——测试系统的固有频率，$\omega_n = \sqrt{a_0/a_2}$；

　　　ξ——测试系统的阻尼度系数，$\xi = \dfrac{a_1}{2\sqrt{a_0 a_2}}$；

　　　S——测试系统的灵敏度，$S = b_0/a_0$。

取灵敏度 $S = 1$，对式(4-41)求拉氏变换，可得二阶测试系统的传递函数为

$$H(s) = \frac{\omega_n^2}{s^2 + 2\xi\omega_n s + \omega_n^2} \tag{4-42}$$

相应的频率特性为

$$H(\mathrm{j}\omega) = \frac{1}{1 - \left(\dfrac{\omega}{\omega_n}\right)^2 + j2\xi\left(\dfrac{\omega}{\omega_n}\right)} \tag{4-43}$$

二阶测试系统的幅频特性函数和相频特性函数分别为

$$A(\omega) = \frac{1}{\sqrt{\left[1 - \left(\dfrac{\omega}{\omega_n}\right)^2\right]^2 + 4\xi^2\left(\dfrac{\omega}{\omega_n}\right)^2}} \tag{4-44}$$

$$\varphi(\omega) = -\arctan\frac{2\xi(\omega/\omega_n)}{1-(\omega/\omega_n)^2} \tag{4-45}$$

以相对角频率 ω/ω_n 为横坐标，$A(\omega)$ 和 $\varphi(\omega)$ 为纵坐标，可得二阶测试系统的幅频特性曲线和相频特性曲线，如图 4-12 所示。

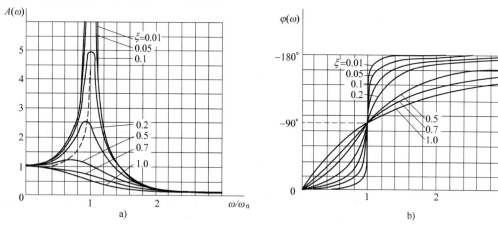

图 4-12　二阶测试系统的频率特性
a) 幅频特性曲线　b) 相频特性曲线

二阶测试系统的幅值误差和相位误差分别为

$$\Delta A(\omega) = 1 - \frac{1}{\sqrt{\left[1-\left(\dfrac{\omega}{\omega_n}\right)^2\right]^2 + 4\xi^2\left(\dfrac{\omega}{\omega_n}\right)^2}} \tag{4-46}$$

$$\Delta\varphi(\omega) = \arctan\frac{2\xi(\omega/\omega_n)}{1-(\omega/\omega_n)} \tag{4-47}$$

由图 4-12 可以看出，二阶测试系统固有频率 ω_n 的选择应和工作频率 ω 密切联系。当 $\omega/\omega_n = 1$ 时，系统引起共振，此时 $A(\omega) = 1/2\xi$。若阻尼系数 ξ 很小，则输出幅值急剧增大。此外，在 $\omega/\omega_n = 1$ 处，不管阻尼系数多大，输出相位总是滞后 90°。

当阻尼系数 $\xi = 0.7$ 左右时，幅频特性曲线平坦的范围较宽，增大固有频率 ω_n 将相应增大工作频率范围，因此通常称 $\xi = 0.7$ 为最佳阻尼。二阶测试系统实现相位滞后为零是很困难的，阻尼系数 $\xi = 0.7$ 时的相频特性曲线在较宽范围内近似于直线，这样的测试系统通常不会因相位差导致输出信号失真。

综上所述，二阶测试系统的动态特性参数为固有频率 ω_n 和阻尼系数 ξ。为减少失真，首先要选择测试系统固有频率，使 $\omega/\omega_n < 0.5$；其次当 ω/ω_n 已定的情况下，应选择合适的阻尼系数，工作频带宽的最佳阻尼系数为 $0.6 \sim 0.7$。

4.4　测试系统在典型输入下的瞬态响应

前面所讨论的都是测试系统对稳态正弦激励的响应。在讨论过程中曾指出，在正弦激励刚施加的一段时间内，测试系统的输出中含有自然响应，而自然响应是一种瞬态响应，它随时间的增大逐渐衰减为零。自然响应反映测试系统的固有特性，它和激励的初始施加方式有关，而和激励的稳态频率无关。

控制理论中指出，利用拉氏变换可以以代数方法解微分方程，所得到的解不仅包括稳态响应，而且包括瞬态响应。因此，如果测试系统的传递函数 $H(s)$ 已知，输入（激励）也可以用数学表达式 $x(t)$ 描述，那么就可以对激励函数求拉氏变换得 $X(s)$，由式(4-15)直接得到响应的拉氏变换 $Y(s)$，即

$$Y(s) = H(s)X(s) \tag{4-48}$$

然后对 $Y(s)$ 再求拉氏逆变换就可得到响应的时域描述，即 $y(t) = L^{-1}[Y(s)]$。所得到的解包括了测试系统响应的过渡过程。

由式(4-48)可知，为了求出 $Y(s)$，需要确定传递函数 $H(s)$ 的数学表达式。如果测试系统已建立了足够准确的模型，能写出其运动的微分方程，那么就可以直接求得传递函数 $H(s)$。但工程中的很多实际激励（输入）难以用解析式表达，因此也难以直接获得 $X(s)$ 的表达式。要研究测试系统的动态特性，就只有用测试系统对典型瞬变输入信号的响应来描述。

4.4.1 典型输入函数

通常采用的典型输入函数有单位阶跃函数 $u(t)$ 和单位脉冲函数 $\delta(t)$，如图 4-13 所示。系统对这些典型输入函数的响应称为测试系统的瞬态响应。

图 4-13a 所示的单位阶跃函数，其表达式为

$$u = \begin{cases} 0 & t < 0 \\ t & t \geqslant 0 \end{cases} \tag{4-49}$$

图 4-13b 所示的单位脉冲函数（又称为 δ 函数），其表达式为

$$\delta(t) = \begin{cases} \infty & t = 0 \\ 0 & t \neq 0 \end{cases} \tag{4-50}$$

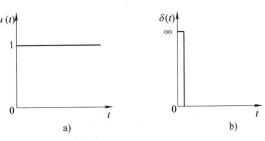

图 4-13　典型输入函数
a) 单位阶跃函数　b) 单位脉冲函数

由图 4-13 可以看出，单位阶跃函数与单位脉冲函数之间有如下微积分关系，即

$$\delta(t) = \frac{\mathrm{d}u(t)}{\mathrm{d}t}$$

根据线性系统的微分性和积分性，二者输入信号的响应之间也同样存在相应的微积分关系。因此，只要知道测试系统对其中一种典型输入信号的响应，就可以利用上述微积分关系求出另外一种典型输入信号的响应。

4.4.2 单位脉冲响应——权函数 $h(t)$

单位脉冲函数可以从原点移到任意点 t_0，这时 $\delta(t - t_0)$ 满足

$$\delta(t - t_0) = \begin{cases} \infty & t = t_0 \\ 0 & t \neq t_0 \end{cases}$$

和

$$\int_{-\infty}^{\infty} \delta(t - t_0) = 1$$

利用单位脉冲函数的采样性，即

$$\int_0^\infty f(t)\delta(t - t_0)\mathrm{d}t = f(t_0)$$

不难求出单位脉冲函数 $\delta(t)$ 的拉氏变换为

$$X_\delta(s) = L[\delta(t)] = \int_0^\infty \delta(t)\mathrm{e}^{-st}\mathrm{d}t = 1 \tag{4-51}$$

显然，在初始条件为零的情况下，将单位脉冲函数 $\delta(t)$ 输入到一个测试系统，利用式 (4-48) 可得其响应 $y_\delta(t)$ 的拉氏变换为

$$Y_\delta(s) = H(s)X_\delta(s) = H(s)$$

传递函数 $H(s)$ 的拉氏逆变换就是单位脉冲响应（或权函数），即

$$h(t) = L^{-1}[H(s)] = L^{-1}[Y_\delta(s)] = y_\delta(t) \tag{4-52}$$

反之，单位脉冲响应的拉氏变换就是测试系统的传递函数，即

$$H(s) = L[h(t)] = L[y_\delta(t)] \tag{4-53}$$

即单位脉冲响应 $h(t)$ 与传递函数 $H(s)$ 是一对拉氏变换对。

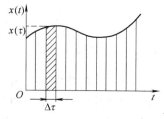

图 4-14　任意输入函数

对于任意输入函数 $x(t)$，可以用无限多个出现在不同时刻的脉冲来逼近，如图 4-14 所示。根据叠加原理，总输入 $x(t)$ 所引起的响应 $y(t)$ 为

$$y(t) = \lim_{\Delta\tau \to 0} \sum_{\tau=0}^t x(\tau)\Delta\tau h(t - \tau) = \int_0^t x(\tau)h(t - \tau)\mathrm{d}\tau \tag{4-54}$$

即

$$y(t) = x(t) * h(t) \tag{4-55}$$

由此看出，测试系统的输出是输入与单位脉冲响应的卷积。

由于卷积计算比较困难，因此我们转向频域。前述式 (4-48) 是通过拉氏变换来描述测试系统对任意输入的响应，它以乘积运算替代了式 (4-46) 中的卷积运算。

（1）一阶测试系统的单位脉冲响应　对于一阶测试系统，传递函数 $H(s) = \dfrac{1}{1 + \tau s}$，则单位脉冲响应为

$$h(t) = L^{-1}[H(s)] = \frac{1}{\tau}\mathrm{e}^{-t/\tau} \tag{4-56}$$

（2）二阶测试系统的单位脉冲响应　对于二阶测试系统，传递函数 $H(\mathrm{j}\omega) = \dfrac{1}{1 - \left(\dfrac{\omega}{\omega_\mathrm{n}}\right)^2 + \mathrm{j}2\xi\left(\dfrac{\omega}{\omega_\mathrm{n}}\right)}$，对于不同的阻尼系数，单位脉冲响应不同。在欠阻尼（$0 < \xi < 1$）时

$$h(t) = -\frac{\omega_\mathrm{n}}{\sqrt{1 - \xi^2}}\mathrm{e}^{-\xi\omega_\mathrm{n}t}\sin(\sqrt{1 - \xi^2}\,\omega_\mathrm{n}t) \tag{4-57}$$

在临界阻尼（$\xi = 1$）时

$$h(t) = \omega_\mathrm{n}^2 t\mathrm{e}^{-\omega_\mathrm{n}t} \tag{4-58}$$

在过阻尼（$\xi > 1$）时

$$h(t) = \frac{\omega_\mathrm{n}}{2\sqrt{\xi^2 - 1}}\left[\mathrm{e}^{-(\xi - \sqrt{\xi^2 - 1})\omega_\mathrm{n}t} - \mathrm{e}^{-(\xi + \sqrt{\xi^2 - 1})\omega_\mathrm{n}t}\right] \tag{4-59}$$

一阶测试系统和二阶测试系统的单位脉冲响应曲线如图4-15所示。

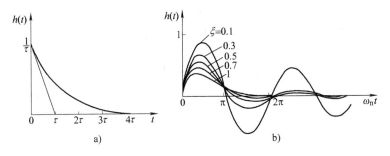

图 4-15　单位脉冲响应曲线

a）一阶测试系统的单位脉冲响应　b）二阶测试系统的单位脉冲响应

4.4.3　单位阶跃响应

由于单位阶跃函数可以看成是单位脉冲函数的积分，因此单位阶跃响应就是单位脉冲响应的积分。对测试系统突然加载或者突然卸载都属于阶跃输入，因这种输入方式既简单易行，又能充分揭示测试系统的动态特性，故常被采用。

（1）一阶测试系统的单位阶跃响应　假定测试系统在 $t<0$ 时，$x(t)=y(t)=0$，即无输入与输出。但当 $t\geqslant0$ 时，输入量突然由零增大到 1，如图4-13a所示。

输入 $x(t)=1$ 的拉氏变换为 $X(s)=1/s$，将它和一阶测试系统的传递函数代入式（4-48），得

$$Y_u(s)=H(s)X(s)=\frac{1}{(1+\tau s)s}$$

对 $Y_u(s)$ 求拉氏逆变换，可得一阶测试系统的单位阶跃响应为

$$y_u(t)=1-\mathrm{e}^{-t/\tau} \tag{4-60}$$

若输入阶跃函数为

$$x(t)=\begin{cases}A_0 & t<0\\ A & t\geqslant0\end{cases}$$

则一阶测试系统的阶跃响应为

$$y_u(t)=A_0+(A-A_0)(1-\mathrm{e}^{-t/\tau}) \tag{4-61}$$

根据式（4-60）和式（4-61）绘出的阶跃响应曲线如图4-16所示。由图4-16a可以看出，

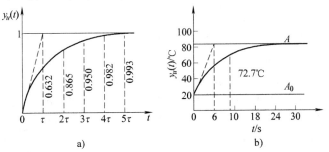

图 4-16　一阶测试系统的阶跃响应曲线

a）单位阶跃响应曲线　b）阶跃响应曲线示例

随着时间的推移，输出量逐渐接近于1，测试系统的初始上升斜率为 $1/\tau$。当时间 $t = \tau$ 时，$y_u(t) = 0.632$，由此可求出时间常数 τ 的数值；当 $t = 4\tau$ 时，$y_u(t) = 0.982$，其输出相对于输入的误差已降到2%以下的允许值，通常称 $t = 4\tau$ 为调整时间。

若时间常数本身逐渐减小，则输出的响应时间就可以很小。因此，调整时间实际上是指在阶跃输入时，测试系统的输出达到最终示值，且在某规定误差范围内所需要的时间。

例 4-1　设时间常数为6s的温度计，从20℃的室温条件下突然放入85℃的水中，经过10s之后，温度计的指示值为多少度？示值的相对误差是多少？

解　用热电阻温度计测量热源的温度，从20℃的室温突然放入85℃的热源时，相当于输入一阶跃信号 $x(t)$，其响应曲线如图4-16b所示，即

$$x(t) = \begin{cases} 20℃ & t < 0 \\ 85℃ & t \geq 0 \end{cases}$$

已知一阶测试系统热电阻温度计的时间常数 $\tau = 6s$，经过10s后测得的温度为

$$y_u(t) = A_0 + (A - A_0)(1 - e^{-t/\tau}) = 20 + (85 - 20)(1 - e^{-10/6}) = 72.7℃$$

偏离最终示值的相对误差为

$$\gamma = \frac{85 - 72.7}{85} \times 100\% = 14.47\%$$

相对误差表明调整时间过短，输出值尚不能不失真地反映输入情况，因此必须增加调整时间或选择更小时间常数的测试系统。

(2) 二阶测试系统的单位阶跃响应　将单位阶跃输入的拉氏变换和二阶测试系统的传递函数代入式(4-48)，得

$$Y_u(s) = \frac{\omega_n^2}{(s^2 + 2\xi\omega_n s + \omega_n^2)s}$$

对 $Y_u(s)$ 求拉氏逆变换即可得二阶测试系统在不同阻尼度下的单位阶跃响应。

在欠阻尼 $(0 < \xi < 1)$ 时

$$y_u(t) = 1 - \frac{e^{-\xi\omega_n t}}{\sqrt{1 - \xi^2}}\sin\left(\sqrt{1 - \xi^2}\,\omega_n t + \arctan\frac{\sqrt{1 - \xi^2}}{\xi}\right) \tag{4-62}$$

在临界阻尼 $(\xi = 1)$ 时

$$y_u(t) = 1 - (1 + \omega_n t)e^{-\omega_n t} \tag{4-63}$$

在过阻尼 $(\xi > 1)$ 时

$$y_u(t) = 1 - \frac{\xi + \sqrt{\xi^2 - 1}}{2\sqrt{\xi^2 - 1}}e^{-(\xi - \sqrt{\xi^2 - 1})\omega_n t} + \frac{\xi - \sqrt{\xi^2 - 1}}{2\sqrt{\xi^2 - 1}}e^{-(\xi + \sqrt{\xi^2 - 1})\omega_n t} \tag{4-64}$$

二阶测试系统的单位阶跃响应曲线如图4-17所示。从图4-17中可以看出，对于不同的 ξ 值，二阶测试系统阶跃响应曲线是不同的。在临界阻尼和过阻尼状态时，趋于最终值的调整时间较长；欠阻尼状态时，由于超调量增大而产生振荡，趋于最终值的时间也加长。实际测量时，为提高响应速度和减小过渡过程，测试系统均采用 $\xi = 0.6 \sim 0.7$ 作为最佳阻尼。

另外，固有频率 ω_n 的大小也直接影响测试系统的响应速度。对给定的 ξ 值，ω_n 成倍增加，则

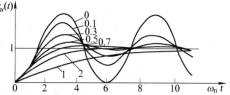

图4-17　二阶测试系统的阶跃响应曲线

响应时间成倍减小，即固有频率越高，测试系统响应速度越快。

4.5 实现不失真测试的条件

输入信号经过测试系统后，一般来说输出信号必然与输入信号之间存在差异，即信号在传输过程中将产生失真。造成线性测试系统产生失真的因素有两种：一种是系统对输入信号中各频率分量的幅值将产生不同程度的放大或衰减，从而使各频率分量的相对幅值发生变化而引起失真，称为幅值失真；另一种是系统对各频率分量的相对相位发生变化而引起失真，称为相位失真。

设有一个测试系统，其输入信号为 $x(t)$，输出信号为 $y(t)$，若要求信号在传输过程中不失真，则输出 $y(t)$ 与输入 $x(t)$ 应满足在幅值上允许差一个比例因子 A_0，在时间上允许滞后一段时间 t_0，即

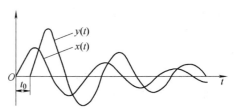

图 4-18　不失真传输波形

$$y(t) = A_0 x(t - t_0) \qquad (4-65)$$

式中，A_0 和 t_0 都是常数。此式表明，该测试系统的输出波形和输入波形精确地相似，只是幅值放大了 A_0 倍，时间滞后了 t_0，如图 4-18 所示。

对式(4-65)求拉氏变换得

$$Y(s) = A_0 \mathrm{e}^{-st_0} X(s)$$

把 $s = \mathrm{j}\omega$ 代入上式，得

$$Y(\mathrm{j}\omega) = A_0 \mathrm{e}^{-\mathrm{j}\omega t_0} X(\mathrm{j}\omega)$$

测试系统的频率特性为

$$H(\mathrm{j}\omega) = \frac{Y(\mathrm{j}\omega)}{X(\mathrm{j}\omega)} = A_0 \mathrm{e}^{-\mathrm{j}\omega t_0}$$

由此可见，若要测试系统的输出不失真，其幅频特性函数和相频特性函数应分别满足

$$A(\omega) = A_0 = 常数 \qquad (4-66)$$
$$\varphi(\omega) = -t_0 \omega \qquad (4-67)$$

也就是说，信号经过测试系统输出后，各频率分量的幅值同时放大（或衰减）A_0 倍，各频率分量滞后的相位 $\varphi(\omega)$ 与各自的频率 ω 成正比，滞后时间为

$$t = \frac{\varphi(\omega)}{\omega} = t_0 = 常数$$

由此得出测试系统实现不失真测试的条件为：

1）各频率分量的幅值，输出比输入应放大（或衰减）同样的倍数，反映在幅频特性曲线上应是一条平坦的直线，即在整个频率范围内是一常数 $[A(\omega) = A_0 = 常数]$。

2）各频率分量的滞后相位与各自的角频率必须成正比，反映在相频特性曲线上应是一条过原点的斜线，即相位差与角频率成正比 $(\varphi(\omega) = -t_0 \omega)$。但如果测试结果是作为反馈控制信号时，输出对输入的滞后时间会破坏系统的稳定性，此时只有滞后相位为零才是理想的，即 $\varphi(\omega) = 0$。

实际测试系统不可能在非常宽的频率范围内都能满足上述两个条件，一般既有幅值失

真，也有相位失真。但在允许的误差范围条件下，在一定的工作频带范围内，可以使测试系统的幅频特性和相频特性满足不失真测试的条件。

从实现测试系统不失真的条件看，对一阶测试系统而言，如果时间常数 τ 越小，则系统的响应越快，频带越宽。所以一阶测试系统的时间常数 τ 原则上越小越好。

对于二阶测试系统来说，其特性曲线（见图 4-12）上有两段值得注意。在 $\omega < 0.3\omega_n$ 范围内，$\varphi(\omega)$ 的数值较小，且 $\varphi(\omega)$ 与 ω 的相频特性曲线接近直线，幅频特性 $A(\omega)$ 在该频率范围内的变化不超过 10%，若用于实际测试，输出信号失真较小。在 $\omega > (2.5 \sim 3)\omega_n$ 范围内，$\varphi(\omega)$ 接近 $180°$，且随 ω 变化甚小，此时可在实际测试系统中减去固定相位差或把测试信号反相 $180°$，则可使相频特性基本满足不失真测试的条件。但从幅频特性来看，$A(\omega)$ 在该频率范围内幅值太小，输出信号失真太大。当二阶测试系统输入信号的频率范围在上述两个频段之间（$0.3\omega_n < \omega < 2.5\omega_n$）时，由于测试系统的频率特性受阻尼系数 ξ 影响较大，因此需要做具体分析。阻尼系数 ξ 越小，系统对输入扰动容易发生超调和共振，对使用不利。有计算表明，在 $\xi = 0.7$，$\omega < 0.58\omega_n$ 的频率范围内，幅频特性 $A(\omega)$ 接近于常数，变化不超过 5%，同时相频特性 $\varphi(\omega)$ 也接近于线性关系，产生的相位失真也很小，测试系统的综合特性较好。所以二阶测试系统常采用阻尼度 $\xi = 0.6 \sim 0.7$，工作角频率与固有角频率之比小于 0.5，即 $\omega/\omega_n < 0.5$。

4.6　动态特性参数的测定

要使测量结果准确可靠，不仅测试系统的标定应当准确，而且还应定期校准。标定和校准就其实验内容来说，都是为了测定测试系统的特性参数。

在测定测试系统的静态特性参数时，可以静态标准量作为输入，测出输入与输出的关系曲线，从中确定拟合直线，然后求出线性度、灵敏度、滞后量和重复性。

在测定测试系统的动态特性参数时，应以经过校准的动态标准量作为输入，从而测出输入与输出的关系曲线，然后确定一阶测试系统的时间常数 τ 和二阶测试系统的阻尼系数 ξ、固有频率 ω_n。所采用的标准输入量误差应当为所要求测量结果误差的 $1/3 \sim 1/5$ 或更小。

4.6.1　频率响应法测定动态特性参数

给被测系统输入一定频率的正弦信号，然后测出输出与输入的幅值比 $A(\omega)$ 和相位差 $\varphi(\omega)$。若不断改变输入信号的频率 ω，就会对应地得到相应的幅值比和相位差，从而求得测试系统在一定频率范围内的幅频特性曲线和相频特性曲线，根据这些曲线就可确定被测系统的动态特性参数。

1. 一阶测试系统时间常数的测定

由式（4-33）、式（4-34）和图 4-10 可知，当静态灵敏度 $S = 1$、幅频特性 $A(\omega) = 0.707$、相频特性 $\varphi(\omega) = -45°$ 时，所对应的横坐标 $\omega\tau = 1$，查出该点对应输入信号角频率 ω_i，就可得到时间常数 τ，即

$$\tau = \frac{1}{\omega_i}$$

（4-68）

2. 二阶测试系统阻尼系数和固有频率的测定

由图 4-12a 所示的幅频特性曲线可知，在阻尼系数 $\xi < 0.7$ 的情况下，幅频特性的共振点在稍偏离固有频率 ω_n 的 ω_i 处，且

$$\omega_n = \frac{\omega_i}{\sqrt{1 - 2\xi^2}} \tag{4-69}$$

此时，共振点幅频特性 $A(\omega_i)$ 的峰值为

$$A(\omega_i) = \frac{1}{2\xi \sqrt{1 - \xi^2}} \tag{4-70}$$

由此可估计出固有频率 ω_n 和阻尼系数 ξ 的值。由共振点估计 ω_n 和 ξ 的方法也称为共振法。

由图 4-12b 所示的相频特性曲线可知，在 $\omega = \omega_n$ 处，相频特性 $\varphi(\omega) = -90°$，该点斜率即为阻尼系数 ξ 的值。但工程中相频特性测定比较困难，所以常用幅频特性曲线估计二阶测试系统的动态特性参数。

不同阻尼系数的二阶测试系统，其幅频特性曲线的形状各不相同，但只要该系统确实是二阶测试系统，将测得的某一阻尼系数的幅频特性曲线与图 4-12 所示的典型曲线比较，很快就可以确定阻尼系数 ξ 的范围和估计值。

4.6.2 阶跃响应法测定动态特性参数

1. 一阶测试系统时间常数的测定

由图 4-16a 所示单位阶跃响应曲线可知，当时间 $t = \tau$ 时，单位阶跃响应 $y(t) = 0.632$。因此，只要给所研究的测试系统施加一个单位阶跃信号，记录输出波形并找出输出值等于最终稳态值 63.2% 的点，该点所对应的时间就等于时间常数 τ。不过这样求取的时间常数，因为未涉及响应的全过程，所得的值仅仅取决于某个瞬时值，所以测量结果的可靠性很差，并且也无法判断该测试系统是否真正是一阶测试系统。因为当阻尼系数较大时，二阶测试系统也可以表示相似的曲线形状（如图 4-17 所示）。若用下述方法确定时间常数 τ，可以获得较为可靠的测量结果。

一阶测试系统的单位阶跃响应式（4-60）可改写为

$$1 - y_u(t) = e^{-t/\tau}$$

两边取对数

$$\ln[1 - y_u(t)] = -\frac{t}{\tau}$$

令 $Z = \ln[1 - y_u(t)]$，则

$$Z = -\frac{t}{\tau}$$

上式表明，Z 与 t 呈线性关系。因此，可根据测得的单位阶跃响应 $y_u(t)$ 值，做出 Z 与 t 的关系曲线，如图 4-19 所示。曲线的斜率在数值上等于 $-1/\tau$，量取 Δt 所对应的 ΔZ 值，便可计算得

$$\tau = \frac{\Delta t}{\Delta Z} \tag{4-71}$$

这种方法充分考虑了瞬态响应的全过程。

若测试系统是一个典型的一阶测试系统，则 Z 与 t 的关系曲线应是一条严格的直线。当测得单位阶跃响应后，取若干组 t_i、$y_i(t)$ 的值，计算出相应的 Z_i 并依次在图 4-19 上描点，如果所有各点均匀分布在一条直线上，说明该系统是一阶测试系统，否则就不是一阶测试系统。

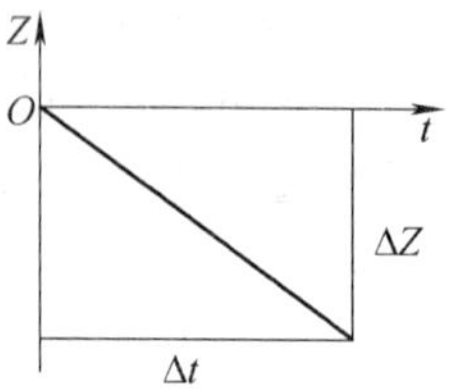

图 4-19 一阶测试系统的阶跃判断

2. 二阶测试系统阻尼系数和固有频率的测定

从测试不失真的角度讲，二阶测试系统均应为欠阻尼系统。典型的欠阻尼二阶测试系统的单位阶跃响应式(4-62)表明，瞬态响应是以 $\omega_d = \omega_n \sqrt{1-\xi^2}$ 的频率作自由衰减振荡，ω_d 称为响应的阻尼振荡频率，其周期为

$$T_d = \frac{2\pi}{\omega_d} = \frac{2\pi}{\omega_n \sqrt{1-\xi^2}} \tag{4-72}$$

欠阻尼二阶测试系统的单位阶跃响应曲线如图 4-20 所示。按照求极值的方法，可求出各振荡峰值所对应的时间 $t=0$，π/ω_d，$2\pi/\omega_d$，$\cdots$。将 $t = \pi/\omega_d$ 代入式(4-62)，可求得最大过冲量

$$M_1 = e^{\frac{-\xi\pi}{\sqrt{1-\xi^2}}}$$

由此式可得

$$\xi = \frac{1}{\sqrt{\left(\frac{\pi}{\ln M_1}\right)^2 + 1}} \tag{4-73}$$

从二阶测试系统的单位阶跃响应曲线上测得最大过冲量 M_1，将其代入式(4-73)即可求出阻尼系数。

如果不仅能测取最大过冲量 M_1，而且还能测得阶跃响应的整个瞬变过程，那么就可利用任意两个过冲量 M_i 和 M_{i+n} 来求取阻尼系数。

设过冲量 M_i 对应的时间为 t_i，过冲量 M_{i+n} 对应的时间为 t_{i+n}，而且 t_i 与 t_{i+n} 之间的间隔为 n 个整数周期 nT_d，则 t_{i+n} 可用 t_i 表示成

$$t_{i+n} = t_i + \frac{2n\pi}{\omega_d}$$

将它们分别代入式(4-62)，即可求得过冲量 M_i 和 M_{i+n}，由此可得

$$\ln \frac{M_i}{M_{i+n}} = \ln \left[\frac{e^{-\xi\omega_n t_i}}{e^{-\xi\omega_n(t_i + 2n\pi/\omega_d)}} \right] = \frac{2n\pi\xi}{\sqrt{1-\xi^2}}$$

整理后可得

$$\xi = \frac{\delta_n}{\sqrt{\delta_n^2 + 4\pi^2 n^2}} \tag{4-74}$$

其中

$$\delta_n = \ln \frac{M_i}{M_{i+n}}$$

计算阻尼系数 ξ 时，首先从二阶测试系统的单位阶跃响应曲线上直接测得相隔 n 个周期的任意两个过冲量 M_i 和 M_{i+n}，然后将其比值取对数求出 δ_n，再代入式(4-74)便可求出阻尼系数 ξ 的数值。

当阻尼系数 $\xi < 0.1$ 时，$\sqrt{1-\xi^2} \approx 1$（其误差小于 0.6%），则

$$\delta_n \approx 2n\pi\xi$$

式（4-74）可简化为

$$\xi = \frac{\delta_n}{2n\pi} \qquad (4\text{-}75)$$

若测试系统是典型的二阶测试系统，则式（4-74）严格成立，此时用 $n = 1、2、3\cdots$ 和对应的过冲量 M_i、M_{i+n} 分别求出的阻尼系数 ξ 值均应相等。若求出的阻尼系数 ξ 值不相等，则说明该系统不是二阶测试系统。阻尼系数 ξ 值之间的差别越大，说明该系统与二阶测试系统的差别也越大。

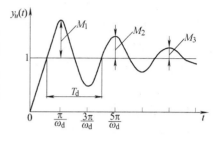

图 4-20 欠阻尼二阶测试系统的单位阶跃响应

由式（4-72）可求得固有频率为

$$\omega_n = \frac{2\pi}{T_d\sqrt{1-\xi^2}} \qquad (4\text{-}76)$$

计算固有频率 ω_n 时，先在二阶测试系统的单位阶跃响应曲线上测取周期 T_d 的值，然后将周期 T_d 及计算出的阻尼系数 ξ 值代入式（4-76），即可求出固有频率 ω_n 的值。

例 4-2 给某加速度传感器突然加载，得到的阶跃响应曲线如图 4-21 所示，试求出固有频率 ω_n 和 f_n 值。

解 由图 4-21 中实际测量得 $M_1 = 15\text{mm}$，$M_3 = 4\text{mm}$，在 0.01s 的标线内有 4.1 个衰减的波形，则阻尼周期为

$$T_d = \frac{0.01}{4.1}\text{s} = 0.00244\text{s}$$

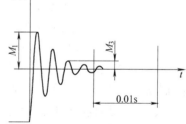

图 4-21 二阶测试系统的阶跃响应曲线示例

为了计算阻尼系数 ξ 的数值，首先求出

$$\delta_n = \ln\frac{M_1}{M_3} = \ln\frac{15}{4} = 1.322$$

计算中选用 $n = 2$，代入式（4-74）可得

$$\xi = \frac{1.322}{\sqrt{1.322^2 + 4\pi^2 \times 2^2}} = 0.105$$

再将阻尼系数 ξ 和周期 T_d 代入式（4-76），可得固有频率为

$$\omega_n = \frac{2\pi}{0.00244\sqrt{1-0.105^2}}\text{rad/s} = 2575\text{rad/s}$$

$$f_n = \frac{\omega_n}{2\pi} = 410\text{Hz}$$

4.7 测量误差分析

测试就是利用各种物理和化学效应，选择合适的方法与装置，将生产、生活或科研等各方面的有关信息，通过测量与试验的方法获取被测量定性或定量结果的过程。通过测试，可得到一系列原始数据或图形，这些数据是认识事物内在规律，研究事物相互关系和预测事物

发展趋势的重要依据。但这仅是部分工作，只有在此基础上对已获得的数据进行科学的处理，才能去粗取精、去伪存真、由表及里，才能从中得到反映事物本质和运动规律的有用信息，达到测试工作的最终目的。

4.7.1 测量方法及其分类

在实际测量中，由于测量仪器的不准确，测量方法的不完善，以及测量环境、测量人员本身等各种因素的影响，会使实验中测得的值和它的真实值之间存在差异，即产生测量误差。随着科学技术的日益发展和人们认识水平的不断提高，虽然可将误差控制得越来越小，但始终不能完全消除它。为了得到要求的测试精度和可靠的测试结果，需要认识测量误差的规律，以便消除和减小误差。

1. 测量的概念

测量就是在有关理论的指导下，借助专门的仪器或设备，通过实验和数据处理，收集被测对象信息的过程。例如用压力计测压力，用电压表测负载两端的电压等。

2. 测量方法的分类

测量方法有很多的分类方式。根据测量条件，可分为等精度测量和非等精度测量；根据被测量在测量过程中是否随时间变化，可分为静态测量和动态测量；按获得测量结果分类，可分为直接测量、间接测量和组合测量；按测量方式分类，可分为直读法、零值法和替代法等。之外，按测量敏感元件是否与被测介质接触，可分为接触式测量与非接触式测量；按测量系统是否向被测对象施加能量，可分为主动式测量和被动式测量；按被测量性质分类，可分为时域测量、频域测量、数据域测量和随机测量等。

（1）直接测量 用预先标定好的测量仪器或工具，对某一未知量进行直接测量，从而得到未知量的数值。例如，用弹簧管压力表测量压力，用卷尺测量靶距，用磁电式仪表测量电压或电流，用直流电桥测量电阻，用温度计测水温，用玻璃水位计测量水箱中的水位等。直接测量过程简单而迅速，在工程应用中最为广泛，但直接测量精度不高。

（2）间接测量 指不直接测量被测量，而是对与被测量有确切函数关系的物理量进行测量，然后通过已知函数关系的公式、曲线或表格，求出被测量的大小。例如，在测量直流电路中的负载功率时，先测量流过负载的电流 I 和负载两端的电压 U，然后根据功率与电压、电流之间的函数关系式 $P = UI$ 求得负载消耗的电功率。间接测量方法较为复杂，花费的时间较多，一般是在采用直接测量法不方便、误差较大或缺乏直接测量所需仪器等时才会采用。

（3）组合测量 根据直接测量和间接测量所得到的数据，通过解一组联立方程而求出未知量的数值，称组合测量，又称联立测量。在组合测量中，未知量与被测量存在已知的函数关系（表现为方程组）。

例如，为了测量电阻的温度系数 α 和 β，可利用电阻值与温度间的关系公式

$$R_t = R_{20} + \alpha(t-20) + \beta(t-20)^2 \tag{4-77}$$

式中　α, β——电阻的温度系数；

　　　R_{20}——电阻在 20℃ 时的阻值；

　　　t——测试时的温度。

为了测出电阻的 α 与 β 值，可以采用改变测试温度的办法，在三种温度 t_1、t_2 及 t_3 下，

分别测得对应的电阻值 R_1、R_2 及 R_3，然后代入式(4-77)中，即可得到一组联立方程，求解此方程组便可求得 α，β 和 R_{20}。

组合测量的测量过程比较繁琐，花费的时间较多，但精度较高，被认为是一种特殊的测量方法，一般用于精密测量、智能仪表、实验室和科学研究中。

正确选择合适的测量方法，直接关系到测量工作的可行性以及是否符合规定的技术要求，因此，必须根据不同的测量任务和测量要求确定切实可行的测量方法，然后根据所选的具体方法确定合适的测量工具，组成测量装置，进行实际测量。如果测量方法不合理，即使有精密的测量仪器或设备，也不可能得到理想的测量结果。

4.7.2 测量误差

1. 测量误差的定义

测量值与真值之间的差值称为测量误差。

（1）绝对误差　指给出值与被测量真值（即被测量的真实大小）之差。设被测量真值为 A_0，给出值（包括测量值、示值、标称值、近似值等）为 A_x，则绝对误差 ΔA 为

$$\Delta A = A_x - A_0 \tag{4-78}$$

由于真值 A_0 一般是无法得知的，所以在实际应用中，常以高一级标准仪器的指示值 A 作为被测量的真值，则绝对误差为

$$\Delta A = A_x - A \tag{4-79}$$

例 4-3　某电路中的电流为 15A，用甲、乙两块电流表同时测量，甲表读数为 14.8A，乙表读数为 15.5A，求两次测量的绝对误差。

解　由式(4-78)可得，用甲表测量的绝对误差为

$$\Delta I_甲 = I_甲 - I_0 = (14.8 - 15)\text{A} = -0.2\text{A}$$

用乙表测量的绝对误差为

$$\Delta I_乙 = I_乙 - I_0 = (15.5 - 15)\text{A} = 0.5\text{A}$$

在实际使用中会发现，高准确度的仪器仪表通常会给出修正值 C，用于修正测量中的误差，从而得到准确度更高的测量值。修正值与绝对误差大小相等，符号相反，即

$$C = -\Delta A = A_0 - A_x \tag{4-80}$$

由式(4-80)可知，测量值加上修正值就是被测量的真实值。修正值给出的方式不一定是具体的数值，也可以是一条曲线、公式或数表。在某些智能化仪器中，修正值已预先被编制成相关程序，储存于仪器中，所得测量结果能自动对误差进行修正。

（2）相对误差　当被测量不是同一个值时，绝对误差不能确切地反映出测量的准确程度。例如，测量两个电压，其中 $U_1 = 20\text{V}$，测量误差 $\Delta U_1 = 0.2\text{V}$；$U_2 = 200\text{V}$，测量误差 $\Delta U_2 = 1\text{V}$，尽管 $\Delta U_1 < \Delta U_2$，但不能说测量电压 U_1 就一定比测量电压 U_2 的准确度要高。因为 $\Delta U_1 = 0.2\text{V}$，相对于 20V 而言是 1%；而 $\Delta U_2 = 1\text{V}$，相对于 200V 来讲是 0.5%，结果是 U_2 的测量比 U_1 的测量更准确。为此，引入了相对误差的概念。相对误差 γ 是绝对误差与被测量真值之比的百分数，表示为

$$\gamma = \frac{\Delta A}{A} \times 100\% \tag{4-81}$$

实际测量中通常用标准表的指示值作为被测量真值。

例 4-4 用电压表甲测量 10V 电压，指示值为 10.5V，用电压表乙测量 50V 电压，指示值为 51V。试比较哪只表的测量准确度更高？

解 由式(4-78)可得用甲表测量的绝对误差为

$$\Delta U_甲 = U_甲 - U_{0甲} = (10.5 - 10)V = 0.5V$$

由式(4-81)可得用甲表测量的相对误差为

$$\gamma_甲 = \frac{\Delta U_甲}{U_{0甲}} \times 100\% = \frac{0.5}{10} \times 100\% = 5\%$$

用乙表测量的绝对误差为

$$\Delta U_乙 = U_乙 - U_{0乙} = (51 - 50)V = 1V$$

用乙表测量的相对误差为

$$\gamma_乙 = \frac{\Delta U_乙}{U_{0乙}} \times 100\% = \frac{1}{50} \times 100\% = 2\%$$

因此乙表比甲表测量更准确。

（3）引用误差 用同一只仪表测量不同大小的被测量时，绝对误差变化不大，但相对误差却有很大变化。且被测量越小，相对误差就越大。此时用引用误差来表示仪表的准确性能更好。引用误差是绝对误差与仪表量限 A_m（满刻度值）之比的百分数，即

$$\gamma_m = \frac{\Delta A}{A_m} \times 100\% \tag{4-82}$$

引用误差实际上就是仪表最大读数时的相对误差。由式(4-82)还可以得到仪表最大引用误差 K 的表达式

$$\pm K\% = \frac{\Delta A_{max}}{A_m} \times 100\% \tag{4-83}$$

常用的电工仪表就是按最大引用误差 γ_m 的值进行分级的。我国的电工仪表共分七级：0.1、0.2、0.5、1.0、1.5、2.5 和 5.0，如果仪表准确度为 K 级，则表示该仪表的最大引用误差不会超过 $K\%$，即 $|\gamma_m| \leq K\%$。

例 4-5 用 1.5 级量限 20A 的电流表甲、0.5 级量限 150A 的电流表乙分别测量某电流，读数皆为 10A，试比较两次测量结果的准确度。

解 甲表的最大绝对误差

$$\Delta I_{m甲} = \pm K\% \cdot I_{m甲} = \pm 1.5\% \times 20A = \pm 0.3A$$

甲表测量的最大相对误差

$$\gamma_{max甲} = \frac{\Delta I_{m甲}}{I} \times 100\% = \frac{\pm 0.3}{10} \times 100\% = \pm 3\% \tag{4-84}$$

乙表的最大绝对误差

$$\Delta I_{m乙} = \pm K\% \cdot I_{m乙} = \pm 0.5\% \times 150A = \pm 0.75A$$

乙表测量的最大相对误差

$$\gamma_{max乙} = \frac{\Delta I_{m乙}}{I} \times 100\% = \frac{\pm 0.75}{10} \times 100\% = \pm 7.5\%$$

可以看出，乙表的准确度虽然高，但是测量结果的误差反而增大了。这是因为仪表准确度一定时，量限越大的仪表最大绝对误差越大。所以，在选择仪表量程时，不仅要考虑被测量的大小，还要兼顾仪表的准确度等级，不能片面地追求高准确度仪表。一般应使其工作在

不小于满度值 2/3 以上的区域。

2. 误差的来源及分类

误差根据来源可分为系统误差、随机误差和疏失误差三类。

（1）系统误差　在相同条件（人员、仪器及工作环境等条件）下，多次测量同一量时，所得误差的绝对值和符号保持恒定，或在条件改变时，得出与某一个或几个因素成函数关系的有规律的误差，称为系统误差。

产生系统误差的主要原因有：

1）仪器误差：由于仪器制造本身存在缺陷，如结构设计、安装调整等方面不完善所致的误差。

2）零位误差：由于使用仪器时，仪器零位未校准所产生的误差。

3）理论误差：实验所依据的理论不完善，或测量模型在一定条件下带有近似性造成的误差。

4）环境误差：由于测量仪器的使用条件达不到规定所产生的误差，如温度误差等。

5）观测者感官误差：由于观测者在测量过程中主观判断不当所引起的误差，如测量人员的不良读数习惯。

系统误差表明了一个测量结果偏离真值或实际值的程度，系统误差越小，测量就越准确。通常用系统误差来表征测量准确度的高低。

（2）随机误差　又称偶然误差，是指那些服从统计规律的误差。在相同条件下，对某一被测量进行重复测量时，每次测量的结果或大或小、或正或负是不可预知的，即单次测量的随机误差没有规律，但多次测量时，误差的总体服从统计规律。通过对测量数据统计处理，可在理论上估计随机误差对测量结果的影响。

产生随机误差的原因很多，也很复杂，如温度、磁场、电源频率的微变，零件的摩擦、间隙、热起伏，空气扰动，气压及湿度的变化，测量人员感觉器官分辨能力的限制等，都能引起随机误差。因此，随机误差是大量因素对测量结果产生的众多微小影响的综合，就每个个体因素而言无规律可循，但众多因素的总体服从统计规律。

随机误差表明了测量结果的分散性，其值的大小可以用精密度来反映，随机误差值越小，精密度就越高，反之则精密度越低。

随机误差与系统误差是两类性质完全不同的误差。随机误差反映了在一定条件下误差出现的可能性；系统误差则反映了在一定条件下误差出现的必然性。在任何一次测量中，系统误差与随机误差通常同时存在，而且两者之间并不存在绝对的界限。随着人们对误差的来源及其变化规律认识的加深，就有可能把以往认知不到而归为随机误差的某项误差确定为系统误差；反之，当认识不足、测试条件有限时，也常把系统误差当作随机误差，对数据进行统计分析处理。随机误差不能用修正或采取某种技术措施的办法来消除。

（3）疏失误差　又称粗大误差，是一种与实际值明显不符的误差。通常由操作、读数、记录和计算等方面的人为差错或是实验条件未达到预定要求而匆忙实验等原因引起。含有疏失误差的测量结果称为坏值或异常值，在数据处理时，需按一定依据判定后予以剔除。

3. 系统误差的发现及消除

测量误差是不可能绝对消除的，但应尽可能减小误差对测量结果的影响。

一个测量结果往往同时含有系统误差和随机误差，而且两者有时无法区分。实际测试中，应根据测量的要求和两者对测量结果的影响程度选择消除方法。对精密度要求不高的测量，主要考虑消除系统误差；在科研、计算等对测量准确度和精密度要求较高的测量，必须考虑同时消除两种误差。

（1）系统误差的发现　发现系统误差的主要方法有以下几种：

1）实验对比法：通过改变测量条件，如更换测量人员、改变测量方法和环境等，对测量数据进行比较，发现系统误差的方法。此方法需要高精度测量仪器和较好的测量条件，适用于发现恒定系统误差。

2）剩余误差(残差)观察法：按照测量的次序，依次对每次测量时的剩余误差做图或列表进行观察，以此判断是否存在系统误差以及系统误差的类型，如图4-22所示。

图4-22a中，剩余误差总体上正负抵消，无明显变化规律，可认为不存在系统误差；图4-22b中，剩余误差落在正弦曲线附近，可认为存在周期性的系统误差；图4-22c中，剩余误差呈线性递增(或递减)，表明存在线性变化的系统误差；图4-22d中，剩余误差的变化有明显的规律性，怀疑同时存在线性变化的系统误差和周期性系统误差。剩余误差(残差)观察法是发现系统误差的有效方法，主要适用于发现有规律性的系统误差。

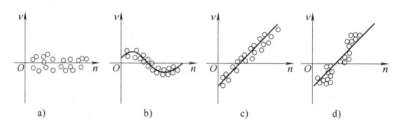

图4-22　系统误差的判断

a）无明显变化规律　b）周期性变化　c）线性变化　d）有明显变化规律

3）剩余误差校核法：基于马利科夫准则和阿贝-赫梅特准则。

① 马利科夫准则适用于发现线性系统误差。假设对被测量进行 n 次测量，这 n 个测量结果的剩余误差依次为 $v_1, v_2, \cdots, v_n$，将它们按先后次序排列好，对序列中前 k 个剩余误差之和与后 $n-k$ 个剩余误差之和相减，得到 M 的表达式

$$M = \sum_{i=1}^{k} v_i - \sum_{j=k+1}^{n} v_j \tag{4-85}$$

当测量次数 n 为奇数时，取 $k=(n+1)/2$；当 n 为偶数时，取 $k=n/2$。

如果 M 近似为零，则说明上述测量结果中不含线性系统误差；如果 M 显著不为零(与 v 值相当或更大)，则说明测量结果中存在着线性系统误差。

② 阿贝-赫梅特准则可有效地发现周期性系统误差。假设有一等精度测量结果序列，且它们的剩余误差序列为 $v_1, v_2, \cdots, v_n$。当测量误差中周期性系统误差为主要成分，且相邻两剩余误差的差值 $(v_i - v_{i+1})$ 符号出现周期性的正负变化，则可判断测量结果中存在周期性系统误差；当测量误差中周期性系统误差不是主要成分时，不能由差值 $(v_i - v_{i+1})$ 的符号变化来判断是否存在周期性系统误差。此时，应依据统计准则进行判断，令

$$u = \left| \sum_{i=1}^{n-1} v_i v_{i+1} \right| = \left| v_1 v_2 + v_2 v_3 + \cdots + v_{n-1} v_n \right| \tag{4-86}$$

若 $u > \sigma^2 \sqrt{n-1}$ (式中，σ 为标准差)，则说明测量结果中含有周期性系统误差。

（2）系统误差的消除　　发现了系统误差后，就要想办法减小和消除它。通常情况下，系统误差对测量结果的影响往往比随机误差严重得多，且产生原因比较复杂，很难像随机误差那样给出一个通用性很强的处理方法。但是，由于系统误差是固定不变或按一定规律变化的误差，所以还是可以通过合理实验和数学计算等方法予以消除。

1）对度量器、测量仪器进行校正，引入修正值。预先将测量仪器的系统误差检定出，并做出误差表格和误差曲线，然后取与误差数值大小相同而符号相反的值作为修正值，与指示值相加，即可得到基本上不含系统误差的测量结果，这种方法，广泛适用于工程实际测量中。

2）消除产生误差的根源。正确选择测量方法和测量仪器，改善仪器安装质量和配线方式，尽量使测量仪表在规定的条件下工作，以消除各种外界因素造成的影响。

（3）采用特殊的测量方法　　对恒定的系统误差，可采用替代法和正负误差补偿法；对可变的系统误差，可采用等时距对称观测法、半周期偶数观测法和组合测量法。

① 替代法是指在相同的测量条件下，先对被测参量进行测量，再用同等量的标准量替换被测参量，采用差值法、指零法或重合法等获得被测参量。替代法的测量误差取决于标准量的准确度等级，而与测量装置的准确度等级无关，它降低了对测量装置准确度等级的苛求。

② 正负误差补偿法。通过对测量做适当调理，使恒定系统误差在两次测量中以相反符号出现，从而相互抵消。

③ 等时距对称观测法。当测量系统由于某种原因产生线性漂移，造成测量产生误差时，可以用在相等的时间间隔进行校准的办法来消除。

4. 随机误差的分析

随机误差是由于偶然的外界干扰所产生的，事前无法预料。但是它的分布规律，可以在大量重复测量数据的基础上，借助于概率论和数理统计等定量研究方法总结出来。研究表明，随机误差主要服从正态分布和均匀分布规律。

（1）正态分布　　服从正态分布的随机变量，概率密度可由高斯方程描述，其概率分布曲线称为正态分布曲线。设随机误差为 δ，随机误差 δ 的出现概率为 $f(\delta)$，$f(\delta)$ 表示分布在 $\mathrm{d}\delta$ 区间内，以 δ 为中点的单位距离所对应的某一误差的概率，δ 与 $f(\delta)$ 之间的关系表示为

$$f(\delta) = \frac{1}{\sigma\sqrt{2\pi}}e^{-\frac{x^2}{2\sigma^2}} \tag{4-87}$$

其中，σ 为方均根误差，即标准差，常作为评定测量精密度用的指标。

设对真值为 x_0 的被测量进行了 n 次（$n \rightarrow \infty$）无系统误差的测量，得到测量值 x_1，x_2，x_3，$\cdots$，x_n，各测量值的随机误差分别为 δ_1，δ_2，δ_3，$\cdots$，δ_n，则方均根误差 σ 为

$$\sigma = \sqrt{\frac{\delta_1^2 + \delta_2^2 + \delta_3^2 + \cdots + \delta_n^2}{n}} = \sqrt{\frac{\sum\limits_{i=1}^{n} \delta_i^2}{n}} \tag{4-88}$$

式中　δ_i——各测量值的随机误差，即测量值 x_i 与被测量真值 x_0 之差；

n——测量次数（应充分大）。

实际测量中，由于 x_0 真值无法得到，因此真正的随机误差无法求得，常用残差（又称剩余误差）来近似代替随机误差求方均根误差。以各测量值的算术平均值 $\bar{x}$ 代替被测量的真值

x_0，而测量值与平均值之差就是残差，用 v_i 表示

$$v_i = x_i - \bar{x} \qquad (i = 1、2 \cdots\cdots n) \tag{4-89}$$

则方均根误差的估计值 $\hat{\sigma}$ 为

$$\hat{\sigma} = \sqrt{\frac{v_1^2 + v_2^2 + \cdots + v_n^2}{n-1}} = \sqrt{\frac{\sum_{i=1}^{n} v_i^2}{n-1}} \tag{4-90}$$

正态分布曲线如图 4-23 所示，图 4-23a 为标准正态分布曲线。分析此曲线可以得知随机误差分布具有如下特点：

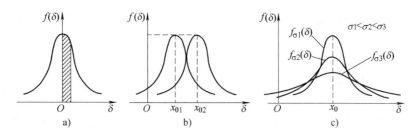

图 4-23　正态分布曲线

a）标准正态分布　b）x_0 对正态分布的影响　c）σ 对正态分布的影响

1）单峰性。随机误差的分布具有"两头小，中间大"的单峰性。绝对值小的误差出现的机会比绝对值大的误差出现的机会多，即绝对值小的误差比绝对值大的误差出现的概率密度要大。

2）对称性。随机误差可正可负，但绝对值相等的正误差与负误差出现的机会相同，即 $f(\delta) = f(-\delta)$。

3）有界性。绝对值很大的误差几乎不会出现，因此在一定条件下，随机误差的绝对值不会超过一定的界限。

4）抵偿性。从对称性可以推论出，当测量次数 n 趋于无穷大时，随机误差平均值的极限将趋近于零，即 $\lim\limits_{x \to \infty} \sum\limits_{i=1}^{n} \dfrac{\delta_i}{n} = 0$，或者说，正误差和负误差是相互抵消的。抵偿性是随机误差的一个重要特性，凡是具有抵偿性的误差，原则上都可以按随机误差来处理。

图 4-23b 为 x_0 对正态分布的影响，当 σ 固定，而改变 x_0 的值，则曲线沿 δ 轴平行移动而不改变形状；图 4-23c 为 σ 对正态分布的影响，x_0 固定，σ 越小，$f(\delta)$ 就越大，曲线就越陡峭，或者说，σ 越小，误差出现的概率密度也就越大。这意味着测量值集中，测量的精密度越高。

（2）均匀分布　均匀分布的主要特点是误差有一定的界限，且在给定区间内误差出现的概率相等，因此又称为等概率分布。

若随机误差 δ 在区间 $[a, b]$ 上服从均匀分布，δ 的出现概率为 $f(\delta)$，则 δ 与 $f(\delta)$ 之间存在着如下关系式

$$f(\delta) = \begin{cases} \dfrac{1}{b-a} & a \leqslant x \leqslant b \\ 0 & x < a \text{ 或 } x > b \end{cases} \tag{4-91}$$

考虑到随机误差的统计特性，通常采用对称区间 $[-\varepsilon, \varepsilon]$，如图 4-24 所示，它的概率

密度函数为

$$f(\delta) = \begin{cases} \dfrac{1}{2\varepsilon} & |\delta| \leq \varepsilon \\ 0 & |\delta| > \varepsilon \end{cases} \tag{4-92}$$

在实际测试中经常遇到均匀分布。例如，仪器刻度盘产生的误差，平衡指示器由于调零不准产生的误差，数字式仪器 ±1 个字内分辨率不高引起的误差，有效数字处理不当等引起的误差，都具有均匀分布的特点。另外，某些系统误差也服从均匀分布，一些难以确定其出现规律的随机误差，也可假设其服从均匀分布进行研究。

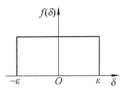

图 4-24　均匀分布曲线

5. 疏失误差的判别

由于疏失误差明显歪曲了测量结果，因此凡是含有疏失误差的测量值均要剔除，以提高测量的准确度。但是，在舍弃某些测量数据之前，必须确定这些数据确实含有疏失误差，否则不仅会严重影响测量结果及其精密度，还可能漏掉一些极为重要的信息。因此，疏失误差的判别是实际测量中经常遇到的问题。

疏失误差的判别方法有物理判别法和异常数据处理法则判别法。在测量过程中，读错和记错数据，或是发现电源电压的跳动、频率的突变等现象，应及时剔除测量数据，这就是物理判别法。物理判别法只可用于能够分析出物理或工程技术原因的场合。异常数据处理法则判别法可以用于不易采用物理判别法来判别可疑数据的场合。常用异常数据处理法则有 $3\hat{\sigma}$ 准则和肖维纳准则，这里仅简单介绍 $3\hat{\sigma}$ 准则。

$3\hat{\sigma}$ 准则也称为莱茵达准则，是最简单也是最常用的疏失误差判别准则。假设在一组独立等精度测量结果中，某次测量值 x_k 所对应的剩余误差 v_k 满足其绝对值大于三倍标准差的条件，即 $|v_k| = |x_k - \bar{x}| > 3\hat{\sigma}$，则可判定 v_k 为疏失误差，应剔除测量值 x_k。

需要注意的是，采用 $3\hat{\sigma}$ 准则进行疏失误差判定，当测量次数 n 较少时，将使 $\hat{\sigma}$ 的可靠性下降，直接影响到莱茵达准则的可靠性。

思考题与习题

4-1　欲测量100℃左右的温度，现有0~300℃、0.5级和0~120℃、1级的两支温度计，试问选用哪一支温度计较好？为什么？

4-2　测力传感器的静态标定数据如下表所示：

拉力 P/N	0	10	20	30	40	50	40	30	20	10	0
应变 ε/$\mu\varepsilon$	0	76	152	228	310	400	330	252	168	84	2

注：$1\mu\varepsilon = 10^{-6}$。

试求：1）传感器的灵敏度；2）传感器的线性度；3）传感器的滞后量。

4-3　用一个时间常数为0.35s的一阶测试系统，测量周期分别为5s、1s、2s的正弦信号，求幅值误差各是多少？

4-4　一阶测试系统受到一个阶跃输入的作用，在2s时达到输入最大值的20%，试求：1）测试系统的时间常数；2）当输出达到最大值的95%时，需多长时间？

4-5　设时间常数为5s的温度计，从20℃的室温条件下突然输入80℃的水中，经过15s之后，温度计的指示值为多少度？

4-6 用温度计测量炉子的温度，已知炉温在 $500 \sim 540℃$ 之间作正弦曲线的波动，其周期为 $80s$，该测试系统的时间常数 $\tau = 10s$，试求：1）输出信号；2）输出与输入信号之间的相位差；3）输出与输入的滞后时间。

4-7 已知一阶测试系统，其频率响应为 $H(j\omega) = \dfrac{1}{1 + j\omega}$，试求：1）测量信号为 $x(t) = \sin t + \sin 3t$ 时的输出信号；2）分析测量结果波形是否失真。

4-8 某测力传感器（二阶测试系统），其固有频率 $\omega_n = 2\pi \times 1200 \text{rad/s}$，阻尼系数 $\xi = 0.707$，当测量信号为 $x(t) = \sin\omega_0 t + \sin 3\omega_0 t + \sin 5\omega_0 t$ 时，求输出信号（已知 $\omega_0 = 2\pi \times 600 \text{rad/s}$）。

4-9 用压电加速度传感器（二阶测试系统）测量频率为 $300 \sim 600 \text{Hz}$ 的正弦振动信号。已知系统的阻尼系数 $\xi = 0.7$，当要求幅值测量误差不大于 5% 时，传感器的固有频率应该多大？

4-10 试说明二阶测试系统的阻尼度大多采用 $0.6 \sim 0.7$ 的原因。

4-11 已知某一阶测试系统的传递函数为 $H(s) = \dfrac{1}{1 + 0.005s}$，求输入信号 $x(t) = 0.5\cos 10t + 0.2\cos(100t - 45°)$ 通过该系统后的稳态响应。

4-12 测试系统实现不失真测试的条件是什么？

4-13 用一阶测试系统去测量 100Hz 的正弦信号，若要求幅值误差不大于 5%，该系统的时间常数应取多大？若用该时间常数的系统去测量 50Hz 的正弦信号，问测得信号的幅值误差、相位差各是多少？

4-14 某仪器的灵敏度 $S = 0.24 \text{rad/mA}$，阻尼系数 $\xi = \sqrt{2}/2$，固有频率 $f_n = 400 \text{Hz}$，若输入电流 $i(t) = 2\sin 400\pi t \text{mA}$ 时，求输出转角 $\theta(t)$。

4-15 用固有频率 $f_n = 120 \text{Hz}$ 的传感器所做的幅频特性实验数据如下表：

输入 f_i/Hz	30	60	90	120	160	300	600
输出 A_i/mV	57	55.5	49	41.5	29.5	16	2.5

1）绘出幅频特性曲线；2）若要求幅值误差不大于 3%，确定合适的工作频率范围；3）测量 90Hz 的正弦信号时，其幅值误差是多少？

4-16 为什么选用电表时，不但要考虑它的准确度，而且要考虑它的量程？为什么使用电表时应尽可能在电表量程上限的 2/3 以上使用？用量程为 150V 的 0.5 级电压表和量程为 30V 的 1.5 级电压表分别测量 25V 电压，哪一个测量准确度高？

第5章　测试信号的分析与处理

通常测试中获得的各种动态信号所包含的信息量是非常丰富的，而且由于测试过程中系统外部和内部各种因素的影响，使得输出信号中还夹杂着不需要的成分，因此需要对所得信号作进一步加工、变换和运算等处理，即进行信号的处理和分析。如剔除混杂在信号中的噪声和干扰、将感兴趣的信号部分强化和突出、修正波形的畸变等，将信号变换为更符合要求的形式，使专业人员更易解释、分析和识别，从而更深入地揭示被测对象内在的物理本质。

信号的处理和分析是密切相关的，二者并无明确的界限。通常把进行简单直观、比较快速地反映信号特征值和结构的过程称为信号的分析，例如，对时域信号波形进行幅值、周期以及相关分析等。把必须经过必要的变换、处理、加工才能获得有用信息的过程称为信号处理，例如，对确定性信号进行频谱分析、对随机信号进行功率谱分析、对系统进行频响分析和相干分析等。

信号处理和分析的方法主要有模拟分析方法和数字信号处理分析方法。

5.1　信号的时域分析

5.1.1　特征值分析

对于确定性信号和各态历经随机信号，其特征的表达在第 1 章中已讨论。若用计算机进行数据处理时，还需要将所测得的模拟信号经过 A/D 转换为离散的时间序列，以下为离散时间序列的统计特征值的讨论。

1. 离散信号的均值 μ_x、方均值 ψ_x^2、方差 σ_x^2

对于离散信号，若 $x(t)$ 在 $0 \sim T$ 时间内的离散点数为 N，离散值为 x_n，则均值 μ_x 表示为

$$\mu_x = \lim_{N \to \infty} \frac{1}{N} \sum_{n=1}^{N} x_n \tag{5-1}$$

绝对平均值 $|\mu_x|$ 为

$$\mu_{|x|} = \lim_{N \to \infty} \frac{1}{N} \sum_{n=1}^{N} |x_n| \tag{5-2}$$

方均值 ψ_x^2 为

$$\psi_x^2 = \lim_{N \to \infty} \frac{1}{N} \sum_{n=1}^{N} x_n^2 \tag{5-3}$$

信号的方均根值 x_{rms} 即为有效值，其表达式为

$$x_{\mathrm{rms}} = \sqrt{\psi_x^2}$$

方差 σ_x^2 为

$$\sigma_x^2 = \lim_{N \to \infty} \frac{1}{N} \sum_{n=1}^{N} (x_n - \mu_x)^2 \tag{5-4}$$

σ_x^2 的开方称为方均根差，又叫标准差，表示为 $\sigma_x = \sqrt{\psi_x^2 - \mu_x^2}$。

在进行统计参数计算时，为了防止计算机计算溢出和随时知道计算结果，需采用递推算法，详细内容可参考有关书籍。

2. 时域统计参数的应用

（1）方均根值诊断法　该方法是利用系统上某些特征点振动响应的方均根值作为判断故障的依据，是比较简单实用的一种方法。例如，对于汽轮发电机组，通常规定轴承座垂直方向上的振动位移幅值不得超过 0.05mm，否则应该停机检修。

方均根值诊断法既适用于做周期振动的设备，也适用于做随机振动的设备。低频（几十赫兹）时宜测量位移，中频（1000Hz 左右）时宜测量速度，高频时宜测量加速度。

（2）振幅-时间图诊断法　方均根值诊断法多适用于机器做稳态振动的情况。若机器振动不平稳，即振动参量随时间变化时，则可用振幅-时间图诊断法。

以离心式空气压缩机或其他旋转机械的开机过程为例，如图 5-1 所示为记录到的振幅 A 随着时间 t 变化的几种情况。

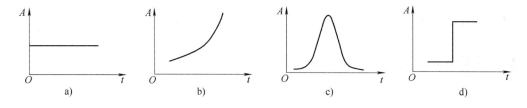

图 5-1　开机过程的振幅-时间图

图 5-1a 显示振幅不随开机过程变化，若有振动可能是别的设备及地基振动传递到被测设备而引起的，也可能是流体压力脉动或阀门振动引起的。

图 5-1b 显示振幅随开机过程而增大，可推断是转子动平衡问题或者轴承座和基础刚度不够，也可能是推力轴承损坏等。

图 5-1c 显示开机过程中振幅出现峰值。这多半是共振引起的，包括轴系临界转速低于工作转速的所谓柔性转子的情况，也包括箱体、支座、基础共振的情况。

图 5-1d 显示振幅在开机过程中某时刻突然增大，这可能是油膜振动引起的，也可能是间隙过小或过盈不足引起的。

5.1.2　概率密度函数分析

在第 1 章的讨论中曾指出，概率密度函数 $p(x)$ 表示了概率相对幅值的变化率，恒为实值非负函数。它给出了随机信号沿幅值域分布的统计规律。

时域信号的均值、方均根值、标准差等特征值与概率密度函数也有着密切的关系，表示为

$$\mu_x = \int_{-\infty}^{+\infty} xp(x)\,\mathrm{d}x$$

$$x_{\mathrm{rms}} = \sqrt{\int_{-\infty}^{+\infty} x^2 p(x)\,\mathrm{d}x}$$

$$\sigma_x = \sqrt{\int_{-\infty}^{+\infty} (x-\mu_x)^2 p(x)\,\mathrm{d}x}$$

不同的随机信号有着不同的概率密度函数图形，可以借此判别信号的性质。几种常见均值为零的随机信号的概率密度函数图形可见表5-1（见5.2.2节）。

与实际物理现象相联系的概率密度函数在数量上是无穷无尽的，但如下三类概率密度函数可近似地反映大部分信号数据，这里不加推导地列出它们。

1. 正弦信号的概率密度函数

对于正弦信号，由于对未来瞬时的精确幅值可用 $x(t)=A\sin(2\pi f+\varphi)$ 完全确定，因此理论上没有必要研究它的概率分布问题。但是如果它的相角 φ 是一个在 $\pm\pi$ 区间服从均匀分布的随机变量，则可把正弦函数看作一个随机过程。假设正弦函数的均值为零，则其概率密度函数为

$$p(x) = \begin{cases} \dfrac{1}{\pi\sqrt{2\sigma^2-x^2}} & |x|\leqslant A \\ 0 & |x|>A \end{cases} \tag{5-5}$$

式中，$\sigma=A/\sqrt{2}$，是正弦信号的标准差。

如图5-2所示是正弦信号的概率密度函数图。可以看到，在均值 μ_x 处 $p(x)$ 最小，在信号的最大、最小幅值处 $p(x)$ 最大。

2. 正态（高斯）分布的概率密度函数

正态分布又称为高斯分布，是概率密度函数中最重要的一种分布。由于大多数随机现象都是由许多随机事件组成，因此它们的概率密度函数均是近似或者完全符合正态分布。如窄带随机噪声又称为高斯噪声就完全符合正态分布。正态分布的概率密度函数表达式为

$$p(x) = \frac{1}{\sigma_x\sqrt{2\pi}}\exp\left[-\frac{(x-\mu_x)^2}{2\sigma_x^2}\right] \tag{5-6}$$

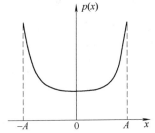

图5-2 正弦信号的概率密度函数

式中 μ_x——随机信号的均值；

σ_x——随机信号的标准差。

图5-3为一维高斯分布的概率密度函数图。可以看出，在均值 μ_x 处 $p(x)$ 最大，在信号的最大、最小幅值处 $p(x)$ 最小。σ_x 越大，概率密度曲线越平坦。

比较图5-2与图5-3可以看到，正态分布的概率密度函数呈"峰形"，而正弦信号的概率密度函数呈"谷形"。

二维高斯分布的概率密度函数 $p(x_1,x_2)$ 的表达式比较复杂，在此不列举。

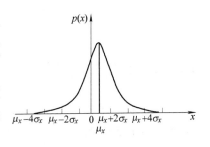

图5-3 一维高斯分布的概率密度函数和概率分布函数

3. 混有正弦波高斯噪声的概率密度函数

包含正弦信号 $s(t) = S\sin(2\pi ft + \theta)$ 和零均值高斯噪声 $n(t)$ 的随机信号 $x(t)$，其表达式为 $x(t) = n(t) + s(t)$。可以推导出 $x(t)$ 的概率密度函数为

$$p(x) = \frac{1}{\sigma_s \pi \sqrt{2\pi}} \int_0^\pi \exp\left[-\left(\frac{x - S\cos\theta}{4\sigma_n^2}\right)^2\right] d\theta \tag{5-7}$$

式中　σ_n——$n(t)$ 的标准差；

　　　σ_s——$s(t)$ 的标准差。

图 5-4 为混有正弦波的高斯噪声的概率密度函数图。图中 $R = (\sigma_s/\sigma_n)^2$，对于纯高斯噪声 $R = 0$；对于正弦波 $R \to \infty$；对混有正弦波的高斯噪声 $0 < R < \infty$。该图可以鉴别随机信号中是否混有正弦信号，并从幅值统计上看出其所占的比重。

图 5-5 为车床变速箱噪声的概率密度函数曲线。由图可以看出，新旧变速箱的分布规律有着明显差异，正常运行状态下的机器，其噪声是大量的、无规则的、量值较小的随机冲击，因此其幅值概率分布比较集中。当机器运行状态不正常时，在随机噪声中出现了有规则的、周期性的冲击，且其量值要比随机冲击大得多。如机构中轴承磨损间隙增大后，轴与轴承就会有撞击的现象；或滚动轴承的滚道出现剥蚀、齿轮传动中某个齿面严重磨损或花键配合的间隙增加等情况出现时，

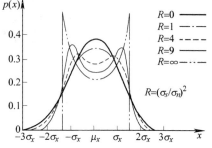

图 5-4　混有正弦波的高斯噪声的概率密度函数

在随机噪声中会出现周期信号而使噪声功率大为增加，这些效应体现在曲线的形状上，则由于方差增加，分散度加大，甚至使曲线的顶部变平或出现局部凹形。由此可判断变速箱的运行状态。

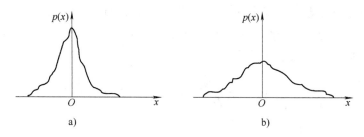

图 5-5　车床变速箱噪声的概率密度函数曲线
a) 新变速箱　b) 旧变速箱

5.2　信号的相关分析

相关分析是通过对波形相似性进行定量比较，来分析信号之间的相似程度。对于一个随机信号，用自相关函数来描述其在不同时刻的相似程度；对于两个随机信号，用互相关函数来描述相互间关系。

5.2.1　相关系数

所谓相关，是指变量间的线性联系。对于确定性信号，可用函数描述两个变量之间的一一对应。而对于随机信号，两个变量之间虽不具有确定的关系，但通过大量统计也可以发现它们之间还是存在着某种虽不精确但却近似的关系。例如在齿轮箱中，滚动轴承滚道上的疲劳应力和轴向载荷之间不能用确定性函数来描述，但是通过大量的统计可以发现，轴向载荷较大时疲劳应力相应也比较大，两个变量间存在一定的线性关系。

由工程数学可知，变量 x 和 y 之间的相关程度可用相关系数 ρ_{xy} 表示，即

$$\rho_{xy} = \frac{E[(x-\mu_x)(y-\mu_y)]}{\sigma_x \sigma_y} = \frac{E[(x-\mu_x)(y-\mu_y)]}{\sqrt{E[(x-\mu_x)^2]E[(y-\mu_y)^2]}} \tag{5-8}$$

式中　μ_x，μ_y——随机变量 x，y 的均值；

σ_x，σ_y——随机变量 x，y 的标准差。

根据柯西-谢瓦兹不等式，有

$$E[(x-\mu_x)(y-\mu_y)] \leqslant \sqrt{E[(x-\mu_x)^2]E[(y-\mu_y)^2]}$$

可知 $|\rho_{xy}| \leqslant 1$。图 5-6 表示随机变量 x 和 y 组成数据点的分布情况。当 $|\rho_{xy}| \to 1$ 时，数据点分布趋近于一条直线，x 和 y 的线性相关程度比较好(见图 5-6a)，ρ_{xy} 的正负号表示一变量随另一变量的增加或减少；当 $|\rho_{xy}| \to 0$ 时，表示 x 和 y 之间完全无关(见图 5-6b)，但不能否认两者之间可能存在的某种非线性的相关性。

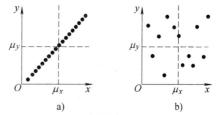

图 5-6　随机变量 x 和 y 的相关性

a) x 和 y 相关　b) x 和 y 无关

5.2.2　自相关函数

1. 自相关函数的描述

如图 5-7 所示，$x(t)$ 是某各态历经随机过程的一个样本记录，$x(t+\tau)$ 是 $x(t)$ 时移 τ 后的样本，如果把相关系数 $\rho_{x(t)x(t+\tau)}$ 简写成 $\rho_x(\tau)$，则有

$$\rho_x(\tau) = \frac{\lim\limits_{T \to \infty} \frac{1}{T} \int_0^T [x(t)-\mu_x][x(t+\tau)-\mu_x]\mathrm{d}t}{\sigma_x^2}$$

将分子展开并注意到

$$\lim_{T \to \infty} \frac{1}{T} \int_0^T x(t)\mathrm{d}t = \mu_x$$

$$\lim_{T \to \infty} \frac{1}{T} \int_0^T x(t+\tau)\mathrm{d}t = \mu_x$$

从而得

$$\rho_x(\tau) = \frac{\lim\limits_{T \to \infty} \frac{1}{T} \int_0^T x(t)x(t+\tau)\mathrm{d}t - \mu_x^2}{\sigma_x^2} \tag{5-9}$$

对各态历经信号和功率信号，可定义自相

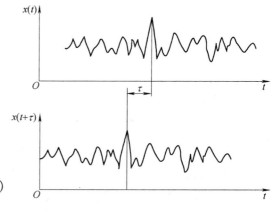

图 5-7　自相关函数

关函数 $R_x(\tau)$ 为

$$R_x(\tau) = \lim_{T\to\infty} \frac{1}{T}\int_0^T x(t)x(t+\tau)\,\mathrm{d}t \tag{5-10}$$

把式(5-10)代入式(5-9)可得

$$\rho_x(\tau) = \frac{R_x(\tau) - \mu_x^2}{\sigma_x^2} \tag{5-11}$$

2. 自相关函数的性质

1）根据式(5-11)可得

$$R_x(\tau) = \rho_x(\tau)\sigma_x^2 + \mu_x^2$$

因为 $|\rho_x(\tau)| \le 1$，所以

$$\mu_x^2 - \sigma_x^2 \le R_x(\tau) \le \mu_x^2 + \sigma_x^2 \tag{5-12}$$

2）自相关函数在 $\tau = 0$ 时有最大值，并等于 ψ_x^2。

根据式(5-10)可得

$$R_x(0) = \lim_{T\to\infty} \frac{1}{T}\int_0^T x(t)x(t)\,\mathrm{d}t = \psi_x^2 \tag{5-13}$$

3）当 $\tau\to\infty$ 时，$x(t+\tau)$ 与 $x(t)$ 间不存在内在的联系，即 $\rho_x(\tau\to\infty)\to 0$，$R_x(\tau\to\infty)\to\mu_x^2$。

4）自相关函数是实偶函数，即

$$R_x(\tau) = R_x(-\tau) \tag{5-14}$$

上述性质可用图 5-8 表示。

5）周期信号的自相关函数仍然是同频率的周期信号，其幅值与原周期信号幅值相关，但丢失了原信号的相位信息。

例 5-1 求正弦函数 $x(t) = X\sin(\omega t + \varphi)$ 的自相关函数，初相角 φ 为一随机变量。

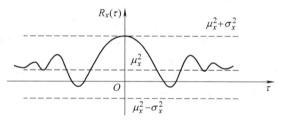

图 5-8 自相关函数的性质

解 此正弦信号是一个零均值的各态历经随机过程，根据式(5-10)得

$$R_x(\tau) = \lim_{T\to\infty} \frac{1}{T}\int_0^T x(t)x(t+\tau)\,\mathrm{d}t$$

$$= \frac{1}{T}\int_0^T X^2\sin(\omega t+\varphi)\sin[\omega(t+\tau)+\varphi]\,\mathrm{d}t$$

式中 T——正弦函数的周期，$T = \dfrac{2\pi}{\omega}$。

令 $\omega t + \varphi = \theta$，则 $\mathrm{d}t = \dfrac{\mathrm{d}\theta}{\omega}$。于是

$$R_x(\tau) = \frac{X^2}{2\pi}\int_0^{2\pi}\sin\theta\sin(\theta+\omega\tau)\,\mathrm{d}\theta = \frac{X^2}{2}\cos\omega\tau$$

由此可见，正弦函数的自相关函数是偶函数，在 $\tau = 0$ 处取最大值，但它不随 τ 的增加而衰减至零；它保留了原信号的幅值和频率信息，但丢失了初始的相位信息。

典型信号的概率密度函数和自相关函数图见表 5-1。由表可知，自相关函数是区别信号类型的有效手段，只要信号中含有周期成分，其自相关函数在 τ 很大时都不衰减，并具有明

显的周期性。而不包含周期成分的随机信号，当 τ 稍大时，自相关函数将趋近于零。如宽带随机噪声的自相关函数很快衰减到零，窄带随机噪声的自相关函数则有较慢的衰减特性。

表 5-1　典型信号的概率密度函数和自相关函数图

名称	时 间 历 程	概 率 密 度	自 相 关
正弦信号			
正弦波加随机噪声信号			
窄带随机信号			
宽带随机信号			

5.2.3　互相关函数

与自相关函数推导过程相似，两个各态历经随机信号 $x(t)$ 和 $y(t)$ 的互相关系数 $R_{xy}(\tau)$ 可定义为

$$R_{xy}(\tau) = \lim_{T \to \infty} \frac{1}{T} \int_0^T x(t) y(t + \tau) \mathrm{d}t \tag{5-15}$$

当 $\tau \to \infty$ 时，$x(t)$ 和 $y(t)$ 互不相关，$\rho_{xy}(\tau \to \infty) \to 0$，$R_{xy}(\tau \to \infty) \to \mu_x \mu_y$。$R_{xy}(\tau)$ 的最大变动范围在 $\mu_x \mu_y \pm \sigma_x \sigma_y$ 之间。即

$$\mu_x \mu_y - \sigma_x \sigma_y \leqslant R_{xy}(\tau) \leqslant \mu_x \mu_y + \sigma_x \sigma_y \tag{5-16}$$

如果 $x(t)$ 和 $y(t)$ 是同频率的周期信号或互相包含同频率的周期成分，那么即使当 $\tau \to \infty$ 时，互相关函数也不收敛，也会出现该频率的周期成分。如果 $x(t)$ 和 $y(t)$ 是不同频率的周期信号，则两者不相关。就是说，同频率相关，不同频率不相关。

互相关函数是非奇、非偶函数，但有 $R_{xy}(\tau) = R_{yx}(-\tau)$。

互相关函数的性质如图 5-9 所示。当 $\tau = \tau_0$ 时，互相关函数呈现最大值，τ_0 反映 $x(t)$ 和 $y(t)$ 之间的滞后时间。

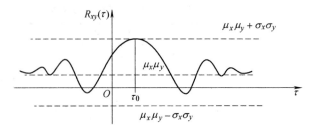

图 5-9　互相关函数的性质

例 5-2　设有两个周期信号 $x(t) = X\sin(\omega t + \theta)$ 和 $y(t) = Y\sin(\omega t + \theta - \varphi)$，其中 θ 为 $x(t)$ 相对 $t = 0$ 的相位角；φ 为 $x(t)$ 与 $y(t)$ 的相位差，试求其互相关函数 $R_{xy}(\tau)$。

解　由于 $x(t)$ 和 $y(t)$ 信号是周期函数，可以用一个共同周期内的平均值代替整个周期的平均值。因此有

$$
\begin{aligned}
R_{xy}(\tau) &= \lim_{T \to \infty} \frac{1}{T} \int_0^T x(t) y(t + \tau) \mathrm{d}t \\
&= \frac{1}{T} \int_0^T X\sin(\omega t + \theta) Y\sin[\omega(t + \tau) + \theta - \varphi] \mathrm{d}t \\
&= \frac{XY}{2}\cos(\omega\tau - \varphi)
\end{aligned}
$$

由此可见，两个均值为零且同频率的周期信号，其互相关函数不仅保留了两信号的幅值和频率信息，还保留了相位信息。

例 5-3　若两个周期信号的频率不等，$x(t) = X\sin(\omega_1 t + \theta)$、$y(t) = Y\sin(\omega_2 t + \theta - \varphi)$，试求其互相关函数 $R_{xy}(\tau)$。

解　由公式 (5-15) 可得

$$
\begin{aligned}
R_{xy}(\tau) &= \lim_{T \to \infty} \frac{1}{T} \int_0^T x(t) y(t + \tau) \mathrm{d}t \\
&= \frac{1}{T} \int_0^T X\sin(\omega_1 t + \theta) Y\sin[\omega_2(t + \tau) + \theta - \varphi] \mathrm{d}t
\end{aligned}
$$

根据正 (余) 弦函数的正交性可得

$$
R_{xy}(\tau) = 0
$$

因此说两个不同频率的周期信号是不相关的。

5.2.4　相关分析的应用

1. 相关滤波

在工程应用中，用互相关方法在噪声背景下提取有用信息是一种非常有效的手段。对一个线性系统（例如某个部件、结构或某台机床）激振，所测得的振动信号中常常含有大量的噪声干扰。根据互相关函数频率保持性，只有和激振频率相同的成分才可能是由激振引起的响应，其他成分均为干扰。因此只要将激振信号和所测得的振动响应信号做互相关，就可得到由激振引起的响应信号的幅值和相位差，从而消除了噪声的干扰。

2. 故障诊断

图 5-10 所示是测得的某型号两台车床变速箱的自相关函数。图 5-10a 是正常状态车床变速箱的自相关函数，由图可看出，随着 τ 的增大，$R_x(\tau)$ 逐渐趋近于零，说明所测信号是随机噪声；在图 5-10b 中，车床变速箱的自相关函数 $R_x(\tau)$ 含有周期成分，当 τ 增大时，$R_x(\tau)$ 不趋近于零，说明该车床变速箱工作状态处于异常。将变速箱中各轴的转速与 $R_x(\tau)$ 得出的周期（或频率）相比较，可确定缺陷的位置。停机后经对该车床变速箱进行检查，完全证实了上述分析所作出的诊断。

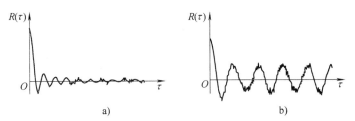

图 5-10　车床变速箱噪声的自相关函数

a）正常状态　b）异常状态

图 5-11 是确定深埋在地下的输油管裂损位置的示意图。漏损处 K 视为向两侧传播声源，在两侧管道上分别放置传感器 1 和传感器 2，由于放置两传感器的位置距漏损处不等，因此漏油处的声源传至两传感器时产生了时差。从互相关图上可看出，当 $\tau = \tau_m$ 时 $R_{x_1 x_2}(\tau)$ 有最大值，τ_m 即为时差。由下式可确定漏损处的位置

$$s = \frac{1}{2} v \tau_m$$

式中　s——两传感器的中点至漏损处的距离；

　　　v——声源通过管道的传播速度。

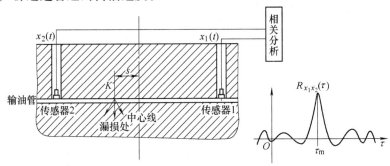

图 5-11　确定输油管裂损位置

3. 相关测速

实际工程中，常用两个间隔一定距离的传感器进行非接触测量运动物体的速度。图 5-12 是测定热轧钢带运动速度的示意图。其测试系统由性能相同的两组光电池、透镜、可调延时器和相关器组成。当运动的热轧钢带表面的反射光经透镜聚焦在相距为 d 的两个光电池上时，反射光通过光电池转换为电信号，经可调延时器延时，再进行相关处理。当可调延时 τ 等于钢带上某点在两个测点之间经过所需的时间 τ_d 时，互相关函数为最大值，所测钢带的运动速度为 $v = d/\tau_d$。

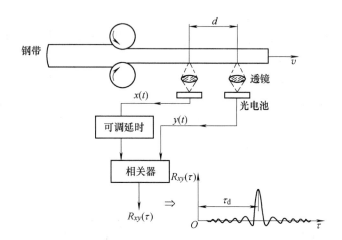

图 5-12　测定热轧钢带运动速度(非接触测量)

5.3　信号的频域分析

信号的时域分析描述了信号幅值随时间变化的特征，相关分析成为在噪声背景下提供有用信号的有效手段。而从频域描述信号的频率结构及各频率成分的大小，进行功率谱密度函数、相干函数、倒谱分析等是平稳随机过程研究的重要方法。

5.3.1　自功率谱密度函数

1. 定义及物理意义

假设 $x(t)$ 是均值为零的平稳随机信号(如果原随机信号是非零均值,可以进行处理使其均值为零)，$x(t)$ 的自相关函数为 $R_x(\tau)$，当 $\tau \to \infty$，$R_x(\tau \to \infty) \to 0$，由于这样自相关函数 $R_x(\tau)$ 满足了傅里叶变换的条件 $\int_{-\infty}^{\infty} |R_x(\tau)| \mathrm{d}\tau < \infty$，因此可得到 $R_x(\tau)$ 的傅里叶变换 $S_x(f)$

$$S_x(f) = \int_{-\infty}^{\infty} R_x(\tau) \mathrm{e}^{-\mathrm{j}2\pi f\tau} \mathrm{d}\tau \tag{5-17}$$

其逆变换

$$R_x(\tau) = \int_{-\infty}^{\infty} S_x(f) \mathrm{e}^{\mathrm{j}2\pi f\tau} \mathrm{d}f \tag{5-18}$$

这里定义 $S_x(f)$ 为 $x(t)$ 的自功率谱密度函数，简称自谱。由于 $S_x(f)$ 和 $R_x(\tau)$ 一一对应，$S_x(f)$ 中含有 $R_x(\tau)$ 的全部信息，因此 $R_x(\tau)$ 是实偶函数，$S_x(f)$ 也必为实偶函数。实际工程中通常用 $f = 0 \sim \infty$ 范围内 $G_x(f) = 2S_x(f)$ 来表示全部功率谱，$G_x(f)$ 称为信号 $x(t)$ 的单边功率谱，如图 5-13 所示。

当 $\tau = 0$ 时，根据式(5-13)和式(5-17)，有

$$\int_{-\infty}^{\infty} S_x(f) \mathrm{d}f = \psi_x^2 \tag{5-19}$$

由此可见，$S_x(f)$ 曲线下和频率轴所包含的面积是信号的平均功率，$S_x(f)$ 是信号的功率密度沿频率

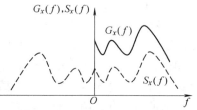

图 5-13　单边谱和双边谱

轴的分布，因此称 $S_x(f)$ 为自功率谱密度函数。

巴塞伐尔(Paseval)定理指出：在时域中信号的总能量等于在频域中信号的总能量。表示为

$$\int_{-\infty}^{\infty} x^2(t)\,\mathrm{d}t = \int_{-\infty}^{\infty} |X(f)|^2\,\mathrm{d}f$$

式中 $|X(f)|^2$ 为幅值谱，是沿频率轴的能量分布密度。在整个时间轴上的平均功率为

$$P_{av} = \lim_{T \to \infty} \frac{1}{T} \int_0^T x^2(t)\,\mathrm{d}t = \int_{-\infty}^{\infty} \lim_{T \to \infty} \frac{1}{T} |X(f)|^2\,\mathrm{d}f$$

联系到式(5-19)，可得自功率谱密度函数和幅值谱的关系为

$$S_x(f) = \lim_{T \to \infty} \frac{1}{T} |X(f)|^2 \tag{5-20}$$

综上所述，要得到一个信号 $x(t)$ 的功率谱密度 $S_x(f)$，有两种途径：一是先求出自相关函数 $R_x(\tau)$，再利用式(5-17)进行傅里叶变换求得；二是经傅里叶变换先求出 $x(t)$ 的幅值谱 $X(f)$，再由式(5-20)求出其功率谱密度。通常把前一种方法叫相关图法，把后一种方法称为周期图法。

自功率谱密度 $S_x(f)$ 和幅值谱 $|X(f)|$ 都反映了信号的频域结构，但由于自功率谱密度 $S_x(f)$ 是幅值谱 $|X(f)|$ 的平方，因此自功率谱密度的频率结构特征更明显，如图5-14所示。

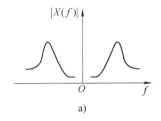 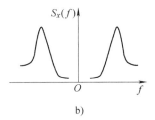

图 5-14　幅值谱和功率谱

a）幅值谱　b）功率谱

2. 应用

自谱密度是用得最多、最普遍的一种频域分析方法，特别是在机械故障诊断中有着广泛的用途。如某发电厂的发电机组，其结构如图5-15所示，该机组在汽轮机检修后进行了振动测量，发现其中轴承①水平方向振动较大，所测的振动波形和对振动信号做的功率谱如图5-16a、b所示。观察其振动波形图可看到，振幅变化不规则，含有高次谐波成分，但无法做出什么结论。对振动信号的功率谱图进行分析可看到，振动信号所包含的主要频率成分都是奇数倍转频(f_r)，尤以3倍频最

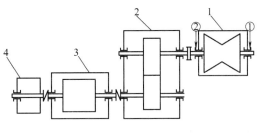

图 5-15　汽轮发电机组结构简图

1—汽轮机　2—减速器　3—发电机　4—励磁机

①—后轴承　②—前轴承

为突出，根据旋转机械故障诊断的知识可判断汽轮机后轴承存在松动。经停机检查后发现，汽轮机后轴承的一侧有两颗地脚螺栓没有上紧，原因是预留热膨胀间隙过大。按要求旋紧螺母后，振动减弱，机器平稳运行。

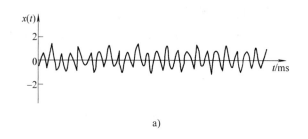

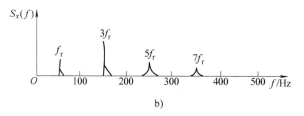

图 5-16　汽轮机后轴承水平方向的振动波形和功率谱

a) 振动波形　b) 功率谱

5.3.2　互功率谱密度函数

如果互相关函数 $R_{xy}(\tau)$ 满足傅里叶变换的条件 $\int_{-\infty}^{\infty} |R_{xy}(\tau)| \mathrm{d}\tau < \infty$，则定义

$$S_{xy}(f) = \int_{-\infty}^{\infty} R_{xy}(\tau) \mathrm{e}^{-\mathrm{j}2\pi f \tau} \mathrm{d}\tau \tag{5-21}$$

$S_{xy}(f)$ 称为信号 $x(t)$ 与 $y(t)$ 的互功率谱密度函数，简称互谱。根据傅里叶逆变换有

$$R_{xy}(\tau) = \int_{-\infty}^{\infty} S_{xy}(f) \mathrm{e}^{\mathrm{j}2\pi f \tau} \mathrm{d}f \tag{5-22}$$

$S_{xy}(f)$ 同样含有 $R_{xy}(\tau)$ 的全部信息。

互功率谱密度不像自功率谱密度那样具有明显的物理意义。实际应用中，常用互功率谱密度确定系统的传递函数。

对于一个线性系统（见图 5-17），若输入为 $x(t)$，输出为 $y(t)$，系统的频率响应函数为 $H(f)$，且有 $x(t) \rightleftharpoons X(f)$、$y(t) \rightleftharpoons Y(f)$，则

$$Y(f) = H(f)X(f) \tag{5-23}$$

可以证明，输入、输出的自功率谱密度与系统的频率响应函数的关系如下

$$S_y(f) = |H(f)|^2 S_x(f) \tag{5-24}$$

因此通过对输入、输出的自谱分析，就能得出系统的频响特性。但由于自谱不包含相位信息，因此只能得出系统的幅频特性，而不能得出相频特性。

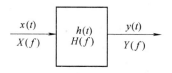

图 5-17　理想的单输入、
输出系统

如果通过对输入、输出的互谱分析，即

$$S_{xy}(f) = H(f)S_x(f) \tag{5-25}$$

此时得出的系统频响特性，由于互谱 $S_{xy}(f)$ 包含了频率和相位信息，则频率响应函数 $H(f)$ 既包含幅频特性也包含相频特性。

5.3.3 相干函数

平稳随机信号 $x(t)$ 与 $y(t)$ 之间的相干函数(也称为凝聚函数)$\gamma_{xy}^2(f)$ 定义为

$$\gamma_{xy}^2(f) = \frac{|S_{xy}(f)|^2}{S_x(f)S_y(f)} \quad (0 \leqslant \gamma_{xy}^2(f) \leqslant 1) \tag{5-26}$$

式中，$S_x(f)$、$S_y(f)$ 分别为信号 $x(t)$、$y(t)$ 的自谱，$S_{xy}(f)$ 为信号 $x(t)$ 和 $y(t)$ 的互谱。需要注意的是，如果所输入的平稳随机信号的均值不等于零，求 $\gamma_{xy}^2(f)$ 时需要进行零均值化处理。

相干函数常用来判断系统输出与某特定输入谱的相关程度，可以判断系统是否还有其他输入干扰及系统的线性程度，还可以用来估计谱和系统动态特性(传递函数)的测量精度。

不同于时域里定义的相关系数，凝聚函数 $\gamma_{xy}^2(f)$ 是频率的函数，是在频域内描述信号 $x(t)$ 和 $y(t)$ 的相关性。$\gamma_{xy}^2(f)$ 从物理意义上反映了信号 $y(t)$ 有多少是来源于信号 $x(t)$ 的。当 $\gamma_{xy}^2(f) = 1$ 时，信号 $y(t)$ 完全来源于信号 $x(t)$，称为全相干，此时计算出的 $S_{xy}(f)$ 及 $y(t)$ 与 $x(t)$ 之间的传递函数 $H(f)$ 完全可信。当 $\gamma_{xy}^2(f) = 0$ 时，信号 $y(t)$ 和 $x(t)$ 完全不相干，彼此相互独立，此时计算出的 $S_{xy}(f)$ 及 $H(f)$ 毫无意义。在用相关辨识方法测算系统传递函数时通常要同时计算相干函数。

由于以下四种情况，相干函数 $\gamma_{xy}^2(f)$ 通常位于 $0 \sim 1$ 之间：①测量信号中含有噪声；②谱估计中存在分辨率偏差；③系统是非线性的；④除了输入信号 $x(t)$ 之外还有其他输入。对于线性系统，可理解为在各频率处，信号 $y(t)$ 有一部分来源于信号 $x(t)$，其余则来源于其他的信号源或噪声的干扰。

5.3.4 倒频谱分析

倒频谱分析也称为二次频谱分析，是近代信号处理科学中的一项新技术，它可以检测复杂信号谱图中的周期成分，尤其对于存在谐频和边频的复杂信号的分析非常有效。声学领域中语音音调的判别、机械振动和噪声的识别、地震波的测定等常用到倒频谱分析。

1. 数学描述

已知时域信号 $x(t)$，经过傅里叶变换后得到频域函数 $X(f)$ 或功率谱密度函数 $S_x(f)$，当频谱图上呈现出复杂的周期、谐频、边频等结构时，若再进行一次对数的功率谱密度函数的傅里叶变换，并取平方，则可得到倒频谱函数 $C_P(\tau)$，即

$$C_P(\tau) = |F\{\log S_x(f)\}|^2 \tag{5-27}$$

这里，"F"表示傅里叶变换。$C_P(\tau)$ 又称功率倒频谱或对数功率谱的功率谱。实际工程中常用开方形式，即

$$C_o(\tau) = \sqrt{C_P(\tau)} = |F\{\log S_x(f)\}| \tag{5-28}$$

$C_o(\tau)$ 称为幅值倒频谱，简称倒频谱。自变量 τ 称为倒频率，它与自相关函数 $R_x(\tau)$ 中的自变量 τ 有相同的时间量纲，一般为 s 或 ms。由于倒频谱是正傅里叶变换，积分变量是频率 f 而不是时间 τ，因此倒频谱 $C_o(\tau)$ 的自变量 τ 具有时间的量纲，τ 值大的称为高倒频率，表示谱图上的快速波动和密集谐频；τ 值小的称为低倒频率，表示谱图上的缓慢波动和分散谐频。

为了使其定义更加明确，我们可对比一下信号的自相关函数 $R_x(\tau)$

$$R_x(\tau) = F^{-1}\{S_x(f)\}$$

可见，倒频谱的定义方法与自相关函数很相近，变量 τ 在量纲上完全相同。倒频谱为信号的双边功率谱对数加权，再取其逆傅里叶变换。对数加权的目的是使再变换后的信号能量集中，扩大动态分析的频谱范围和提高再变换的精度，易于对原信号分离和识别。

为了反映相位信息，分离后能恢复原信号，又提出一种复倒频谱的运算方法。若信号 $x(t)$ 的傅里叶变换为 $X(f)$，则可表示为

$$X(f) = \mathrm{Re}X(f) + \mathrm{jIm}X(f) = |X(f)|e^{j\phi(f)}$$

$x(t)$ 的倒频谱记为

$$C_o(\tau) = F^{-1}\{\log X(f)\} \tag{5-29}$$

显然它保留了相位信息。

2. 倒频谱的应用

在机械状态监测和故障诊断中，所测得的信号往往是由故障源经系统路径传输而得到的响应，就是说，它不是原故障点的信号。如欲得到源信号，必须删除传递通道的影响。例如，在噪声测量时，所测得的信号不仅有源信号，而且混入了不同方向反射的回声信号，要提取源信号，必须删除回声的干扰信号。

若系统的输入为 $x(t)$，输出为 $y(t)$，脉冲响应函数为 $h(t)$，则三者在时域的关系为

$$y(t) = x(t) * h(t)$$

则频域的关系为

$$Y(f) = H(f)X(f)$$

由式(5-24)可得

$$S_y(f) = |H(f)|^2 S_x(f)$$

对其两边取对数，有

$$\log S_y(f) = \log S_x(f) + \log |H(f)|^2$$

再求倒频谱

$$F\{\log S_y(f)\} = F\{\log S_x(f)\} + F\{\log |H(f)|^2\}$$

即

$$C_y(\tau) = C_x(\tau) + C_h(\tau) \tag{5-30}$$

经过以上推导可知，信号的输出在时域可以用 $x(t)$ 与 $h(t)$ 的卷积求出；在频域则变成 $X(f)$ 与 $H(f)$ 的乘积；而在倒频域变成 $C_x(\tau)$ 和 $C_h(\tau)$ 的相加，把系统特性 $C_h(\tau)$ 与信号特性 $C_x(\tau)$ 明显区别开来，这对清除传递通道的影响很有用处，而用功率谱处理就很难实现。

图 5-18b 即为式(5-30)的倒频谱图。从图可看出信号由两部分组成：一部分是高倒频率 τ_2，反映源信号特征；另一部分是低倒频率 τ_1；反映系统特性。两部分在倒频谱图上占有不同的倒频率范围，可根据需要进行分离。

高速大型旋转机械的旋转状况通常很复杂，尤其当设备出现不对中、轴承或齿轮有缺陷、油膜涡动、摩擦及质量不对称等现象时，振动更为复杂，此时用一般频谱分析方法已经难于辨识反映其缺陷的频率分量，通常使用倒频谱分析增强识别能力。关于对倒频谱分析的深入讨论可见相关文献资料。

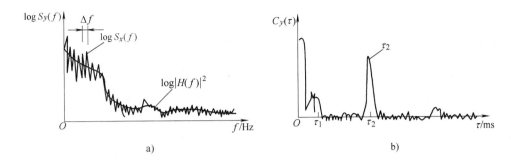

图 5-18　功率谱和倒频谱的关系

a）对数功率谱　b）倒频谱

5.4　数字信号处理

目前的信号处理技术分为模拟信号处理和数字信号处理。

模拟信号处理系统由一系列能实现模拟运算的电路，诸如模拟滤波器、乘法器、微分放大器等环节组成。其中大部分环节在第 3 章中已有讨论。模拟信号处理也可作为数字信号处理的前奏，例如滤波、限幅、隔直、解调等预处理。数字处理之后也常需作模拟显示、记录等。

数字信号处理是用数字方法处理信号，它既可在通用计算机上借助程序来实现，也可以用专用信号处理仪器完成。数字信号处理系统由于具有稳定、灵活、快速、高效、应用范围广、设备体积小、质量轻等诸多优点，因此在各行业中得到广泛应用。

信号处理内容很丰富，本章只讨论部分问题。

5.4.1　数字信号处理的基本步骤

数字信号处理的基本步骤如图 5-19 所示。

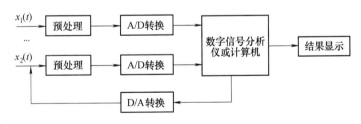

图 5-19　数字信号处理系统简图

信号的预处理是把信号变成适于数字处理的形式。预处理环节应根据测试对象、信号特点和数字处理设备的能力来进行。预处理包括：

1）进行电压幅值调理，以便适宜于采样。这里希望电压峰-峰值足够大，以便充分发挥 A/D 转换器的精确度。如 12 位的 A/D 转换器，其参考电压为 ±5V，由于 $2^{12} = 4096$，故其末位数字的当量电压为 2.5mV。若信号电平较低，转换后二进制数的高位都为 0，仅在低位有值，则转换后的信噪比较差。若信号电平绝对值超过 5V，则转换中会发生溢出，这也是不允许的。所以进入 A/D 转换信号的电平要进行适当地调整。

2）进行必要的滤波，主要是滤去信号中的高频噪声，以提高信噪比。

3）隔离信号中不应有的直流分量。

4）如原信号经过调制，则应进行解调。

模-数（A/D）转换是模拟信号经采样、量化并转化为二进制的过程。

数字信号处理器或计算机是对离散的时间序列进行运算处理，而且只能处理有限长度的数据，所以首先要把长时间的序列截断；有时对截取的数字序列还要人为地进行加权（乘以窗函数）以形成新的有限长的序列；对由于强干扰或信号丢失引起的数据中的奇异点应予以剔除；对温漂、时漂等系统性干扰所引起的趋势项应予以分离；如有必要，还可以设计专门的程序来进行数字滤波，最后把数据按指定的程序进行运算，以完成各种分析。

运算结果可以直接显示或打印。若后接 D/A，还可得到模拟信号。如需要还可将数字信号处理结果送入计算机或通过专门程序进行后续处理。

5.4.2 信号数字化出现的问题

数字信号处理是把一个连续变化的模拟信号转化为数字信号，经计算机运算处理，从中提取有关的信息。信号数字化过程包含着一系列步骤，每一步都可能引起信号和其蕴含信息的失真和丢失。

现通过求一个模拟信号的频谱为例，来定性地说明有关问题。

设模拟信号 $x(t)$ 的傅里叶变换为 $X(f)$，如图 5-20a 所示。为使用计算机运算，需将 $x(t)$ 变换成有限长的离散时间序列，为此，需对 $x(t)$ 进行采样和截断。

采样是用一个周期脉冲序列 $comb(t, T_s)$，也称为采样函数（$g(t)$ 表示，如图 5-20b 所示），去乘以 $x(t)$。T_s 称为采样间隔，$1/T_s = f_s$ 称为采样频率。由第 1 章 1.3.3 节的知识可知，$comb(t, T_s)$（即 $g(t)$）的傅里叶变换 $Comb(f, f_s)$（$G(f)$ 表示）也是周期脉冲序列，其频率间距为 f_s。根据傅里叶变换的卷积性质，采样后的频谱应是 $X(f) * G(f)$，相当于 $X(f)$ 的中心落在 $G(f)$ 脉冲序列的频率点上，如图 5-20c 所示。若 $X(f)$ 的频带大于 f_s，则平移后的图形会发生交叠，如图中虚线所示。采样后信号的频谱是这些平移后的图形的叠加，如图中实线所示。

由于计算机只能进行有限长序列的运算，所以必须把采样后信号的时间序列进行截取，其余部分视为零不予考虑。这等于把采样后的时间序列乘上一个矩形窗函数。窗函数的窗宽为 T，所截取的时间序列数据点数 $N = T/T_s$。窗函数 $w_R(t)$ 傅里叶变换 $W_R(f)$ 如图 5-20d 所示。根据卷积特性，时域相乘对应着频域卷积，因此进入计算机的信号 $x(t)g(t)w_R(t)$ 是长度为 T 的 N 点离散信号，它的频谱 $X(f) * G(f) * W_R(f)$ 是一个连续函数，如图 5-20e 所示。

计算机按照一定算法，比如离散傅里叶变换（DFT）或快速傅里叶变换（FFT），将 N 点长的离散时间序列 $x(t)g(t)w_R(t)$ 变换成 N 点的离散频率序列，并输出来。但应注意到 $x(t)g(t)$ $w_R(t)$ 频谱此时还是连续的频率函数，因此在进行 DFT 或 FFT 时还需对频谱 $X(f) * G(f) *$ $W_R(f)$ 进行频域的采样处理，使其离散。若在频域中乘上图 5-20f 中所示的采样函数 $D(f)$，则在频域的一个周期 f_s 中输出 N 个数据点，故输出的频率序列的频率间距 $\Delta f = f_s/N = 1/(T_s N) =$ $1/T$。频域采样函数是 $D(f) = \sum_{n=-\infty}^{\infty} \delta\left(f - n\frac{1}{T}\right)$，计算机的实际输出是 $X(f)_P$，$X(f)_P = [X(f) * G(f) * W_R(f)]D(f)$，如图 5-20g 所示。由图可知：与 $X(f)_P$ 相对应的时域函数 $x(t)_P$ 是 $[x(t)g(t)w_R(t)] * d(t)$，$d(t)$ 是 $D(f)$ 的时域函数。应当注意到，频域采样形成的频域函数离散化，相应地把其时域函数周期化了，因而 $x(t)_P$ 是一个周期函数。

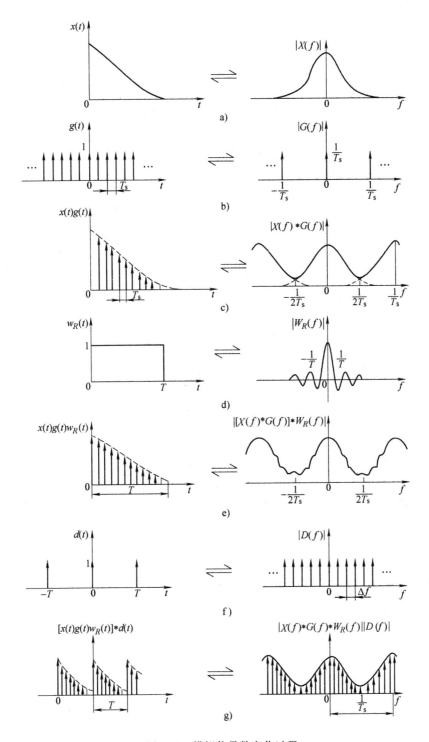

图 5-20 模拟信号数字化过程

a）模拟信号及其频谱 b）采样函数及其频谱 c）采样后信号及其频谱 d）窗函数及其频谱

e）有限长离散信号及其频谱 f）频域采样函数及其时域函数

g）DFT 或 FFT 后的频谱及其时域函数 $x(t)_P$

从以上过程看到，原来希望获得模拟信号 $x(t)$ 的频域函数 $X(f)$，由于输入计算机的数据是序列长为 N 的离散采样信号 $x(t)g(t)w_R(t)$，所以计算机输出的是 $X(f)_P$，而不是 $X(f)$。处理过程中的每一个步骤：采样、截断、DFF 或 FFT 计算都会引起失真或误差，必须予以注意。实际工程信号处理过程中，误差总是难免的，重要的是了解误差的具体数值，以及是否能以经济、有效的手段提取足够精确的信息。

下面就讨论信号数字化过程中出现的主要问题。

5.4.3 时域采样、混叠和采样定理

1. 时域采样

采样是把连续时间信号 $x(t)$ 变成离散时间序列 $x(nT_s)$ 的过程。在数学处理上，可看作周期单位脉冲序列(称其为采样信号，T_s 为采样间隔)去乘连续时间信号，使各采样点上的瞬时值变成脉冲序列的强度值。

这里采样间隔 T_s 的选择是一个重要的问题。若采样间隔 T_s 太小，即采样频率 f_s 过高，则对定长的时间记录来说其数字序列很长，计算工作量很大；如果数字序列长度一定，则只能处理很短的时间历程，信号分析误差较大。但若采样间隔 T_s 过大，即采样频率 f_s 较低，则可能丢掉有用的信息。在图 5-21 中，如果按图 5-21a 所示的间隔采样，得到的采样值可正确地表示原信号，但若按图 5-21b 所示的间隔采样，就可能出现对两个不同频率的正弦波采样，却得到一组相同的采样值，以至于无法辨识两者的差别，即将其中的高频信号误认为低频信号，出现了所谓的"混叠现象"。

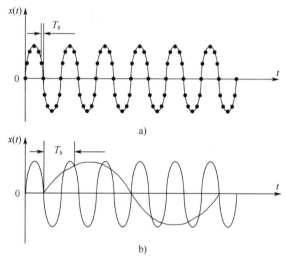

图 5-21 混叠现象
a) 正确采样 b) 错误采样

2. 混叠现象及其避免的办法

如前所述，$x(t)$ 经过采样之后获得的采样信号的频谱，是将原信号频谱 $X(f)$ 依次平移至各采样脉冲对应的频域序列点上，然后全部叠加而成，如图 5-20c 所示。就是说，信号经时域采样之后的频域函数变成了周期函数，其周期为 $1/T_s$。如果采样的间隔 T_s 太大，即采样频率 f_s 太低，平均距离 $1/T_s$ 过小，那么移至各采样脉冲所在处的频谱就会有一部分相互交叠，这样新合成的 $|X(f)*G(f)|$ 图形就与实际 $X(f)$ 不一致，这种现象就称为"混叠"。发生混叠以后，由于改变了原来频谱的部分幅值(见图 5-20c 中虚线部分)，因此就不可能从离散的采样信号 $x(t)g(t)$ 中准确地恢复出原来的时域信号 $x(t)$。

注意到原信号的频谱 $X(f)$ 是 f 的偶函数，并以 $f=0$ 为对称轴。现在新频谱 $|X(f)*G(f)|$ 又是以 f_s 为周期的周期函数。从图 5-20c 中可见，如有混叠现象出现，混叠必定出现在 $f_s/2$ 左右两侧的频率处。可以证明，任何一个大于 $f_s/2$ 频率的高频信号 f_1 都将和一个低于 $f_s/2$ 的低频信号 f_2 相混淆，而将高频信号 f_1 误认为低频信号 f_2。相当于以 $f_s/2$ 为轴，将高频 f_1 成分折叠到低频成分 f_2 上，它们之间的关系为

$$\frac{f_1+f_2}{2}=\frac{f_s}{2}$$

因此也称 $f_s/2$ 为折叠频率。

为避免频率混叠,首先应使被采样的模拟信号 $x(t)$ 成为有限带宽的信号。为此,可先对信号进行抗混叠滤波预处理,使其成为带限信号;其次,应使采样频率 f_s 大于带限信号最高频率 f_{max} 的 2 倍以上,即

$$f_s \geq 2f_{max} \tag{5-31}$$

如图 5-22 所示,这时若把该频谱通过一个中心频率为零、带宽为 $\pm f_s$ 的理想低通滤波器,就可以把原信号频谱完整地取出。

3. 采样定理

为了避免"混叠",以使经采样处理后的信号仍有可能准确地恢复,采样频率 f_s 必须大于最高频率 f_{max} 的两倍以上,这就是采样定理。在实际工程中,考虑到实际滤波器不可能有理想的截止特性,在其截止频率 f_c 之后总有一定的过渡带,故采样频率常选为 $(3 \sim 5)f_{max}$。从理论上说,由于任何低通滤波器都不可能把高频噪声完全衰减干净,因此也不可能彻底消除混叠。

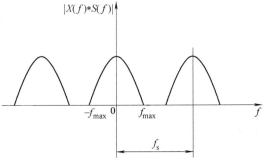

图 5-22 不产生混叠的条件

5.4.4 量化和量化误差

采样所得的离散信号的电压幅值,若用二进制数表示,就使离散信号变成数字信号,这一过程称为量化。量化是从一组有限个离散电平中取一个来近似代表采样点的信号实际幅值电平。这些离散电平称为量化电平,每个量化电平对应一个二进制数。

由于 A/D 转换器的位数是一定的。一个 m 位(又称数据字长)的二进制数,共有 $L = 2^m$ 个数码。如果 A/D 转换器允许的动态工作范围为 D(例如 $\pm 5V$ 或 $0 \sim 10V$),则两相邻量化电平之间的差 Δx 为

$$\Delta x = \frac{D}{2^{(m-1)}} \tag{5-32}$$

采用 $2^{(m-1)}$ 而不用 2^m,是因为字长的第一位常作为符号位。

当离散信号采样值 $x(nT_s)$ 的电平落在两个相邻量化电平之间时,就要舍入到相近的一个量化电平上,该量化电平与实际电平之间的差值称为量化误差 $\varepsilon(n)$,量化误差的最大值为 $\pm(\Delta x/2)$。可认为量化误差在 $(-\Delta x/2, \Delta x/2)$ 区间各点出现的概率是相等的,均值为零,方均值 $\sigma^2 = \Delta x^2/12$,标准差为 $\sigma = 0.29\Delta x$。与信号获取和处理的其他误差相比,量化误差很小,通常把其看成是叠加在信号采样值 $x(nT_s)$ 上的随机噪声。

A/D 转换器位数选择视信号的具体情况和量化的精度要求而定。应注意到位数增多后,成本会显著增加,而转换速率却下降。

5.4.5 截断、泄漏和窗函数

由于实际测试只能对有限长的信号进行处理,所以必须截断过长的信号。截断就是将信

164

号乘以时域为有限宽的矩形窗函数。"窗"的意思是指透过窗口能够"看见"外景(信号的一部分),对窗以外的信号可视其为零。

对采样后的信号 $x(t)g(t)$ 用矩形窗函数 $w_R(t)$ 截断后,其时域和频域的相应关系见图 5-20e。即

$$x(t)g(t)w_R(t) \rightleftharpoons X(f)*G(f)*W_R(f)$$

一般进行信号记录时,常以某时刻作为起点截取一段信号,这实际上就是采用单边时窗,相当于将 1.3.1 节例 1-3 的矩形窗函数右移 $T/2$(时间起点 $t=0$)。由于 $W_R(f)$ 是一个无限带宽的 $\mathrm{sinc}x$ 函数,所以即使 $x(t)$ 是带限信号,在截断后也必然成为无限带宽的信号,这种信号的能量在频率轴分布扩展的现象称为泄漏。同时,由于截断后信号带宽变宽,因此无论采样频率多高,信号总是不可避免地出现混叠,即信号截断必然导致误差存在。

为了减小或抑制泄漏,提出了用各种不同形式的窗函数对时域信号进行加权处理。窗函数的优劣可由其三个频域指标来评价:

1)3dB 带宽 B。它是主瓣归一化幅值 $20\lg|W_R(f)/W_R(0)|$ 下降到 $-3\mathrm{dB}$ 时的带宽。当时间窗的宽度为 T、采样间隔为 T_s 时,对应于 N 个采样点,最大的频率分辨率可达到 $1/(NT_s)=1/T$。即 B 的单位可以是 $\Delta f = 1/T$。

2)最大旁瓣峰值 $A(\mathrm{dB})$。

3)旁瓣谱峰渐进衰减速度 $D(\mathrm{dB/oct})$。

理想的"窗"应该有最小的 B 和 A,最大的 D。B、A、D 的意义如图 5-23 所示。

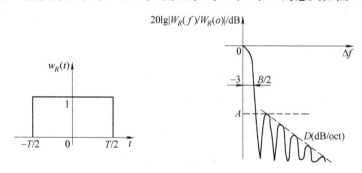

图 5-23　窗函数的频域指标

矩形窗的使用最普遍,习惯中的不加窗就相当于使用了矩形窗,矩形窗的主瓣是最窄的。其他还有汉宁窗、哈明窗、三角窗等。和矩形窗比较,汉宁窗的旁瓣小得多,因而泄漏也少得多,但是汉宁窗的主瓣较宽。哈明窗本质上和汉宁窗是一样的,只是比汉宁窗消除旁瓣的效果好一些,而且主瓣稍窄,但是旁瓣衰减较慢是不利的方面。典型窗函数的性能指标见表 5-2。

表 5-2　典型窗函数的性能指标

窗函数类型	3dB 带宽 $B/\Delta f$	最大旁瓣峰值 A/dB	旁瓣谱峰渐进衰减速度 $D/(\mathrm{dB/oct})$
矩形	0.89	-13	-6
三角形	1.28	-27	-18
汉宁	1.44	-32	-18
哈明	1.30	-43	-6
高斯	1.55	-55	-6

5.4.6 频域采样和栅栏效应

经过时域采样和截断后，其频谱在频域还是连续的。如果要对频谱进行数据处理，就必须使频率离散，即进行频域采样。频域采样与时域采样相似，是在频域中用脉冲序列 $D(f)$ 乘以信号的频谱函数 $X(f) * G(f) * W_R(f)$（见图 5-20g）。这一过程在时域相当于将信号与一周期脉冲序列 $d(t)$ 做卷积，其结果是将时域信号平移至各脉冲坐标位置重新构图，相当于在时域中将窗内的信号波形在窗外进行周期延拓。因此说，频率离散是把时域信号"改造"成周期信号。经过时域采样、截断、频域采样之后的信号 $(x(t)g(t)w_R(t)) * d(t)$ 是一个周期信号，它与原信号 $x(t)$ 是不同的。

对一函数进行采样，实质上就是"截取"采样点上对应的函数值，其效果尤如透过栅栏的缝隙观看外景一样，称之为"栅栏效应"。不管是时域采样还是频域采样，都有相应的栅栏效应，只不过时域采样如满足采样定理要求，栅栏效应不会有什么影响。而频域采样的栅栏效应则影响较大，"挡住"或丢失的频率成分有可能是重要的或具有特征的成分，以至于对整个处理过程的影响较大。

频率采样间隔 Δf 也是频率分辨率的指标。此间隔越小，频率分辨率越高，被"挡住"的频率成分越少。前面曾经指出，在利用 DFT 或 FFT 将有限时间序列变换成相应的频谱序列的情况下，Δf 和分析的时间信号长度 T 的关系是

$$\Delta f = \frac{f_s}{N} = \frac{1}{T_s N} = \frac{1}{T} \tag{5-33}$$

这种关系是 DFT 或 FFT 算法固有的特征。这种关系往往加剧频率分辨率和计算工作量的矛盾。根据采样定理，若信号的最高频率为 f_{max}，最低采样频率 f_s 应大于 $2f_{max}$。根据式（5-34），在 f_s 选定后，要提高频率分辨率就必须增加数据点数 N，这就大大增加了计算工作量。解决此矛盾有两条途径：其一是在 DFT 或 FFT 的基础上，采用"频率细化技术（ZOOM）"，其基本思路是在处理过程中只提高感兴趣的局部频段中的频率分辨率，从而减少计算工作量；另一条途径则是改用其他把时域序列变换成频谱序列的方法。

在分析简谐信号时，常常需要了解某特定频率 f_0 的谱值，希望 DFT 或 FFT 谱线落在 f_0 上。此时只单纯减小 Δf，并不一定会实现。从 DFT 或 FFT 的原理看，谱线落在 f_0 处的条件是 $f_0 / \Delta f =$ 整数。考虑到 Δf 是分析时长 T 的倒数，简谐信号的周期 T_0 是其频率 f_0 的倒数，因此只有截取的信号长度 T 正好等于信号周期的整数倍时，才可能使分析谱线落在简谐信号的频率上，从而获得准确的频谱。这个结论适用于所有周期信号。

思考题与习题

5-1 已知某信号的自相关函数为 $R_x(\tau) = 100\cos100\pi\tau$，试求该信号的均值 μ_x、方均值 ψ_x^2、功率谱 $S_x(f)$。

5-2 信号 $x(t)$ 送入信号分析仪，得到的自相关函数图如图 5-24 所示，试根据图形判断 $x(t)$ 中包含哪些类型的信号？并根据坐标值估计所含信号的特征参数的大小。

5-3 测得某信号的相关函数如图 5-25 所示，试解释图形的含义，从中可获得信号的哪些信息？

5-4 图 5-26 所示的两信号 $x(t)$ 和 $y(t)$，试求当 $\tau = 0$ 时，$x(t)$ 和 $y(t)$ 的互相关函数 $R_{xy}(0)$。

5-5 某一系统的输入信号为 $x(t)$，若输出信号 $y(t)$ 与输入信号 $x(t)$ 的波形相同，且输入的自相关函

数 $R_x(\tau)$ 和输入-输出的互相关函数 $R_{xy}(0)$ 有 $R_x(\tau) = R_{xy}(\tau + T)$，如图 5-27 所示，试说明该系统的作用。

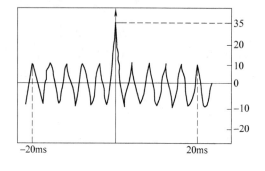

图 5-24　习题 5-2 图

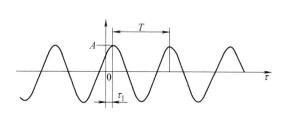

图 5-25　习题 5-3 图

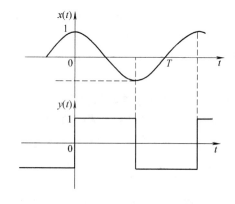

图 5-26　习题 5-4 图

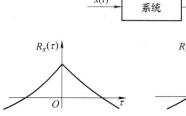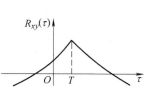

图 5-27　习题 5-5 图

5-6　一线性系统的传递函数为 $H(s) = \dfrac{1}{1 + \tau S}$，当输入信号为 $x(t) = X_0 \sin 2\pi f_0 t$ 时，试求：

(1) $S_y(f)$；(2) $R_y(\tau)$；(3) $S_{xy}(f)$；(4) $R_{xy}(\tau)$。

第6章 位移的测量

线位移和角位移的测量统称为位移测量，一般就是指长度和角度的测量。

位移是矢量，既有大小又有方向，表示物体在两个不同瞬时的位置变化，因此在测量时应该注意如下两点：

1）要保证测量方向和位移方向重合，才能准确测量出位移量的大小，否则测量结果仅为位移量的分量。

2）在测量过程中，应根据不同的测量对象，选择适当的测量点、测量方向和测试系统。测试系统通常由位移传感器、测量电路、显示装置等组成。

位移测量在实际工程中应用非常广泛，如进行长度、厚度、高度、距离、物位、镀层厚度、表面粗糙度和角度的测量，确定零部件的位移、位置和尺寸等。此外，对于力、扭矩、速度、加速度、温度、流量等其他物理量的测量，可先通过适当的转换变成位移测量后，再换算成被测物理量。

6.1 常用位移传感器

在组成位移测试系统的各个环节中，传感器性能特点的差异对测量结果的影响最突出。不同情况下对位移测量的精度要求不同，位移参量本身的量值特征、频率特征的不同，所需位移传感器及其相应的测试系统也不相同。实际测量常用的位移传感器有电阻式传感器（变阻器式和电阻应变片式）、电感式传感器、电容式传感器、光电式传感器等。

有关传感器的工作原理在第2章已经讨论，在此不再赘述。

6.1.1 电感式位移传感器

电感式传感器主要用于测量位移。其他能够转变为位移参数的物理量也都可以用电感式传感器来测量。

1. 差动式传感器

如图6-1所示是利用差动式传感器测量位移的几种方式。图6-1a是进行透平轴与壳体间的轴向相对伸长的测量；图6-1b是确定磁性材料上非磁性涂覆层的厚度；图6-1c可测量微小位移；图6-1d可确定管道中阀的位置。

如图6-2所示，是带有差动变压器的沉筒式液位变送器的示意图。沉筒由固定段和浮力段组成。浮力段的长度和质量是根据液位变化满量程时所受浮力变化与其质量相等推算出来的，更换浮力段可使变送器适应不同的介质和量程。当液位改变时，沉筒所受的浮力变化，再通过弹簧线性地转换为衔铁的位移。衔铁的位移由差动变压器转换成与之成正比的输出电压 u_o，由此反映了液位变化的大小。

2. 电涡流式传感器

采用电涡流式传感器测量位移和角度有两种配置方式（见图6-3），当短路环相对于线圈

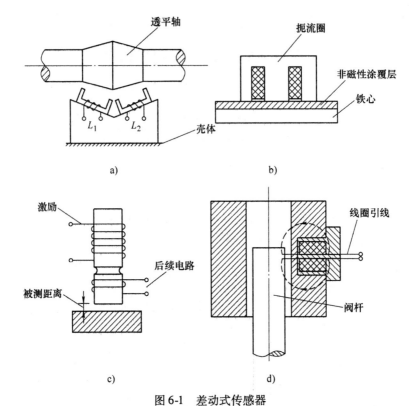

图 6-1　差动式传感器

a）测量相对伸长　b）测量厚度　c）测量微小位移　d）确定位置

移动或转动时，由于电涡流的作用，磁通量发生变化，该变化量和所移动的位移或转动的角度成正比关系。

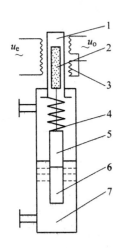

图 6-2　带有差动变压器的沉筒式液位变送器示意图

1—密封隔离筒　2—衔铁　3—差动变压器
4—测量弹簧　5—沉筒浮力段
6—沉筒固定段　7—沉筒室壳体

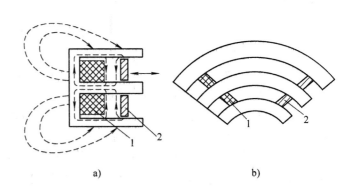

图 6-3　电涡流式传感器

a）位移　b）角度

1—线圈　2—运动短路环

6.1.2 电容式位移传感器

电容式传感器是将被测物理量转换为电容量变化的装置，其实质是一个具有可变参数的电容器。根据电容器变化的参数，它分为极距变化型、面积变化型、介质变化型三类。如图6-4 所示，就是一种变面积型电容位移传感器的结构图。它适用于测量较大直线位移和角位移。

测杆 5 与被测物体接触。当物体发生位移时，测杆随物体一起运动，并带动活动极板 3 移动，使活动极板与两个固定极板 7、8 之间的覆盖面积发生变化，则电容量也发生变化，输出与位移成一定关系的电信号。

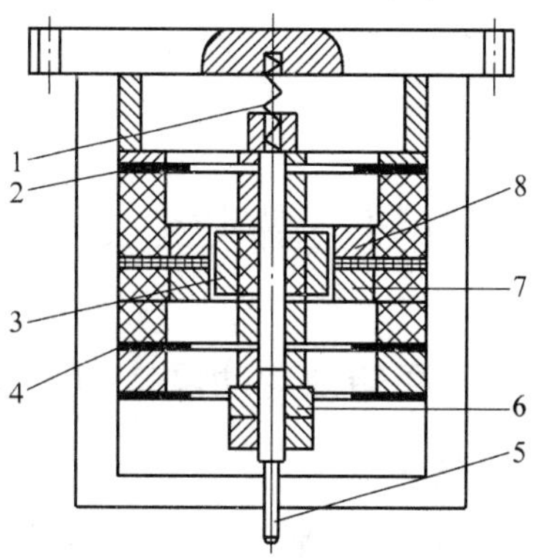

6.1.3 光电脉冲式位移传感器

光电脉冲式位移传感器实际上是一个位移-数字编码器，工作时可将机械位移转换成定量的电脉冲信号输出。

图 6-5 是测量角位移的透射式光电脉冲位移传感器。圆盘与被测轴一起转动时，照射到光敏二极管上的光线就会时有时无，通过光敏二极管的光电效应以及测量电路的变换就输出电脉冲。电脉冲的数目与光线的通断次数成正比，根据脉冲数目就可以测出被测轴的转角。

图 6-6 是测量线位移的反射式光电脉冲位移传感器。根据平板上画有黑白相间的等距反光条带，当平板与被测件一起运动时，反射到光敏二极管上的光线就会时有时无，同理可以输出电脉冲信号，其电脉冲数目与位移成正比，根据脉冲数目就可以测出被测件的位移。

图 6-4 变面积型电容位移传感器结构图
1、2、4—测力弹簧 3—活动极板
5—测杆 6—调节螺母 7、8—固定极板

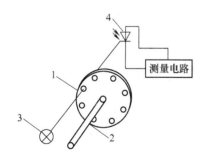

图 6-5 透射式光电脉冲位移传感器
1—圆盘 2—被测轴
3—光源 4—光敏二极管

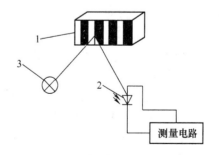

图 6-6 反射式光电脉冲位移传感器
1—平板 2—光敏二极管 3—光源

光电脉冲式位移传感器的后续测量电路和显示记录装置如图 6-7 所示，输出的电脉冲信号用计数器和数字打印机打印。

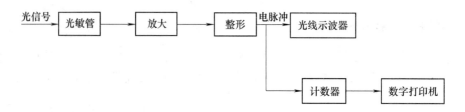

图 6-7 测量电路和显示记录装置

6.2 位移测量实例

6.2.1 回转轴运动误差的测量

1. 概述

在机械制造业中，许多精密回转轴如机床主轴的回转运动精度将直接影响加工表面的形状精度和粗糙度，甚至会使加工设备出现故障。回转轴运动误差是指回转轴在回转过程中，瞬时轴线的空间位置偏离理想位置后出现的附加运动，这主要是由于轴颈和轴承的制造误差、轴承静动载荷的变化以及磨损和热变形等原因造成的。

运动误差包括端面运动误差和径向运动误差。端面运动误差是指回转轴上任意一点产生与轴线平行的移动，它与测量点所在半径位置有关；而径向运动误差是指回转轴上任意一点在与轴线垂直的平面内的移动，它因测量点所在的轴向位置不同而有差异。

回转轴运动误差一般是通过测量回转轴在五个自由度上的位移变化来确定的。

2. 径向运动误差的测量

测量一个通用的回转轴径向运动误差时，可以将参考坐标选在轴承支承孔上，此时运动误差表示在回转过程中，回转轴线对于支承孔的相对位移，主要反映轴承的回转质量。

（1）双向测量法 在 x、y 两个方向上布置两个位移传感器，分别测量主轴径向运动误差在 x、y 方向上的分量。在任何时刻，两分量的矢量和就是该时刻径向运动误差矢量。这种测量方式称为双向测量法，如图 6-8 所示。

（2）单向测量法 由于某些原因，有时不必测量总的径向运动误差，而只需测量它在某个方向的分量，此时可在敏感方向上布置一个位移传感器来测量该方向上的分量。这种测量方式称为单向测量法，如图 6-9 所示。

在测量时，两种方法都必须利用基准面来体现回转轴，通常选用具有高圆度的圆球或圆环来作为基准面。

（3）数字式测量法 由于数字技术的迅速发展和计算机的广泛应用，产生了数字式测量法。

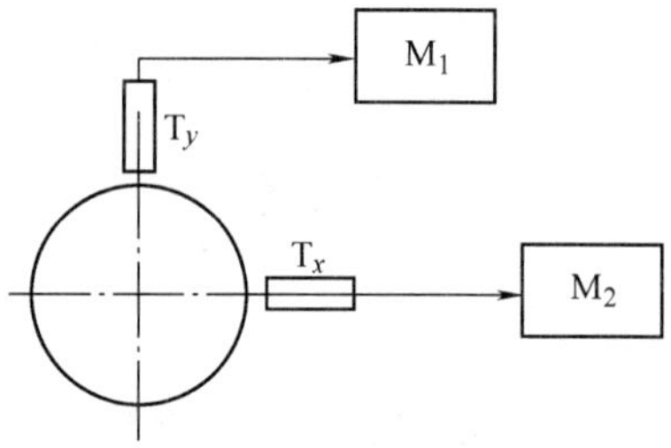

如图 6-10 所示为数字式测量法的系统示意图。在机床主轴卡盘上固定一个多孔码盘，当码盘孔通过光电管时，产生一个脉冲信号。通过码盘上均匀密布许多孔，可产生采样间隔的控制信号。圆周外另有一个单独的孔，用于产生每转的起始信号。计算机根据这些信号控制 A/D 转换器的采样间隔和每转采样起始时刻。位移信

图 6-8 双向测量法

T—位移传感器 M—位移测量仪

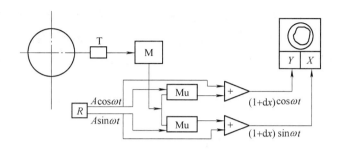

图 6-9 单向测量法

T—位移传感器 M—位移测量仪 Mu—乘法器

号经测量仪变换、放大成电压信号后，送低通滤波器去掉高频干扰，通过计算机进行数据处理、打印、显示或者绘出图形。

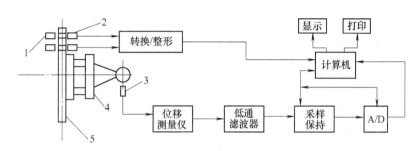

图 6-10 数字式测量法

1—发光二极管 2—光敏二极管 3—传感器 4—摆盘 5—圆码盘

6.2.2 轴承工作状况监测

轴承是机器的重要部件之一，它的工作状态直接影响回转轴的运转精度和轴承的使用寿命。例如，由于温升不均匀，轴承外圈会在机壳中卡死，影响滚道承载区的正常循环，因此，应该随时监测轴承与机壳之间的间隙是否正常。轴承所处的位置通常在机器内部，检测的间隙非常小，在机器外部很难测量到这种间隙的变化，如果采用光纤位移传感器就能解决上述难题。如图 6-11 所示，是用光纤位移传感器对机壳内部进行测量的实例。一个传感器安装在机壳上，对准轴承外圈，监测它与机壳间的间隙变化；另一个传感器安装在轴的端部，用于测量转速和提供相位基准信号。传感器的输出信号经过监测器处理后，即可获得轴承工作状态的数据。

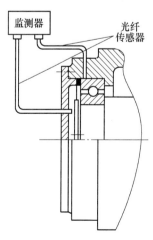

6.2.3 厚度的测量

厚度的测量与控制在工业生产中有着很重要的意义。例如，在轧钢、纺织、造纸等工业生产过程中，为了保证产品的质量，必须对产品的厚度进行在线和非接触式的测量与控制。

图 6-11 轴承间隙监测系统

1. 测厚方法

（1）直接测厚法 直接利用厚度参数来调制传感器的输出信号，如低频透射式电涡流测厚方法、超声波测厚方法等，传感器由信号发射源和探测器两部分组成，测量时，通过厚度的变化来改变探测器接收信号的强弱或快慢，再转换成与输出信号成线性关系的厚度的绝对量值。

（2）相对测厚法 这类方法是利用位移传感器先测量厚度的变化量，再与给定厚度值相加得到实际厚度值。如图 6-12 所示，为高频反射式涡流传感器测量板厚的示意图，由于板厚变化，电涡流传感器到金属板表面的距离会不同，导致测厚仪输出电压值变化。为了消除金属板上、下波动和表面不平整的影响，测厚仪使用了两个特性相同的电涡流传感器 L_1 和 L_2，对称地放置在金属板的两侧。在给定板厚值时，调整传感器 L_1 的位置，使两个传感器到金属板的距离 $x_1 + x_2$ 为传感器在线性工作区内给定的距离常数，此时传感器输出的总电压 $u_1 + u_2 = 2u_0$。将 $2u_0$ 与比较电压叠加后，使测厚仪偏差指示仪表显示为零。当板厚变化时，传感器输出总电压变为 $2u_0 \pm \Delta u$，Δu 使仪表产生偏转，表示了板厚的变化量。因此由偏差值和给定值的代数和，可以知道板的实际厚度。

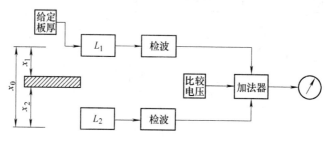

图 6-12 高频反射式涡流传感器测量板厚原理

2. 石棉纸厚度的在线测量

如图 6-13 所示，从输送带送来的纸浆通过挤压在冷缸表面形成石棉纸，随着不断的输送和冷缸的旋转，石棉纸的厚度逐渐增加。与此同时，塑料滚轮和导杆一起向上移动。非接触式位移传感器的测头与导杆上端面的间隙变化量反映了石棉纸厚度的变化量。传感器输出

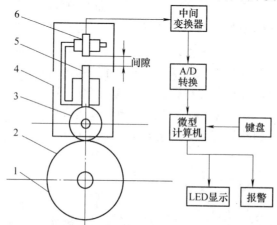

图 6-13 石棉纸厚度的在线测量示意图

1—冷缸 2—石棉纸 3—塑料滚轮 4—测量部件 5—导杆 6—传感器

的信号经中间变换器转换成电压信号，再经 A/D 转换器送入计算机进行数据处理，可由显示器显示出石棉纸的厚度变化。当厚度达到要求时，检测仪内的报警器发出信号或向执行机构发出命令。

思考题与习题

6-1　电容式位移传感器有哪几种类型？如何实现位移测量的？

6-2　简述单向测量法和双向测量法的概念。

6-3　简述反射式光电脉冲位移传感器测量直线位移的工作原理。

6-4　简述透射式光电脉冲位移传感器测量角位移的工作原理。

6-5　位移测量过程中应注意什么？

第7章 速度的测量

速度是单位时间内的位移变化量，是描述物体运动的一个重要参数。相对于线位移和角位移，速度有线速度和角速度之分，在实际工程应用中角速度常用转速来表达。由于线速度和角速度可以转换，因此实际工程测试时常通过测转速获得线速度。又由于位移、速度和加速度之间存在联系，因此物体的瞬时速度还可以通过位移的微分或加速度的积分方法获得。

速度测量在实际工程中应用较多，如振动速度测量，生产流程中速度参数监测，交通工具行驶速度测量，自动控制系统中速度反馈信号的获得等。此外，在分析设备承受的动载荷、计算旋转机械的功率、计算设备的生产率时，也都要测量速度参数。

7.1 速度测量方法分类

根据速度测量时信号的特征，速度测量方法分为模拟式、计数式和同步式三类。

1. 模拟式测量方法

模拟式测量方法是利用与速度成一定关系的某种连续变化的物理量来反映速度的大小。如离心式转速计，离心力与转速平方成正比；动圈式磁电速度传感器在恒定磁场中作直线运动或旋转运动时，线圈感应电动势的大小与线圈的线速度或角速度成正比。

2. 计数式测量方法

计数式测量方法是记下在一定时间内运动物体发出周期性信号的数量。如电容式转速传感器、涡流式转速传感器、磁阻式磁电转速传感器、光电式转速传感器等，都是将转速变换成周期电脉冲信号输出，然后用计数器对脉冲进行计数来测定转速。计数式测量通常都是数字显示，适于中、高速度的测量。

3. 同步式测量方法

同步式测量方法是一种进行频率比较的测速方法，即把被测物体运动速度对应的频率同已知的频率比较，求出运动速度的大小，如频闪式测速方法。同步式测量方法是非接触测量，对被测物体没有力的干扰，适于中、高速测量和微型机械的速度测量。

物体运动可分为匀速运动和非匀速运动。非匀速运动的运动规律通常比较复杂，进行速度测量时只能测定其在某段时间内的平均速度。平均速度测量一般采用测量运动距离和运动时间(两者相除)的方法求取。如5.2.4节中测定热轧钢带运动速度的实例。

7.2 常用的速度测量装置

7.2.1 离心式转速计

离心式转速计是利用离心力原理，将转速变化转变成转角变化的机械式仪表，其工作原理如图7-1所示。测量时，旋转轴通过轴端安装的测头与被测转轴作无滑动接触，并与其一起回转，由于离心作用，质量块的位置随转速变化，经活套、杠杆、扇齿轮副带动指针在刻度盘上显示出转速数值。由于质量块的位移量与旋转轴角速度 ω^2 成正比，因此，刻度盘的刻度是不均匀的。离心式转速计可用于测量 $(30\sim18000)\,r/min$ 或更高的转速，指示精度可达 1%。

离心式转速计属于接触式测量仪器，它的测头必须与被测转轴可靠接触，以确保两者同步旋转，使转速计从被测转轴上获得能量来驱动指针偏转。

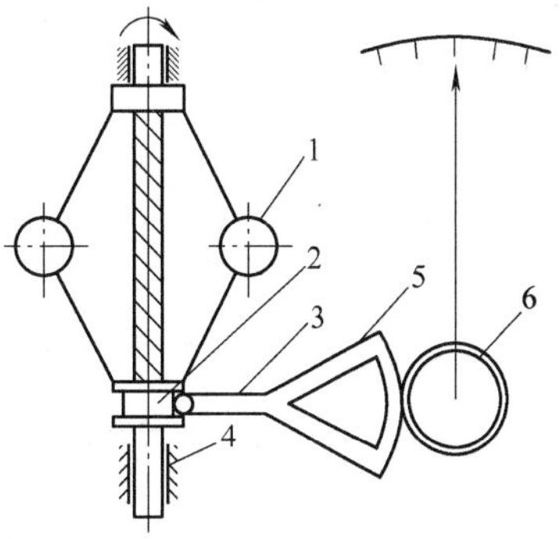

图 7-1　离心式转速计工作原理
1—质量块　2—活套　3—旋转轴
4—杠杆　5—扇齿轮　6—小齿轮

7.2.2　磁电式测速传感器

1. 直流测速发电机

本书第 2 章中已介绍了动圈式恒磁通磁电传感器的测速原理，当线圈在恒定磁场中作旋转运动时，其感应的电动势与转速成正比，即

$$E = kNBA\omega \tag{7-1}$$

式中　k——结构系数（$k<1$）；
　　　　N——线圈匝数；
　　　　B——工作气隙磁感应强度；
　　　　A——单匝线圈的截面积；
　　　　ω——角速度。

由此可见，当 N、B、A 均为常数时，感应电动势 E 与磁场的角速度 ω 成正比。直流测速发电机就是基于此原理工作的。

直流测速发电机是转速测量最常用装置，如图 7-2 所示。当被测转轴的转速 n 通过齿轮传递给直流测速发电机 DM 时，DM 就有电压量输出，使光线示波器的振子偏转，感光纸中可记录出转速的曲线图。为了记录测速发电机的电枢电势，可将光线示波器的电流振子 G 通过附加限流电阻 R_e 接入电枢回路中，并配有 RC 滤波器。

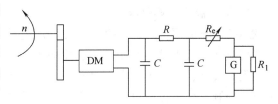

图 7-2　直流测速发电机测速电路图

测速发电机输出电压在额定转速内与转速严格地成线性关系，且电压灵敏度高。测速发电机的测速范围最高可达 10000r/min，且信号可以远距离传输，除了能测量稳定转速外，还可指示瞬时转速情况和发出控制信号。

2. 磁阻式磁电转速计

磁阻式磁电转速计是用计数法测量转速的。根据磁路的结构形式，分开磁路式和闭磁路式。图 7-3 是开磁路式磁电转速计的结构，主要由磁钢、感应线圈以及由导磁材料制成的芯轴和齿轮组成。测量时，将齿轮安装在被测转轴上，芯轴端对准齿顶并留有一定气隙，磁回路通过芯轴、空气隙、齿轮、外层空气后回到磁钢闭合。当齿轮转动时，由于空气隙发生周期性变化，导致磁路的磁阻发生周期性改变，线圈的感应电动势也发生周期性变化。测量输出电压信号的频率，即可换算成转速。开磁路式传感器的结构比较简单，但由于磁力线要经过磁阻较大的外层空气，因此输出信号较小，而且当被测对象振动大时，测量结果也会受到一定的影响。

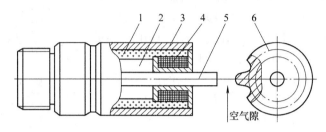

图 7-3　开磁路式磁电转速计的结构

1—导磁体　2—磁钢　3—壳体　4—线圈　5—芯轴　6—齿轮

图 7-4 所示是一种闭磁路式磁电转速计的结构。它把能产生空气隙周期变化的内、外齿轮安装在一起，磁回路不经过外层空气，全部在传感器壳体内部。内部磁路都由导磁材料制成，磁阻较小，传感器的输出信号大，而且不会受被测体振动的干扰。测量时，磁电转速计通过芯轴连接直接安装在被测转轴上。芯轴转动时，内、外齿相对的空气隙发生周期性变化，从而使磁通变化，在线圈内感应出周期性电动势。

7.2.3　光电式转速传感器

1. 霍尔传感器测量转速

当控制电流恒定时，如果霍尔元件所处的磁场感应强度大小发生变化，传感器输出的电压也发生突变，相当于产生一个脉冲信号。单位时间内脉冲数与转速对应，构成数字量传感器。霍尔传感器就是利用霍尔效应及这种开关特性进行转速测量的，属于非接触式测量。

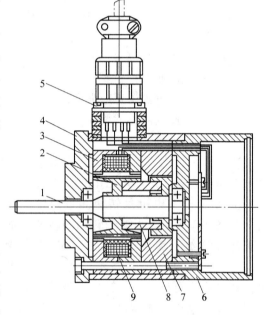

图 7-4　闭磁路式磁电转速计的结构

1—芯轴　2—外齿轮　3—内齿圈
4—端盖　5—接线座　6—壳体
7—导磁体　8—磁钢　9—线圈

如图 7-5 所示，在非磁性材料做成的圆盘表面或者边缘粘贴若干个永磁体，圆盘随着转轴旋转。将霍尔传感器固定在机架上，使其感应面对准永磁体的磁极。被测转轴带着永磁体旋转，当永磁体经过传感器位置时，霍尔传感器就输出一个脉冲。用计数器记下脉冲数，就可以确定转轴转过多少转。根据公式可以计算出转速。公式为

$$n = \frac{60}{N} f \tag{7-2}$$

式中　N——表示永磁体数目；

　　　f——表示脉冲的总数。

为了提高测量转速或转数的分辨率，可以适当增加永磁体数目。这种测量方法对被测件

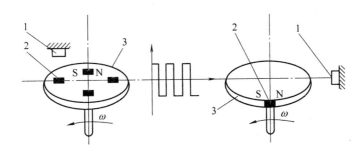

图 7-5　霍尔传感器测量转速原理示意图
1—传感器　2—永磁体　3—圆盘

影响小，测量范围通常为 $(1 \sim 10^4)\,\mathrm{r/min}$。

2. 光电脉冲法测量转速

光电式测速方法也是属于计数式测量方法，它是根据光电效应，通过光电传感器将转速转换成与之对应的脉冲电信号，然后测量在标准单位时间（每秒或者每分钟）内与转速成正比的脉冲信号的个数，经计算得到转速。也可通过频率转换器，将脉冲量转换成 $0 \sim 10\,\mathrm{mA}$ 的电流量，用光线示波器振子进行记录。

光电式转速传感器是常用的转速测量装置之一。由于光电测量方法对被测体和传感器本身都没有扭矩损失，因此能测量中、高转速，最高可测 $25000\,\mathrm{r/min}$。按光信号的传播方式，光电式转速传感器分直射型和反射型两种。

反射型光电转速传感器的工作原理如图 7-6a 所示。在测量前，在被测转轴 2 表面上涂有黑白相间条纹的标记，这样随着轴的旋转，黑白相间条纹也随之旋转。传感器内光源 1 发出的光线经透镜 4 和半透明膜片 5，一部分反射光通过透镜 3 聚焦在转轴的标记上。当光源 1 的光束照射到黑色条纹时，光线被吸收，当光束照射到白色标记上时，产生反射光，反射

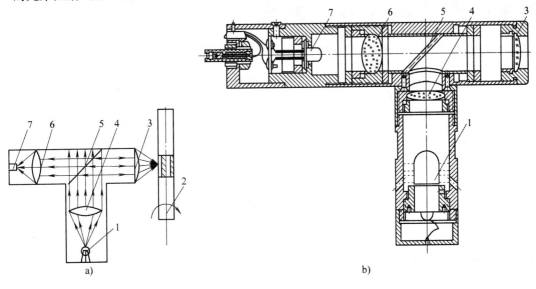

图 7-6　反射型光电转速计的原理和结构
a）原理图　b）结构图
1—光源　2—被测转轴　3、4、6—透镜　5—半透明膜片　7—光电管

光经过透镜 3 穿过半透明膜片 5、经透镜 6 聚焦在光电管 7 上，光电管把光脉冲转变成电脉冲信号输出。当转轴以某种速度转动时，单位时间内的脉冲数与转轴的转速成正比，根据标记的等分数和单位时间内输出的脉冲数即可求出转速。所得的电信号送到数字测量电路中进行处理和自动计数、显示。

图 7-6b 是反射型光电转速计的结构。

如果被测轴转速较低时，可采用直射型光电传感器。直射型光电传感器的工作原理比较简单，在被测转轴上装有均匀分布齿或孔的光调制盘，让光源从齿隙或孔中穿过，直接投射到光敏元件上产生脉冲电信号。

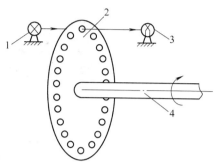

图 7-7　直射型光电传感器原理图

1—光源　2—圆盘光栅

3—光敏元件　4—被测转轴

如图 7-7 所示，在被测转轴 4 上安装一个圆盘光栅 2，在圆盘光栅的两侧各安装一个光源 1 和光敏元件 3。测量转速时，圆盘光栅与轴一起旋转，光敏元件将输出与转速成正比的电脉冲数。再通过数字电路，即可计数和显示。也可以通过频率转换器，经过光线示波器做示波图记录。

7.2.4　频闪测速仪

频闪测速仪是利用同步式测量方法测转速的装置，属于非接触测量。其基本组成如图 7-8 所示，闪光管以一定频率发光，闸流管触发器用来点燃闪光管，振荡器的频率可调，闪光控制环节控制和调节闪光频率，频闪次数可以在 $(100 \sim 150000)$ 次/min 内调节。

测量时，先在旋转物体上画上一个标记或按不同等分画上标记，将仪器的闪光灯管对着旋转的标记照射，当闪光频率调节到与被测轴每秒钟转速相同或为其整倍数、整分数时，可看到不同的、静止的标记图像，据此确定转速的大小。例如，在旋转体上标记为一个白点，当闪光频率与每秒转速相同时，由于视觉暂留作用，白点看上去似乎静止不动，显示出一个稳定的白点图像。如连续地调节闪光的频率 f 值，设被测转速为 $n(\mathrm{rad/min})$ 时，会出现不同的标记图像：

1）当 $f = n/60$ 时，会看到静止的一个标记。

2）当 $kf = n/60$ 时 $(k = 2,3,4\cdots)$ 时，所看到的标记图像为静止的一个标记。

3）当 $(1/m)f = n/60 (m = 2,3,4\cdots)$ 时，会看到 m 个静止的标记，且沿转动圆周均匀分布。

4）当 $f > n/60$（略大一点）时，会看到标记逆旋转方向缓慢移动。

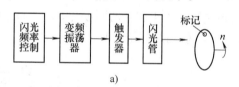

a)

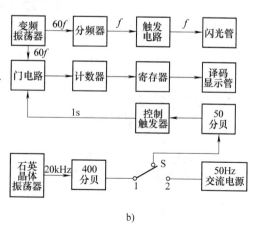

b)

图 7-8　频闪测速仪

a）频闪测速仪的组成

b）数字式频闪测速仪的原理框图

5）当 $f < n/60$（略小一点）时，会看到标记顺旋转方向缓慢移动。

由此可见，由于闪光频率调节过程中会出现不同的图像，因此稍有不慎，就容易出现判断错误。为避免判断失误，可预先估计旋转体的回转频率，闪光频率应由高向低连续调节，当出现两个静止的标记时，说明闪光频率已是回转频率的两倍，再继续调低频率，当第一次出现一个静止标记时，则此时的闪光频率即为旋转体每秒钟的转数。

频闪测速法利用了视觉暂留作用，因此不宜测量 20Hz 以下的回转频率，同时要求被测轴的转速稳定。

目前的频闪测速仪大都将闪光测速技术与数字频率计结合在一起，频率值由显示器显示，精度较高。数字式频闪测速仪的原理框图如图 7-8b 所示。石英晶体振荡器产生的标准频率信号经两级分频器和控制触发器后得到 1s 的测量时间信号，用来控制门电路的开启时间，可变频率振荡器的频率经 60 分频后通过触发电路来触发闪光管，当闪光频率调到与旋转体回转频率一致，即观察到标记图像静止时，由显示器即可读到转速值 $n(\text{r/min})$。50Hz 的外接交流电源与被测体的工作电源相同，当电网频率波动较大时，可用于保持相对频率一致，即通过开关 2 可以得到与电源波动相对应的测量时间，以消除测量误差。

7.2.5　激光多普勒测速仪

当波源或接收波的观察者相对于传播质子运动时，观察者所测得的波的频率不仅取决于波源发出的振动频率，还取决于波源或观测者的运动速度大小和方向，这种现象称作光或声的多普勒效应。不论是波源运动，或者观察者运动，或者是两者都运动，只要是两者互相接近，接受到的频率就高于原来波源的频率；如果是两者互相远离，接收到的频率就低于原来波源的频率。由多普勒效应引起的频率变化数值称作多普勒频移值。

光波的多普勒效应是一种物理现象，即由物体反射表面运动速度引起的频率漂移与光源波长及物体反射表面运动速度的大小和方向有关。设波源的频率为 f_1，波长为 λ，当运动速度 $v_1 = 0$，波在媒质中的传播速度为 c；若观测者以速度 $v_2 \neq 0$ 趋近波源，则在单位时间内越过观测者的波数 f_2 为

$$f_2 = f_1 + \Delta f = f_1 + \frac{v_2}{\lambda} \tag{7-3}$$

由于观测者的运动，实际测得的频率 f_2 与光源频率 f_1 之间有一个频差 Δf。当波源频率一定时，频差与速度成正比。

激光多普勒测速仪就是基于多普勒原理工作的，其原理结构如图 7-9 所示。激光器作为光源，发出的频率为 f_1，经过光频调制器调制成频率为 f 的光波，投射到运动物体上，再反射到光检测器上。光检测器把光波转变成相同频率的电信号后，经电路将频移信号的中心频率做适当偏移，然后由信号处理器将多普勒频移信号转换成与运动速度相对应的信号。

当运动物体的速度为 v 时，反射到光检测器上的光波频率为

$$f_2 = f + \frac{2v}{\lambda} = f + f_d \tag{7-4}$$

式中　f_d——运动物体引起的多普勒频移（Hz）。

激光多普勒测速仪的特点是精度高，测量范围宽，用激光可以测出 1cm/h 的超低及超高音速，且属于非接触测量。但其结构比较复杂，成本较高。

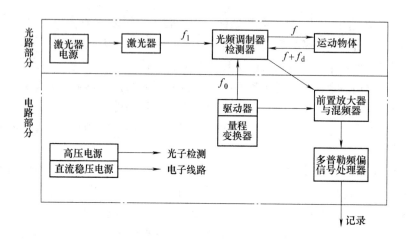

图 7-9　激光多普勒测速仪原理框图

思考题与习题

7-1　简述速度的测量方法。

7-2　简述离心式转速计测量转速的原理。

7-3　霍尔传感器是如何进行转速测量的?

7-4　光电式转速传感器分为哪两种?

7-5　何谓多普勒效应? 简述激光多普勒测速仪的工作原理。

第8章　振动的测试

　　振动是指物体在其平衡位置附近所做的一种往复运动，是自然界、工业生产以及日常生活中普遍存在的物理现象。机械设备和装置内部安装着许多运动机构和零部件，由于不可避免地存在回转件的不平衡、负载的不均匀、结构刚度的各向不等、润滑状况的不良、表面质量差以及间隙等缺陷，因此运行时就会产生不同程度的振动，如汽车、火车、飞机、轮船和各种动力设备在工作时都会产生振动。大多数情况下，这种振动是有害的。振动引起的动载荷会破坏机器设备的正常工作，加速机器失效，降低机械设备的使用寿命，甚至造成事故。另外，振动本身或由振动引起的噪声还对人的心理健康产生极大危害。

　　振动在某些情况下也具有可利用的一面，如利用振动原理研制的可用于输送、清洗、时效、脱水的振动设备，具有结构简单、耗能少、效率高等特点，在工业生产中得到广泛应用。近年来，随着大功率、高速度、高性能的大型化、综合化（集机、电、液于一体）机械设备的飞速发展，振动问题遍及了机械制造的各个行业。如何减少振动的影响、把振动量有效地控制在一定范围内；通过振动测试对机器的运动状况进行监测、分析和诊断，对工作环境进行控制等课题越来越受到人们的重视。

8.1　振动类型及其表征参数

8.1.1　振动类型

　　机械振动是指机械设备在运动状态下，其设备或结构上某测点的位移相对基准随时间不断变化的过程。实际测试中遇到的机械振动类型很多，现对主要类型及其特征表述如下。

1. 按振动产生原因分类

　　（1）自由振动　当振动系统偏离其平衡位置时，仅仅靠其弹性恢复力维持的振动。该振动的频率是系统的固有频率，如果存在阻尼，其振动将逐渐减弱。

　　（2）受迫振动　在外部激振力的持续作用下，系统被迫产生的振动。该振动的特性与外部激振力的大小、方向、频率有关。

　　（3）自激振动　在无外部激振力作用的情况下，由于系统本身原因产生的振动称作自激振动。如轴承油膜的自激振动。

2. 按振动系统结构参数的特性分类

　　（1）线性振动　如果振动系统的惯性力、阻尼力、恢复力分别与加速度、速度、位移成线性关系，那么该振动就是线性振动，其运动规律可用微分方程来描述。

　　（2）非线性振动　如果振动系统的惯性力、阻尼力、恢复力分别具有非线性性质，那么该振动就是非线性振动，它的运动规律只能用非线性微分方程来描述。

3. 按振动系统的自由度分类

　　（1）单自由度振动　是指只需要一个独立坐标就能确定其运动位置的振动，如悬臂梁上质量块的振动、钟摆的振动等都属于单自由度振动。

（2）多自由度振动　是指需要多个独立坐标才能确定其运动位置的振动，如汽车在高低不平路面上行驶产生的振动、地壳的振动等都属于多自由度振动。

4. 按振动规律分类

与信号的分类相似，按振动规律可将机械振动分为两大类，即稳态振动和随机振动，如图 8-1 所示。

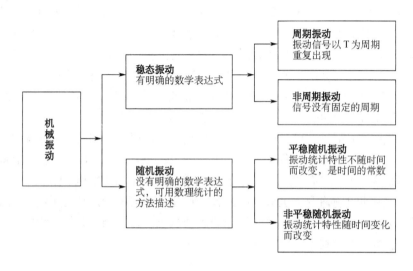

图 8-1　振动的种类和特征

8.1.2　描述振动的基本参数

描述振动的三个基本参数为振幅、频率和相位，也称振动三要素。

1. 振幅

振幅表示振动强度的大小，可用不同的方法表示，如单峰值、有效值、平均值等。

简谐振动是最基本的周期运动，各种周期运动都可以用无穷多个不同频率的简谐运动合成来表示。简谐振动的运动规律表示为

$$x(t) = A\sin(\omega t + \varphi) \qquad (8-1)$$

式中　$x(t)$——振动位移；

$\quad\quad A$——振幅；

$\quad\quad \omega$——振动角频率，$\omega = 2\pi f$，f 为振动周期的倒数，$f = 1/T$；

$\quad\quad T$——振动周期；

$\quad\quad \varphi$——初相角。

对应于简谐振动的速度 v 和加速度 a，可分别表示为

$$v = \frac{\mathrm{d}x}{\mathrm{d}t} = A\omega\cos(2\pi ft + \varphi) \qquad (8-2)$$

$$a = \frac{\mathrm{d}v}{\mathrm{d}t} = -\omega^2 A\sin(2\pi ft + \varphi) \qquad (8-3)$$

由此可见，测试中只要测得位移、速度和加速度中的一个参数，通过积分或微分运算，

就可求得其他两个参数。

2. 频率

频率是周期的倒数。简谐振动是单一频率的振动形式，实际振动系统中往往包含了许多频率成分，不同的频率成分反映了系统内部不同的振动源。可以利用频谱分析仪获得某种振动的频谱图，通过分析频谱图确定主要频率成分及其幅值大小，从而寻找到振源，以此采取相应措施，减小或消除有害振动源。

3. 相位

在某些情况下，获得振动信号的相位是很重要的，如利用相位关系确定共振点、进行振型测量、对旋转件做动平衡试验等。在对复杂振动进行波形分析时，各谐波的相位关系更是必不可少的因素。

进行振动测量时，应合理选择测量参数。振动位移是研究强度和变形的重要依据；振动速度决定了噪声的高低，人们对机械振动的敏感程度往往是由速度决定的，速度又与能量和功率有关，并决定动量的大小；振动加速度与作用力或载荷成正比，是研究动力强度和疲劳的重要依据。因此，当主要研究振动对机加工精度的影响时，可考虑测量振动位移的大小；当研究振动引起的声辐射大小时，通常需要测量振动速度；当研究机械损伤时，则主要是测量加速度。

8.2 振动测试的基本内容和测振系统的组成

8.2.1 振动测试的基本内容

1. 振动参数的测试

振动参数的测试主要是振动三要素的测试。通过测定这些参数以及了解这些参数的分布情况，可以判断机械运行状况是否正常，可以识别振动状态、寻找振动源以及研究合理的减振措施等，为机械处于最佳运行状态提供依据。

2. 振动系统特性参数的测试

目前，在对机械机构(尤其是复杂机械机构)的动态特性参数求解方面，尚无明确的理论公式，振动测试是唯一的求解方法。进行振动系统特性参数测试时，通常以某种形式的激振力作用于被测对象，使机械系统产生受迫振动，通过测定输入激振力信号和被测对象产生的响应(如位移、加速度等)信号，分析并确定被测对象的固有频率、阻尼比、动刚度和振型等动态特性参数，为机械系统的动态设计提供依据。

按照规定的振动条件，对设备进行振动试验，检查设备的抗振寿命、性能稳定性以及设计、制造、安装的合理性等也是常用的振动测试方法。

8.2.2 测振系统的组成

振动测试是获得振动变化量，并将其转换为与之对应且便于显示、分析和处理的电信号，因而从中提取所需信息的过程。在机械振动测试中，广泛采用的是电测法，即把待测的机械振动量(位移、速度、加速度)的变化转化成电量(电荷、电压等)或电参数(电阻、电容、电感等)的变化，然后使用电量的测量和分析设备进行测定和分析。

由前面的知识可知，如果知道了系统的输入（激励）和输出（响应），就可以求出系统的动态特性。振动测试就是求取系统输入和输出的一种试验方法。根据测试的对象和任务不同，一般可将其分为两种类型。

1. 只测量系统的输出（响应）

这类测试分两种情况：一是系统在一定的初始条件下发生自由振动，此时只要测得自由振动的时间历程即可求出系统的动态特性；二是系统在自然激励（例如环境激励或工作激励）作用下发生强迫振动，系统的输入常常难以测量或不可测量，此时主要通过测出系统的输出，求其相关函数或功率谱密度函数来确定系统的动态特性或找出引起系统振动的原因。

2. 同时测量输入和输出

这类测试是典型的实验室方法。被测系统通常在人为激励（例如脉冲锤击激励）作用下发生强迫振动，同时测出系统的输入和输出，从而求出系统的动态特性。

图 8-2　简单的振动测量系统

图 8-2 所示的系统是一种较简单的振动测量系统，属于第一类测试，常用于现场测量。其中加速度传感器将被测的机械振动量转换成电量，从振动计上直接读出振动量的位移、速度和加速度的量值，图 8-3 所示的系统不仅可在现场读出振动的量级，还能把现场的振动信号记录下来，对振动信号作频率分析。图 8-4 所示为滤波器组成的频响函数测试系统，若采用低阻加速度传感器，还可使用电压放大器作为前置放大器。

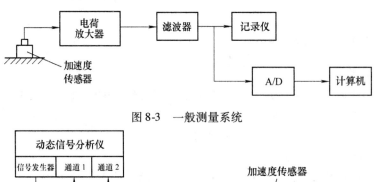

图 8-3　一般测量系统

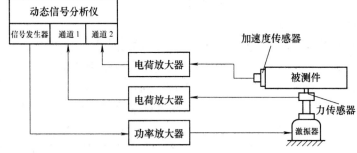

图 8-4　频响函数测量系统

8.3　常用的测振传感器

8.3.1　测振传感器的分类

测振传感器按与被测试件是否接触分为接触式与非接触式两类。

磁电式速度传感器和压电式加速度传感器属于接触式测振传感器，其机电转换较为方便，在振动测试中常被使用。而电容传感器和涡流传感器常用于振动位移的非接触式测量中。

测振传感器按所测的振动性质分为绝对式和相对式两类。

绝对式（惯性式）测振传感器的输出描述了被测物体的绝对振动。如图8-5所示，传感器的壳体固定在被测物体上，其内部是利用弹簧-质量系统来感受振动。测振时，壳体的振动被看作是被测物体的振动，即传感器的输入，壳体相对传感器内质量块的相对运动量即为被测物体的绝对振动量，经转换元件转换成电量后，成为传感器的输出。

相对式测振传感器（如涡流式传感器）的壳体和测量体分别与不同的被测物体连接，其输出是描述两试件间的相对振动量。

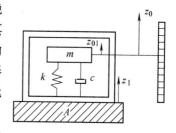

图8-5　绝对式测振
传感器的力学模型

传感器是振动测试的第一个环节，因此不仅要求它应具有较高的灵敏度，还要求它在测量的频率范围内有平坦的幅频特性曲线、有与频率成线性关系的相频特性曲线。另外还应注意的是惯性式传感器其质量要小，这是因为固定在被测对象上的惯性式传感器将作为附加质量，使整个系统的振动特性发生变化，该变化可近似地表示为

$$a' = \frac{m}{m + m'}a \qquad (8-4)$$

$$\omega_n' = \sqrt{\frac{m}{m + m'}}\omega_n \qquad (8-5)$$

式中　ω_n、ω_n'——装上传感器前、后被测系统的固有频率；

$\quad$ a、a'——装上传感器前、后被测系统的加速度；

$\quad$ m——被测系统原有质量；

$\quad$ m'——被测系统附加质量。

显然，只有当$m' \ll m$时，m'的影响才可忽略。在对轻小结构测振或做模态实验时，需要对附加质量加以特别考虑。

振动的位移、速度、加速度之间保持简单的微积分关系，所以在许多测振仪器中往往带有简单的微积分网络，可根据需要做位移、速度、加速度之间的转换。

8.3.2　常用的测振传感器介绍

1. 涡流式位移传感器

涡流式位移传感器是一种相对非接触式测振传感器。其基本原理是利用了金属在交变磁场中的涡流效应，通过传感器端部与被测物体之间的距离变化来测量物体的振动位移和幅值大小。涡流位移传感器内部由电感和电容组成并联谐振回路，晶体振荡器产生等幅高频信号作用在传感器上，当电感随传感器与转轴的间隙（即振动体的变化）变化时，高频信号被调制，经过放大、检波，输出与振动位移成正比的电压。

如图8-6所示为涡流式位移传感器结构。实践表明，传感器线圈的厚度越小，其灵敏度越高。

涡流传感器结构简单，测量范围通常为 $\pm(0.5 \sim 10)$ mm，灵敏度为测量范围的 0.1%。具有线性范围大、灵敏度较高、频率范围较宽、抗干扰能力强、不受油污等介质影响以及非接触测量等特点，可方便地测出运动部件和静止部件之间的间隙变化。其表面粗糙度对测量几乎没有影响，但表面的裂纹和被测材料的电导率和导磁率对灵敏度有影响。涡流传感器在电动机组、汽轮机组、

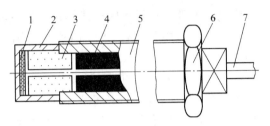

图 8-6　涡流式位移传感器结构示意图
1—线圈　2—保护套　3—框架　4—添料
5—壳体　6—六角螺母　7—电缆

空气压缩机组等回转轴系的振动监测、转速测量、故障诊断中应用非常广泛。

2. 磁电式速度传感器

磁电式速度传感器是利用电磁感应原理进行工作的。将传感器中的线圈作为质量块，当传感器运动时，线圈在磁场中做切割磁力线运动，其感应电动势与线圈运动速度成正比。

磁电式速度传感器有绝对式和相对式两种，前者测量被测对象的绝对振动速度，后者测量两个运动部件之间的相对振动速度。

磁电式速度传感器结构简单、使用方便、输出阻抗低，从外部引入的电噪声小，输出信号大，灵敏度大，有时可不加放大器，适用于低频信号测量，但其体积较大。

表 8-1 给出了常用磁电式速度传感器的性能参数。

表 8-1　常用磁电式速度传感器的性能参数

传感器型号	灵敏度 /$(\text{mVs} \cdot \text{cm}^{-1})$	频率范围 /Hz	最大可测位移/mm	最大可测加速度 /$(\text{m} \cdot \text{s}^{-2})$	质量 /kg	测量方式
CD-1	600	10 ~ 500	±1	5	0.7	绝对式
CD-2	300	2 ~ 500	±1.5	10	0.8	相对式
CD-3	150 ~ 320	15 ~ 300	±1	10	0.35	绝对式
CD-4	600	2 ~ 300	±15	—	0.3	相对式
CD-7	6000	0.5 ~ 20	±6	<1	1.5	绝对式
CD-8	>20	2 ~ 500	—	5	0.1	非接触
CD-11	>2000	0.4 ~ 500	±20	5	1.30	绝对式

3. 压电式加速度传感器

压电式加速度传感器又称压电加速度计，属于惯性式传感器。它是利用某些晶体的压电效应工作的，当加速度计受振时，通过质量块加在压电元件上的力也随之变化。当被测振动频率远远低于加速度计的固有频率时，力的变化与被测加速度成正比，其输出端产生与振动加速度成正比的电荷量。

由于压电式传感器输出的是微弱的电荷，而且传感器本身有很大内阻，这给后接电路带来一定困难。为此，通常把传感器信号先输出到高输入阻抗的前置放大器中，经过阻抗变换后再进行放大、检测等，最后经指示仪表或记录仪输出。

（1）压电加速度计的结构　常用的压电加速度计主要由压电元件、质量块、附加件组

成。如图 8-7 所示为几种常用压电式加速度计的结构形式，它们之间的主要差别是压电晶体承受应力的形式不同。

图 8-7a 是中央安装压缩型，压电元件-质量块-弹簧系统装在圆形中心支柱上，支柱与基座连接，这种结构有较高的共振频率。但当基座与测试对象连接时，如果基座有变形将直接影响传感器输出。此外，测试对象和环境温度的变化对压电片影响较大，且使预紧力发生变化，引起温度漂移。

图 8-7b 为环形剪切型，结构简单，可做成小型、高共振频率的加速度计。环形质量块粘到装在中心支柱上的环形压电元件上，由于粘结剂会随温度增高而变软，因此其工作温度受到限制。

图 8-7c 为三角剪切型，压电片由夹持环夹在三角形中心柱上，当加速度计感受轴向振动时，压电片承受切应力。这种结构对底座变形和温度变化有极好的隔离作用，有较高的共振频率和良好的线性。其剪切设计使质量块、底座和敏感元件之间的摩擦力产生正比于加速度的输出信号，温度灵敏性低，对基座应变不敏感。

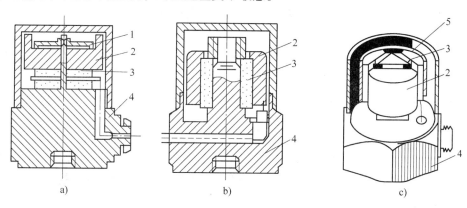

图 8-7　压电式加速度计的结构

a）中心安装压缩型　b）环形剪切型　c）三角剪切型

1—弹簧　2—质量块　3—压电元件　4—基座　5—夹持环

按照图 8-5 传感器的力学模型，先将加速度的输入转换成质量对壳体的相对位移 z_{01}，再将与 z_{01} 成正比的弹簧力转换成电荷输出。由于第二次转换是一种比例转换，因此压电式加速度计的频率响应特性很大程度上取决于第一次转换的频率响应特性。如果加速度传感器的固有频率是 ω_n，$\omega_n = \sqrt{k/m}$，k 是弹簧板、压电元件片和基座螺栓的组合刚度系数，m 是惯性质量块的质量。为使加速度传感器正常工作，被测振动的频率 ω 应远低于加速度传感器的固有频率 ω_n，即 $\omega \ll \omega_n$。由于输入和惯性质量块与基座之间的相对运动 z_{01} 成比例，加速度传感器的压电元件受到交变压力后，z_{01} 将和加速度成正比，所以加速度传感器就能输出与被测振动加速度成比例的电荷。

（2）压电式加速度计的灵敏度　压电式传感器可以被看成电荷源，也可以被看成是电压源，因此灵敏度有两种表示方法：一个是电荷灵敏度 S_q，量纲为（$PC/(m \cdot s^{-1})$）；一个是电压灵敏度 S_u，量纲为（$mV/(m \cdot s^{-1})$）。

$$S_q = \frac{q_a}{a} \tag{8-6}$$

$$S_u = \frac{U_a}{a} \tag{8-7}$$

式中　q_a——压电传感器产生的电荷；

　　　a——压电传感器所测的加速度；

　　　U_a——压电传感器的开路电压。

对给定的压电材料而言，灵敏度随质量块的增大或压电片的增多而增大。一般来说，加速度计尺寸越大，其固有频率越低。因此选用加速度计时应当权衡灵敏度、结构尺寸、附加质量影响和频率响应特性之间的利弊。

压电式加速度计的横向灵敏度表示它对横向（垂直于加速度计轴线）振动的敏感程度。横向灵敏度常以主灵敏度（即加速度计的电压灵敏度或电荷灵敏度）的百分比表示。一般在壳体上用小红点标出最小横向灵敏度方向，一个优良的加速度计的横向灵敏度应小于主灵敏度的3%。

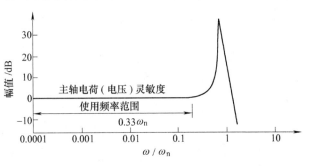

图 8-8　压电式加速度计的幅频特性

（3）压电加速度计的频率特性由于电荷泄漏，实际压电式加速度计的幅频特性如图 8-8 所示。从图中可以看出，压电式加速度计的工作频率范围较宽，只有在加速度计的固有频率 ω_n 附近灵敏度才发生急剧变化。加速度计的使用上限频率取决于幅频曲线中的共振频率。一般对于小阻尼（$\xi \leqslant 0.1$）的加速度计，上限频率取共振频率的 1/3 时，便可保证幅值误差低于 1dB（即 12%）；若取共振频率的 1/5，则可保证幅值误差小于 0.5dB（即 6%），相移小于 3°。

（4）加速度计的安装　压电式加速度计的共振频率与加速度计的安装方式有直接关系。加速度计出厂时给出的幅频曲线通常是在刚性固定连接的情况下得到的，但实际使用的固定方法通常难于达到刚性连接，因此加速度计的共振频率和使用的上限频率都有所下降。如图 8-9 所示为几种压电式加速度计的安装方法。

图 8-9a 为螺栓固定法。该法是最好的固定方法，多用于高频测量，而且抗冲击。但是在使用时应防止螺栓过分拧紧，以避免基体变形影响测量精度。如果在加速度计和被测物体之间涂一层硅胶，不仅可以增加不平整安装表面的连接可靠性，而且能改善冲击状态，有利于高频测量。若需要绝缘时，可用绝缘螺栓和云母垫片固定加速度计，如图 8-9b。在加速度计和被测物体表面之间涂薄蜡，可适合低温测振，见图 8-9c。

图 8-9d 为手持探针法。该方法只能用于 1kHz 以下的振动测量，而且测量误差较大，重复性差。但手持探针法使用方便，可以随时移动压电加速度计的位置，便于多点测量。

图 8-9e 为磁钢固定法。将加速度计固定在永久性磁钢上，再把磁钢吸附在被测物体表面，使加速度计与被测物体绝缘。该方法使用方便，多用于低频测量。

图 8-9f、图 8-9g 分别为硬性粘结螺栓和粘结剂固定法。一般用于测频率不大于 5kHz 的振动场合。

例如，某典型的加速度计，采用上述各种固定方法的共振频率分别为：螺栓固定法

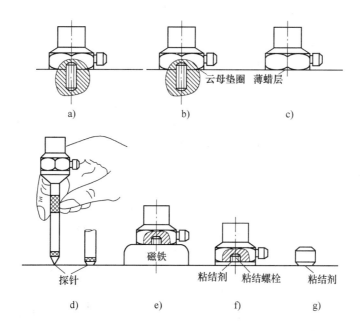

图 8-9 压电式加速度计的安装方法

31kHz、云母垫片法 28kHz、涂薄蜡层法 29kHz、手持探针法 2kHz、永久磁铁固定法 7kHz。

（5）压电加速度计的前置放大 压电片受力后产生的电荷量极其微弱，电荷使压电片边界面和接在边界面上的导体充电，其电压为 $U = q/C_a$（C_a 为加速度计的内电容）。要测得这样微弱的电荷（或电压）的关键是防止导线、测量电路和加速度计本身的电荷泄漏。即，压电加速度传感器所用的前置放大器应具有极高的输入阻抗，把泄漏减少到测量准确度所要求的范围内。

用于压电式传感器的前置放大器有两类：电压放大器和电荷放大器。电压放大器就是高输入阻抗的比例放大器，其电路比较简单，但输出易受连接电缆对地电容的影响，因此适用于一般振动测量。电荷放大器以电容作负反馈，使用中基本不受电缆电容的影响，且由于采用高质量的元器件，输入阻抗较高，但电荷放大器的价格也比较高。

用压电式加速度计测量低频信号，尤其小振幅振动时，由于加速度值小，传感器的灵敏度也有限，因此输出信号很微弱，信噪比较差。同时电荷的泄漏、积分电路的漂移、器件的噪声也不可避免，所以实际低频端出现了"截止频率"，约为 0.1 ~ 1Hz。但若配用较好的前置放大器就可降低到 0.1mHz。

8.3.3 测振传感器的选择原则

在选择测振传感器类型时，要根据测试的要求（如位移、速度、加速度或力等）、被测对象的振动特性（如待测的振动频率范围和估计的振幅范围等）以及使用环境情况（如环境湿度、温度和电磁干扰等），并结合各类测振传感器的性能指标进行综合考虑。

1. 选用位移型传感器

振动位移的幅值特别重要时，如不允许某振动部件在振动时碰撞其他部件，即要求限幅；测量振动位移幅值的部位正好是需要分析应力的部位；测量低频振动时，由于其振动速度和加速度值均很小，不便于采用速度传感器或加速度传感器进行测量时，通常选用位移型测振传感器。

2. 选用速度型传感器

振动位移的幅值太小；与声响有关的振动测量；中频振动测量时，通常选用速度型传感器。

3. 选用加速度传感器

高频振动测量，需要对机器部件的受力、载荷或应力进行分析，但不允许传感器体积较大、质量较重时，应采用小型的压电式加速度传感器。

8.3.4 振动信号分析仪器

通常传感器检测到的振动信号是时域信号，只能给出振动强度的概念，只有经过频谱分析后，才能判别振动的根源，进行故障诊断分析。在用激振方法研究被测对象的动态特性时，也需将检测到的振动信号和力信号联系起来，求出被测对象的幅值和相频特性。这些都需要选用合适的滤波技术和信号分析方法。目前的振动信号处理仪器主要有振动计、频率分析仪、传递函数分析仪和综合分析仪等。

振动计是用来直接指示位移、速度、加速度等振动量的峰值、峰-峰值、平均值或方均根值的仪器。它主要由积分、微分电路，放大器，电压检波器和表头组成。由于只能获得振动的总强度，因此使用范围有限。

频率分析仪也称"频谱仪"，是把振动信号的时间历程转换为频域描述的一种仪器。要分析产生振动的原因，研究振动对人和其他结构的影响及研究结构的动态特性等，都要进行频率分析。频率分析仪按其工作原理可分为模拟式和数字式两大类。

以频率特性分析仪或传递函数分析仪为核心组成测试系统，采用稳态正弦激振法，可测定机械结构的频率响应或机械阻抗。

近年来，由于微电子技术和信号处理技术的迅速发展以及快速傅里叶变换（FFT）算法的推广，在工程测试中，数字信号处理方法得到越来越广泛的应用，也出现了各种各样的信号分析和数据处理仪器。这种具有高速控制环节和运算环节的实时数字信号处理系统和信号处理器，具有多种功能，因此又称为综合分析仪，如 Agilent 公司的 35670A 动态信号分析仪（见图 8-10）。

1. HP35670A 面板

利用软键从当前菜单中选择有关项目。软键的功能由分析仪屏幕上的可视标识名指出。硬键是面板上其功能总是不变的一些按键，它们的标识名直接印在键上。分析仪的屏幕分为菜单区和显示区。菜单区显示软键的标识名；数据区显示测量数据和有关参数设置的信息。

标准的 HP35670A（双通道）在面板上有一个源的连接器。

2. HP 35670A 背面板

将 HP35670A 连接到其他 HP-IB 设备的 HP-IB 连接器，HP-IB 参数在［Local/HP-IB］和

图 8-10 35670A 动态信号分析仪

[Plot/Print]菜单中设置。

将分析仪与绘图仪或打印机的 SERIALPORT（串行口）和 PARALLELPORT（并行口）相连，其参数在[Plot/Print]菜单中设置。

输出分析仪的源信号的 SOURCE 连接器，在面板上有一个发光二极管指示该信号源的开关状态，源参数在[Source]菜单中设置。

8.4　振动系统动态特性参数的测试

8.4.1　振动的激励方法

在机械工程测试中常用的激振方式有以下三种。

1. 稳态正弦激振

稳态正弦激振法是最普遍的激振方法，如图 8-11 所示。它借助激振设备（扫频信号发生器）发出正弦信号，通过功率放大器和激振器对被测对象施加一个频率可控的简谐激振力。其优点是激振功率大，信噪比高，能保证响应测试的精度，并可获得各点的频率响应函数。缺点是要获得足够的测试精度，需要较长的测试周期。

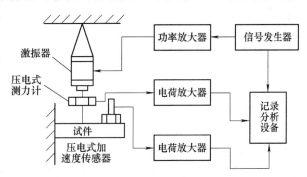

图 8-11　稳态正弦激振测试系统框图

为了测得整个频率范围内的频响函数，必须用多个频率进行试验以得到系统的响应数据。在每个测试频率处，只有当系统达到稳定状态才能进行测试，这对于小阻尼系统尤为重要，因此测试时间相对较长。

在稳态正弦激振方法中，常用的激振器有电动式、电磁式和电液式三种。

2. 瞬态激振

瞬态激振是对被测对象施加一个瞬态变化的力，是一种宽带激励方法。常用的激励方式有快速正弦扫描、脉冲激振、阶跃（张弛）激振三种。

（1）快速正弦扫描激振　激振信号由信号发生器供给，其频率可调，激振力为正弦力。快速正弦扫描所用的激振器及测试仪器基本与稳态正弦激振的相同，但要求信号发生器能在整个测试频段内做快速扫描，扫描时间极短，为数秒到十几秒，且幅值保持不变。图 8-12

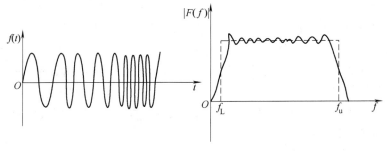

图 8-12　快速正弦扫描信号及其频谱

是快速正弦扫描信号及其频谱图。

（2）脉冲激振 脉冲激振方法如图 8-13 所示，用激振器（脉冲锤）对被测对象进行敲击，脉冲力信号及各点响应信号经过电荷放大，输入到分析仪中，从而得到幅值和相位图。脉冲力（信号）的宽度与脉冲锤头所用的材料有关，不同锤头材料所得到的力信号的频谱曲线范围也不相同。钢锤头的频谱带宽最大，而橡胶的频谱带宽最小。

脉冲锤激振简便高效，常被使用。但在着力点位置、力的大小和方向的控制等方面需要技巧，否则会产生很大的随机误差。锤击法适用于激励固有频率很低的构件。

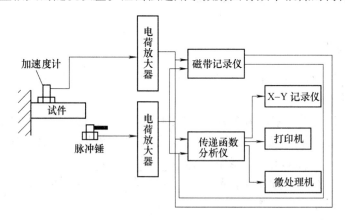

图 8-13　脉冲激振测试系统框图

（3）阶跃（张弛）激振 阶跃激振测试方法及所用的仪器与锤击法基本相同。它是在被测试对象上突加或突卸一个常力，达到瞬态激振的目的。激振力可用激波管、火药筒获得，也可用一根刚度大、质量轻的弦，在激振点处由力传感器将弦的张力施加于被测对象上，使之产生初始变形，然后突然切断张力弦，相当于对被测对象施加一个负的阶跃激振力。

阶跃激振属于宽带激振，阶跃激振力的低频量大，适用于一些笨重的结构。在建筑结构的振动测试中被普遍使用。

3. 随机激振

随机激振是一种宽带激振法。根据输入的随机信号不同分为：纯随机方法、伪随机方法和周期随机激振法。纯随机信号通常由外部的模拟发生器产生，通过功率放大器输给电磁激振器或电液激振器。而伪随机和周期随机信号一般由数字信号处理机产生。

纯随机信号的功率谱是平直的，其信号具有非周期性，因而在截断信号后有能量泄漏，虽然通过加窗可以解决，但也导致了频率分辨率降低。

周期随机信号是变化的伪随机信号，既有纯随机信号和伪随机信号的优点，又能避免二者的缺点，不仅可以消除泄漏，还能用总体平均来消除噪声干扰和非线性畸变。

实际工程中，为了能够重复试验，常采用伪随机信号作为测试的输入激励信号。伪随机信号是一种周期性的随机信号，它是将白噪声在时间 T（单位为 s）内截断，然后按周期 T 重复，即形成伪随机信号。采用伪随机信号激励的测试方法，既有纯随机信号的真实性，又有一定的周期性，当周期长度与分析仪的采样周期长度相同时，可以消除泄漏问题，同时在数据处理时也能避免统计误差。

图 8-14 所示为随机激振测试系统框图，它由激振、测振和信号处理三部分组成。

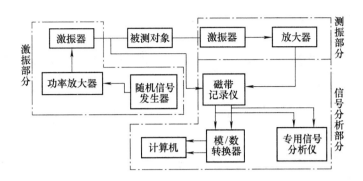

图 8-14　随机激振测试系统框图

8.4.2　激振器

激振器是按预定的要求，对被测对象施加一定形式激振力的装置。实际测试中要求激振器在其频率范围内能提供良好的波形、足够的强度和稳定的交变力。某些情况下，这需要施加一恒力作为预载荷，以消除间隙或模拟某种恒定力。此外，激振器应尽量体积小、质量轻。

常用激振器有电动式、电磁式和电液式三种。此外，还有用于小型、薄壁结构的压电晶体激振器，用于高频激振的磁致伸缩激振器和高声强激振器等。

1. 电动式激振器

电动式激振器按其磁场的形成分为永磁式和励磁式两种。前者多用于小型激振器，后者多用于较大型的激振器，即振动台。

如图 8-15 所示为电动永磁式激振器。它由弹簧、壳体、驱动线圈、铁心、磁极板、顶杆等元件组成。驱动线圈 2 固装在顶杆 5 上，并由支承弹簧 1 固定在壳体 7 中，驱动线圈正好位于磁极板 4 与铁心 3 所形成的高磁通密度的气隙中。当驱动线圈通过经功率放大器放大的交变电流 i 时，根据磁场中载流体受力原理，线圈将受到与电流 i 成正比的电动力的作用，此力通过顶杆传到被测对象，即为所需的激振力。

通常顶杆施加到被激对象上的激振力不等于线圈受到的电动力，其传动比（电动力与激振力之比）与激振器运动部分和被测对象本身的质量刚度、阻尼等因素有关，而且还是频率的函数。只有当激振器的质量与被测对象的质量相比可略去不计，且激振器与被激对象的连接刚度好、顶杆系统刚性强的情况下，才可以认为电动力等于激振力。

电动激振器常用于绝对激振，激振时要使激振器壳体在空间保持基本静止，以使激振器的能量尽量用于被激对象的激励上。因此，对激振器的安装有一定的要求。

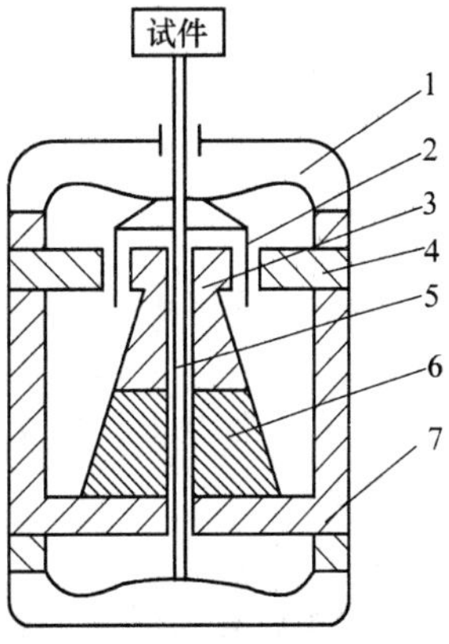

如图 8-16a 所示，当进行高频激振时，激振器需用软弹簧悬挂起来并适当配重，以降低悬持系统的固有频率，使其低于激振频率的1/3。此时，可忽略激振器运动部件的支撑刚度和质量对试件的振动。

图 8-15　电动永磁式激振器
结构简图
1—弹簧　2—驱动线圈
3—铁心　4—磁极板
5—顶杆　6—磁钢　7—壳体

194

如图 8-16b 所示，当进行较低频的垂直激振时，将激振器刚性地固定在地面或刚性很好的架子上，这样可以忽略激振器支撑带来的影响，使激振器的固有频率高于激振频率 3 倍以上。

如图 8-16c 所示，在进行水平激振时，如果激振频率较高，可将激振器悬挂成单摆，当摆长足够时，悬挂系统的固有频率较低，此时可以忽略激振器部件对试件振动的影响。

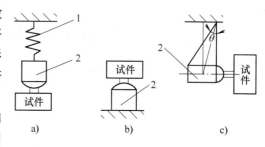

图 8-16　绝对激振时激振器的安装示意图
1—软弹簧　2—激振器

此外，为了保证测试精度，正确施加激振力，需要在激振器与被激对象之间加一根在激振力方向刚度很大、横向刚度很小的柔性杆，以保证激振力传递的同时减小对被激对象的附加约束。同时，常在柔性杆的一端串联一力传感器，以便同时测量激振力的幅值和相位角。

2. 电磁式激振器

电磁式激振器是用电磁力作为激振力，适用于非接触式激振，特别是回转件的激振；且不受附加质量和刚度的影响，其频率上限可达 500 ~ 800Hz。如图 8-17 所示，励磁线圈 4 包

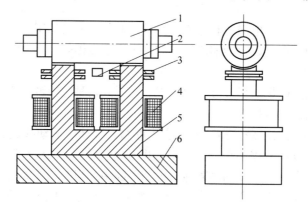

图 8-17　电磁式激振器结构简图
1—衔铁　2—位移传感器　3—检测线圈　4—励磁线圈　5—铁心　6—底座

括一组直流线圈和一组交流线圈，检测线圈 3 用于检测激振力，位移传感器 2 用于测量激振器与衔铁之间的相对位移。当电流通过励磁线圈时，产生相应的磁通，从而在铁心和衔铁之间产生电磁力。将铁心和衔铁分别固定在被测对象的两个部位上，可实现两者之间无接触的相对激振。

3. 电液式激振器

对大型结构激振时，为得到较大的响应，需要很大的激振力，此时可采用电液式激振器。

如图 8-18 所示，电液式激振器由伺服阀（包括激振器、操纵阀和功率阀）和液压执行件（活塞）组成。把经信号发生器放大后的信号，

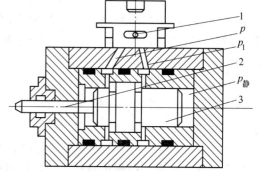

图 8-18　电液式激振器结构简图
1—电液伺服阀　2—顶杆　3—活塞

送入由电液式激振器、操纵阀和功率阀所组成的电液伺服阀，使活塞作往复运动，使顶杆去激励被激对象。由于活塞端部输入一定油压的油，形成静压力 $p_{静}$，可对被激对象施加预载荷。交变激励力 p_1 和静压力 $p_{静}$ 的大小可用力传感器测量。

电液式激振器具有激振力大，行程大，单位力的体积小，结构紧凑等特点。但由于油液的可压缩性和调整流动压力油产生了摩擦，使电液式激振器的高频特性变差，只适用于低频范围，通常为零点几赫到数百赫兹，而且其波形也比电动式激振器差。电液式激振器的结构复杂，制造精度要求较高，并需一套液压系统，因此成本较高。

8.5　传感器的校准

新生产的测振传感器都需要对其灵敏度、频率响应、线性度等进行标定，以保证测量数据的可靠性。此外，测振传感器在使用一段时间后，某些电气性能和力学性能也会发生改变，如压电材料的老化会使灵敏度每年降低 2%~5% 。因此必须定期按技术指标对测振传感器进行校准。

为了保证振动测试结果的可靠性与精确度，也为了保证机械振动测量的统一和传递，国家已建立了测振传感器的检定标准，并设有标准测振装置和仪器作为量值传递的基准。对于传感器来说，主要关心的是灵敏度和频率响应特性。以下介绍两种常用的灵敏度校准方法：绝对法、相对法。

1. 绝对法

将被校准的传感器固定在振动台上，用激光干涉测振仪直接测量振动台的振幅，与被校准的传感器的输出比较，从而确定出被校准传感器的灵敏度。此方法同时也可测量传感器的频率响应。

激光干涉仪绝对标定法的原理如图 8-19 所示。正弦信号发生器的输出，一路经功率放大后去推动振动台，另一路送频率测量仪作频率测量的参考信号。被校准的压电加速度传感器的输出，经电荷放大器后用高精确度数字电压表读出。工作台台体移动 $\lambda/2$（常用的氦-氖激光波长 $\lambda=0.6328\mu m$），光程差变化一个波长 λ，干涉条纹移动一条。根据移动条纹的计数可以测出台面振幅，再根据实测的频率可以算出传感器所经受的速度或加速度。进行频率

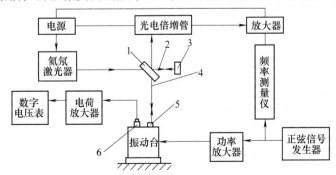

图 8-19　激光干涉仪绝对标定法的原理

1—分束器　2—参考光束　3—参考反射镜　4—测量光束
5—测量反射镜　6—被校准传感器

响应测试时，使信号发生器做慢速的频率扫描，同时用反馈电路使振动台的振动速度或加速度幅值保持不变，测量传感器的输出，可得出被校速度或加速度传感器的频响曲线。当振动台功率受限制时，高频段台面的振幅相应较小，振幅测量的相对误差会有所增加。

用激光干涉仪进行绝对标定的标定误差通常在 0.5%~1%。由于此方法设备复杂，操作和环境要求高，因此只适合计量单位和测振仪器制造厂使用。

振动仪器厂家常生产一种小型的、经过校准的已知振级的激振器。它只产生加速度已知的几种频率的激振，虽不能全面标定频率响应曲线，但可以在现场方便地检查传感器在给定频率点的灵敏度。

2. 相对法

相对法又称为背靠背比较校准法。将待校准的传感器和经过国家计量等部门严格标定过的标准传感器背靠背地(或并排地)安装在振动台上承受相同的振动，对两个传感器的输出进行比较，可以计算出在某一频率段时被校准传感器的灵敏度。此时的标准传感器起着传递"振动标准"的作用，通常称为参考传感器，如图 8-20 所示。若 u_a、u_r 分别为被标定传感器和参考传感器的输出，当放大倍数相同时，被校准传感器的灵敏度则为

$$S_a = S_r \frac{u_a}{u_r} \tag{8-8}$$

式中　S_r——参考传感器的灵敏度。

振动传感器应定期校准。校准时，任何外界干扰(包括地基的振动)都会造成校准误差，因此，高精度的校准工作应在隔振的基座上进行，但这在实际现场测试时很难实现，而且实际的校准工作往往要求在模拟现场工作环境(温度、湿度、电磁干扰)下进行。考虑到工业中用于振动工况监测的传感器主要追求的是其可靠性，而不是很高的精确度，所以常用的方法是测量振动台基座的绝对振动，同时测量台面对基座的相对振动，经过信号叠加处理后作为振动台的绝对振动值，即传感器的振动输入值。

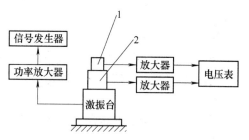

图 8-20　相对法标定加速度传感器
1—被校准传感器　2—参考传感器

8.6　振动测试实例

汽车振动主要是由于汽车行驶在不平路面上引起的。此外汽车运行时，由于发动机、传动系和轮胎等物体都在转动，也会引起汽车的振动。这些振动由轮胎、悬架、坐垫等弹性、阻尼元件构成的振动系统传递到悬架支撑或人体。

汽车的平顺性是指汽车行驶时对不平路面的隔震特性。汽车是由包括车轮、悬架弹簧及弹性减震坐垫等具有固有振动特性的弹性元件组成，这些弹性元件可缓和不平路面对汽车的冲击，使人体舒适和减少货物损伤。但路面不平激起的振动达到一定程度时，会使人体感到不适和疲劳或使运载的货物损坏，车轮载荷的波动还影响地面与车轮间的附着性能，影响到汽车的操纵稳定性。

如图 8-21 所示，汽车的平顺性试验就是通过激振台给汽车一个模拟道路状态(也称为道

路谱)的激励信号，使汽车处于道路行驶状态。汽车驾驶员坐椅处的振动加速度可以通过一个加速度计来拾取，该信号经信号处理电路和振动分析仪分析后，可以得到汽车的振动量值与道路谱的关系，为研究汽车的平顺性提供参考数据。

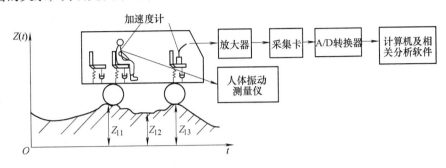

图 8-21　汽车平顺性测试系统框图

此外，通过测定轮胎、悬架、坐垫的弹性特性(载荷与变形关系曲线)，可以求出在规定的载荷下，轮胎、悬架、坐垫的刚度。由加载、卸载曲线包围的面积，可以确定这些元件的阻尼。以上参数的测定可以用来分析新设计或改进汽车的平顺性，探索产生问题的原因，并找出结构参数对平顺性的影响趋势。

在汽车运动的过程中，各点的加速度自功率谱密度函数和加权加速度方均根值包括了系统振动特性的丰富信息，通过对它们的分析可以对汽车的平顺性做出一定的评价，如图 8-22 所示为汽车平顺性测试的过程。

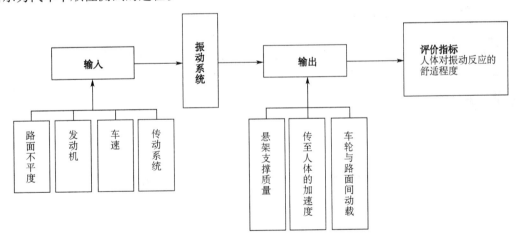

图 8-22　汽车的平顺性测试过程框图

思考题与习题

8-1　振动有哪些类型？各自的特点是什么？

8-2　振动测量有哪些内容？

8-3　压电加速度计有哪几种安装方法？各适合哪些场合？

8-4　测振传感器有哪几种校准方法？各自的特点是什么？

8-5　叙述电磁式激振器的工作原理。

第9章 噪声的测量

声音是物质在某种弹性介质中振动的传播过程。弹性介质通常分为气体、液体和固体三种。当物体的振动在这些弹性介质中传播时，会使介质产生疏密变化，从而形成声波。当产生振动的振源频率在 20～20000Hz 之间时，人耳可以听到，称为声波；当振源频率低于 20Hz 或高于 20000Hz 时，人耳无法听到，前者称作次声波，后者称作超声波。

当振动物体各质点的振动方向与波的传播方向相同时，称为纵波；而当振动物体各质点的振动方向与波的传播方向垂直时，称为横波。声音是声波以纵波形式在空气中的传播。

噪声是声波的一种，具有声波的一切物理特性。从生理学角度讲，凡是引起人反感的、刺耳的声音统称为噪声。在物理意义上，噪声则是指不规则、间歇的或随机振源产生的强弱和频率变化都杂乱无章、没有规律的声音。引起噪声的原因很多，例如机械性噪声、空气动力性及电磁性噪声等。随着现代工业的高速发展，机械设备都向着大型、高速、大动力方向发展，所引起的噪声已成为环境污染的主要公害之一。噪声对人体的危害也极大，长期受噪声的刺激可以引发心血管系统、神经系统和内分泌系统等多种疾病。因此，对噪声进行正确的测试、分析，并采取必要的防治和控制措施，已成为现代测试技术的重要课题。

9.1 噪声测量的主要参数

在进行噪声测量时，常用声压级、声强级和声功率级等表示噪声的强弱，用频率或频谱表示其成分，还可以用人的主观感觉进行量度，如响度级等。

9.1.1 声压

声压是指有声波时，媒质某点上各瞬间的压力与大气压力的差值，记为 P，单位为 N/m^2，即帕(Pa)。

在空气中，正常人耳刚能听到的频率为 1000Hz 声音的声压为 2×10^{-5} Pa，称为听阈声压，并规定为基准参考声压，记为 P_0。当声压为 20Pa 时，能使人耳开始产生疼痛，称之为痛阈声压。

9.1.2 声强

声波是一种波动形式，具有一定的能量，因此可以用能量的大小即声强和声功率来表示其强弱。

声强是指在声场中，在与声波传播方向垂直的单位面积上单位时间内通过的声能量，记为 I，单位为 W/m^2。听阈声压的声强为 $I_0 = 10^{-12}$ W/m^2，规定为基准声强。

对于球形声源，假设声源在传播过程中不受任何阻碍，也没有能量损失。当声压 P 为常数时，两个任意距离 r_1 和 r_2 处的声强为 I_1 和 I_2，则有

$$P = I_1 \cdot 4\pi r_1^2 = I_2 \cdot 4\pi r_2^2$$

$$\frac{I_1}{I_2} = \frac{r_2^2}{r_1^2} \tag{9-1}$$

这表明距声源不同距离两点上的声强与两个距离的平方成反比。

9.1.3 声功率

声功率是表示声源特性的主要物理参量，指在单位时间内声源发射出的总能量，记为 W，单位为瓦（W）。以 $W_0 = 10^{-12}$ W 作为基准声功率。声功率与声波传播的距离、环境无关。表9-1是通用语言与乐器输出声功率值的近似值，可作为实测参考。

表9-1 通用语言与乐器输出声功率值的近似值

声源	男声	女声	单簧管	低音提琴	钢琴	管乐器
峰值功率/W	2×10^{-3}	4×10^{-3}	5×10^{-2}	16×10^{-2}	27×10^{-2}	31×10^{-2}

如果把这些声源的声功率与一些常用的小型设备所消耗的能量进行比较，如日光灯 40W，烘炉 500W，台式电风扇 60W，手电筒 1W 等，显然人的耳朵是一种灵敏度特别高的声音探测器。

9.1.4 声压级、声强级和声功率级

人的听觉范围和声音的强弱变化很广，直接用声压、声强和声功率的绝对值来表示声音的强弱很不方便。因此，引用成倍比关系的对数量"级"作为声音大小的单位，即以分贝（dB）为单位。分贝是相对量、无量纲量。

1）声压级表示声压与基准声压 P_0 的相对关系，记为 L_P，即

$$L_P = 20\lg\frac{P}{P_0}(\text{dB}) \tag{9-2}$$

因此，人耳的听觉范围由原来的 $2 \times 10^{-5} \sim 20\text{Pa}$ 变为 $0 \sim 120\text{dB}$。

2）声强级表示声强与基准声强 I_0 的相对关系，记为 L_I，即

$$L_I = 10\lg\frac{I}{I_0}(\text{dB}) \tag{9-3}$$

3）声功率级表示声功率 W 与基准声功率 W_0 的相对关系，记为 L_W，即

$$L_W = 10\lg\frac{W}{W_0}(\text{dB}) \tag{9-4}$$

9.1.5 多声源的噪声级合成

在实际环境中，噪声源不是单一的，是有多个声源同时存在的。两个以上相互独立的声源，同时发出来的声功率、声强、声压可以进行代数相加或相减，即分贝的加法、减法和求平均。即为

$$W = W_1 + W_2 + \cdots + W_i + \cdots + W_n \tag{9-5}$$
$$I = I_1 + I_2 + \cdots + I_i + \cdots + I_n$$

如果从 n 个声源发出的噪声（或者由同一声源发出的噪声频谱中的各频率成分）互不相干，则合成噪声的总声压 P 为

$$P = \sqrt{P_1^2 + P_2^2 + \cdots + P_n^2} \tag{9-6}$$

9.2 噪声的分析方法与评价

9.2.1 噪声的频谱分析

简谐振动所产生的声波为简谐波，其声压和时间的关系为正弦曲线，这种只有单频率的声音称为纯声。噪声中包含许多强度和频率不同的声音。由强度不同的许多频率纯声所组成的声音称为复声，复声的强度与频率的关系称为声频谱，简称频谱。为了解噪声的频率组成成分、产生原因及其影响，除了测量噪声的总强度外，还必须了解噪声的强度随频率分布的情况，即噪声的频谱。

做频谱分析时，要把噪声划分成一定宽度的频带，常采用倍频程分析。两个频率相差一个倍频程，意味着其频率之比为2，相差2个倍频程即为 2^2，相差 n 个倍频程时，两个频率之间有关系式

$$\frac{f_2}{f_1} = 2^n \tag{9-7}$$

常用的还有1/3倍频程分析，即在两个相距为1倍频程的频率之间插入两个频率，其4个频率成 $1 : 2^{1/3} : 2^{2/3} : 2$ 的比例。按倍频程均匀划分的频带，其中心频率 f_n 分别为各频带上、下限频率之比例中项，即

$$f_n = \sqrt{f_1 f_2} \tag{9-8}$$

此时的频谱是不同的倍频带与倍频带级（即声级）的关系。如锣声、鼓风机的声音频谱，既有连续的噪声谱，又有线谱，二者混合，形成有调噪声混合谱。分析时，应对频谱中较为突出的频率成分特别注意。

噪声频谱中最高声级分布在350Hz以下的，称为低频噪声；最高声级分布在350~1000Hz中间的，称为中频噪声；最高声级分布在1000Hz以上的称为高频噪声。

9.2.2 噪声的响度分析及评价

可听声音除了用声压、声频率描述之外，还包括声音持续时间、听声人的主观情况等。为了把客观存在的物理量与人的主观感觉统一，引入与声强、频率和波形都有关的物理量——响度、响度级。

1. 纯声的响度、响度级及等响曲线

（1）响度 响度反映噪声强弱程度，记为 N，单位为宋（Sone）。规定频率为1kHz、声压级为40dB的纯声所产生的响度为1Sone。

（2）响度级 响度级是一个相对量，记为 L_N，单位为方（Phon）。规定选取1kHz纯声作为基准，若某噪声听起来与基准纯声一样响，则该噪声的响度级的方值就等于这个纯声的声压级（分贝数）。例如，某内燃机噪声听起来与声压级为85dB纯声一样响，则该内燃机的响度级为85Phon。

声压级每增加10dB，响度增加1Sone。响度与响度级的关系如图9-1所示。

（3）等响曲线 为使在任何频率条件下主客观量都能统一，就需要在各种频率条件下

对人的听力进行试验。英国国家物理实验室鲁滨逊等人经过大量的试验测得了纯声的等响曲线(如图 9-2 所示),即由大量典型听者认为响度相同的纯声的声压级与频率关系得出的曲线,它反映人耳对各种频率纯声的敏感程度。图 9-2 中纵坐标是声压级(或声强、声压),横坐标是频率,同一条曲线上的各点虽然代表着不同频率和声压级,但其响度是相同的,故称为等响曲线。最下面的曲线为听阈曲线,最上面的曲线为痛阈曲线,在两者之间是正常人耳听到的全部声音。

从等响曲线可以看出,人耳对高频声波是敏感的,而对低频声波是迟钝的。例如在响度级 70 方的曲线上有两点,横坐标对应为 1000Hz 的点,其声压级为 70dB,而横坐标对应为 50Hz 的点,其声压级达到近 90dB,可见,对于同样声压级不同频率下的噪声,响度差别很大。

当噪声声压级达到 100dB 左右时,等响曲线近似呈水平线,此时频率变化对响度级的影响就不大了,说明声压级的分贝值和响度级的方值是一致的。

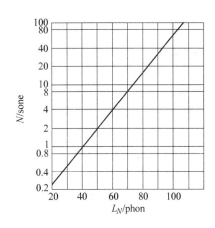

图 9-1　响度与响度级的关系　　　　　　图 9-2　等响曲线

2. 宽带噪声的响度

对纯声可以通过测量它的声压级和频率,按等响曲线来确定它的响度级,然后根据方-宋关系确定它的响度。但是,绝大多数的噪声是宽带声音,评价它的响度比较复杂,或者计算求得,或者通过计权网络由仪器直接测定。

从等响曲线出发,在测量仪器上通过采用某些滤波器网络,对不同频率的声音信号实行不同程度的衰减,使得仪器上的读数能近似地表达人对声音的响应,这种网络被称作频率计权网络。

就声级计而言,是设立了 A、B、C 三种计权网络,其频率特性如图 9-3 所示。

A 计权网络是模拟倍频等响曲线中的 40 方曲线设计的,它的特点是利用了人耳对低频段(500Hz 以下)的不敏感,而对 1000～5000Hz 声敏感。用 A 计权测量的声级代表噪声的大小,叫做 A 声级,记作分贝(A),或者 dBA。A 声

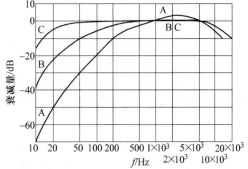

图 9-3　A、B、C 计权网络的衰减曲线

级是单一的数值，容易直接测量，而且是噪声的所有频率成分的综合反映，所以在噪声测量中得到广泛应用，并用来作为评价噪声的标准。

B 计权网络是模拟 70 方等响曲线，对低频有衰减。C 计权网络是模拟 100 方等响曲线，在可听频率范围内，有近于平直的特点可以使所有频率的声音近乎均同地通过，基本上不衰减。由于 B 声级和 C 声级不能表征人耳对噪声的主观感觉，所以一般不用来评定噪声的声压级。但在传声器的校准、粗略判断噪声的频率成分时，需测量 B 声级和 C 声级。

经过计权网络测得的声压级分别为 A 声级(L_A)、B 声级(L_B)、C 声级(L_C)，其分贝数分别标作 dBA、dBB、dBC。从图 9-3 中可以大致了解噪声频谱特性。当 $L_A = L_B = L_C$ 时，表明噪声的高频成分较突出；当 $L_B = L_C > L_A$ 时，表明噪声的中频成分较多；当 $L_C > L_B > L_A$ 时，表示噪声是低频特性。

9.3 噪声测量仪器

噪声的测量主要是对声压级、声功率级及噪声频谱的测量。一套声压级测量仪器包括传声器、声级计、频率分析仪、校准器等。声功率级不是直接由仪器测量出来的，是在特定的条件下通过测量的声压级计算出来的。可以利用声级计和滤波器进行简易的噪声频率分析，也可以将声级计的输出接信号分析仪进行精密的频率分析。

9.3.1 传声器

传声器是将声波信号转换为相应电信号的传感器。其原理是用变换器把由声压引起的振动膜振动变成电参数的变化。根据变换器形式的不同，常用传声器有电容式、动圈式、压电式和永电体式等。

1. 电容式传声器

电容式传声器(如图 9-4 所示)是精密测量中最常用的一种传声器，其稳定性、可靠性、耐震性，以及频率特性均较好。其幅频特性平直部分的频率范围约为 $10 \sim 20 \times 10^3$ Hz。

电容式传声器相当于一种变极距式的电容传感器，张紧的金属振膜厚度在 $0.0025 \sim 0.5$ mm 之间，相当于动极板，与其紧靠的背极即定极板组成一个电容器。在声压的作用下，振膜产

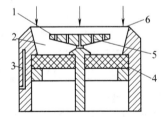

图 9-4 电容式传声器

1—背极 2—内腔
3—毛细孔 4—绝缘体
5—阻尼孔 6—振膜

生与声波信号相对应的振动，使膜片与不动的背极板之间的极距改变，导致电容器的电容量发生相应的变化，通过加在两极板间的直流极化电路使输出电压改变，它的大小和波形由作用在膜片上的声压决定。背极上有若干经过特殊设计的阻尼孔，振膜运动时所产生的气流将通过这些小孔产生阻尼效应。壳体上的毛细孔用来平衡振膜两侧的静压力，以防止振膜的破裂，而动态的应力变化(声压)很难通过毛细孔作用于内腔，从而保证了仅有振膜的外侧受到声压的作用。

电容式传声器的电路原理如图 9-5 所示，传声器的可变电容器和一个高阻值电阻(R)与极化电压(e_0)串联。e_0 为电压源，e_t 为输出电压。当振膜受到声压作用而发生变形时，传声器的电容量发生变化，从而使输出电压 e_t 也随之变化，再根据需要对 e_t 进行必要的传输与

变换。

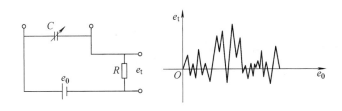

图 9-5　电容式传声器的电路原理

2. 动圈式传声器

如图 9-6 所示，动圈式传声器是一种较古老的传声器。其精度、灵敏度较低，且体积大。但突出的特点是输出阻抗小，所以接入较长的电缆也不会降低其灵敏度。另外，温度和湿度的变化对其灵敏度无大的影响。

在轻质振膜中间有线圈，即动圈，它处于永久磁场的气隙中，在声压的作用下，线圈随着振膜一起移动，使线圈切割磁力线，产生相应的感应电动势 e_t，e_t 与线圈移动速度成正比，从而将外界的声波信号转变为电压信号。

3. 压电式传声器

如图 9-7 所示，压电式传声器的膜片与压电晶体弯曲梁相连，在声压的作用下，膜片产生位移，同时使压电晶体弯曲梁产生弯曲变形。由于压电材料的压电效应，在两表面产生相应的电荷，在输出端就能得到改变的电压。

压电式传声器膜片较厚，固有频率低，灵敏度较高，频响曲线平坦；结构简单、价格便宜，所以广泛用于普通声级计中。

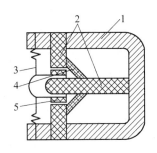

图 9-6　动圈式传声器
1—壳体　2—磁铁　3—振膜
4—阻尼罩　5—动圈

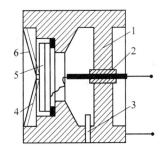

图 9-7　压电式传声器
1—壳体　2—绝缘材料　3—静压力平衡管
4—后板　5—双压电晶体弯曲梁　6—膜片

4. 永电体式传声器

永电体式传声器(又称驻极体式)的工作原理与电容式传声器相似。其特点是尺寸小、价格便宜，可用于精密测量，适于高湿度测量环境。

9.3.2　声级计

1. 声级计的工作原理

声级计是用一定频率和时间计权来测量声压级的仪器，其工作原理如图 9-8 所示。被测的声压信号通过传声器转换成电压信号，经衰减器、放大器以及相应的计权网络、滤波器，或者输入记录仪器，或者经过方均根值检波器直接推动以分贝标定的指示表头。

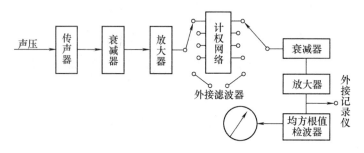

图 9-8　声级计的工作原理

计权网络可根据需要来选择，以完成声压级和 A、B、C 三种声级的测定。声级计还可以与适当的滤波器、记录器连用，以便对声波作进一步的分析。某些声级计有倍频程或者1/3 倍频程滤波器，可以直接对噪声进行频谱分析。

为了保证噪声的测量精度和测量数据的可靠性，必须经常对声级计进行校准。

声级计的种类很多，如调查用的声级计（三级）只有 A 计权网络；普通声级计（二级）具有 A、B、C 计权网络；精密声级计（一级）除了具有 A、B、C 计权网络外，还有外接滤波器插口，可进行倍频程或 1/3 倍频程滤波分析。

2. 声级计的使用

（1）声级计的校准　一般声级计自身能产生一个标准的电信号用于校准放大器等电路的增益。但仅进行电校准往往达不到要求，因为声级计的关键部件传声器有时性能不稳定，或受环境条件的影响使声级计读数产生偏差（少则在 1～2dB，多则可达 3～5dB）。为减少这种偏差，须在测量前对传声器或声级计整机进行校准，必要时测量完成后再校准一次。电容式传声器常用的校准器有活塞发声器、落球发声器等。

（2）声级计的读数　用声级计测量噪声时，测量值应取输入衰减器、输出衰减器的衰减值与电能表读数之和。一般情况下为获得较大的信噪比，尽量减小输入衰减器的衰减，使输出衰减器处于尽可能大的衰减位置，并使电能表指针在 0～10dB 的指示范围内。有的声级计具有输入与输出过载指示器，指示器一亮就表示信号过强，此信号进入相应的放大器后将因产生削波而失真。为避免失真，必须适当调节相应的衰减器，有时为避免输出过载，电能表指针不得不在负数范围内指示读数。为了获得较小的测量误差，避免失真放大，有时也采取牺牲信噪比的权宜措施。

（3）传声器的取向　通常将传声器直接连到声级计上，声级计的取向也决定传声器的取向。一般噪声测量中常用场型传声器，这种传声器在高频端的方向性较强，在 0°入射时具有最佳频率响应。

若使用压力型传声器进行测量，在室外，应使传声器侧向声源，即传声器膜片与入射声波平行，以减小由于膜片反射声波而产生的压力增量。在混响场，使用压力型传声器则没有任何约束，它最适于测量这种无规入射的噪声。

9.3.3　频率分析仪

频率分析仪用于噪声的频谱分析，通过识别噪声产生的原因来有效地控制噪声的产生。

它主要由放大器、滤波器和指示器组成。

对噪声的频谱分析，视具体情况可选用不同带宽的滤波器。常用的有恒百分比带宽的倍频程滤波器和1/3倍频程滤波器。如 ND2 型声级计内部设有倍频程滤波器，当选择"滤波器"档时，声级计便成为倍频程频率分析仪，采用的带宽为 3.15Hz、10Hz、31.5Hz、100Hz、315Hz、1000Hz。一般来说，滤波器的带宽越窄，对噪声信号的分析越详细，但所需的分析时间也越长，且仪器的价格也越贵。因此，应根据分析需要合理选择。

频率分析仪器是扫频式的，它是逐个频率、逐点进行分析，因此分析一个信号要花费很长的时间。为了加速分析过程，满足瞬时频谱分析要求，发展了实时频谱分析仪器。

最早出现的实时频谱分析仪器是平行滤波型的，相当于恒百分比带宽的分析仪。由于分析信号同时进入所有的滤波器，并同时被依次快速地扫描输出，因此整个频谱几乎是同时显示出来的。随着采用时间压缩原理的实时频谱分析仪的发展，它可获得窄带实时分析。时间压缩原理的实时分析仪采用的是模拟滤波和数字采样相结合的方法，时间压缩是由数字化信号在存入和读出存储器时的速度差异来实现的。随着电子技术的不断发展，采用数字采样和数字滤波的全数字式频谱分析仪得到了日益广泛的应用。如丹麦 B&K 公司的 2131 型仪器是一种数字式实时频谱分析仪，能进行倍频程、1/3 倍频程的实时频谱分析；而 2031 型仪器为数字式窄带实时频谱分析仪，它是利用快速傅里叶变换(FFT)直接求功率谱来进行分析。

9.4 噪声测量及其应用

9.4.1 噪声测量应注意的问题

1. 测量部位的选取

传声器与被测机械噪声源的相对位置对测量结果有显著影响，因而，在进行数据比较时，必须标明传声器离噪声源的距离。根据我国噪声测量规范，一般测点选在距机械表面 1.5m，并离地面 1.5m 的位置。若机械本身尺寸很小(如小于 0.25m)，则测点应距所测机械表面较近，如 0.5m，但应注意测点与测点周围反射面相距在 2~3m 以上。机械噪声大时，测点宜取在相距 5~10m 处。

如果研究噪声对操作人员的影响，则可把测点选在工作人员经常所在的位置，以人耳的高度为标准选择若干个测点。

作为一般噪声源，测点应在所测机械规定表面的四周均布，且不少于 4 点。如相邻测点测出声级相差 5dB 以上，则应在其间增加测点，噪声声级应取各测点的算术平均值。如果机械噪声不是均匀地向各方向辐射，则除了找出 A 声级最大的一点作为评价该机器噪声的主要依据外，同时还应当测出若干个点(一般多于 5 点)作为评价的参考。

2. 测量时间的选取

测量城市街道的环境噪声时，一般白天指从早上 6 点到晚上 10 点，夜晚指从晚 10 点到第二天早上 6 点。有时可以确定高交通密度，测 15min 的平均值可以代表交通噪声值。

测量各种动态设备的噪声时，若测量最大值，应取起动时或工作条件变动时的噪声；要测量平均正常噪声，应取平稳工作时的噪声。当周围环境的噪声很大时，应选择环境噪声最小时测量。

3. 本底噪声的修正

所谓本底噪声，是指被测定的噪声源停止发声时其周围环境的噪声。本底噪声的存在，影响了噪声测试的准确性，因此测量时，必须从声级计上的数值中扣除本底噪声对测量的影响。

扣除方式遵循公式

$$L_{P_s} = 10 \lg (10^{L_{Pt}/10} - 10^{L_{Pe}/10})$$ (9-9)

式中　L_{P_s}——声源的声压级；

　　　L_{P_t}——总的声压级；

　　　L_{P_e}——本底噪声的声压级。

然后进行分贝减法或者按照图9-9来扣除。

4. 干扰的排除

电压不稳、气流、反射和传声器方向不同等因素都会影响噪声测量的结果。

为避免气流的影响，若在室外测量，最好选择无风天气。当风速超过四级以上时，可在传声器上戴上防风罩或包上一层绸布。在空气动力设备排气口测量时，应避开风口和气流。为减少反射造成的影响，应尽可能地减少或排除噪声源周围的障碍物，在不能排除时要注意选择测点的位置。

用声级计测量时，其传声器取向不同，测量结果也有一定的误差，所以各测点都要保持同样的入射方向。

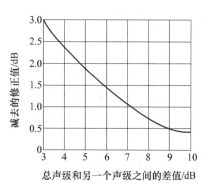

图 9-9　分贝相减图

噪声测量所用电子仪器的灵敏度与供电电压有直接关系。电源电压如果达不到规定范围或者工作不稳定等，也将直接影响测量的准确性，这时就应当使用稳压器或者更换电源。

9.4.2　噪声诊断的应用

噪声的测试与诊断在机械工程、航空航天、国防爆破、城市建设、房屋建筑、环境保护等方面都有很大的应用价值，而且随着工业技术的发展和社会的进步，表现得越来越重要。

现以发动机噪声的确定为例简单说明其应用情况。本实例是研究柴油发动机的作用力和所发出噪声之间的关系，考虑了柴油机气缸内形成的两种极端情况：①突然的压力升高；②平稳的压力升高。

利用频率分析仪进行频谱分析，结果表明，在这两种情况中，气体的频谱有明显的不同，对于故障性的压力升高，在 800～2000Hz 的范围内，声压增高了 15～20dB，整个频率范围都被燃气作用力所控制。对于平稳压力升高曲线，占优势的作用力分布在不同的频率范围内，即：

1）整个低频和中频范围内（800Hz 以下），燃气作用力占优势。

2）在 800Hz 以上时，主要的噪声是由于活塞间隙中的活塞冲击而造成的，由活塞撞击所引起的噪声不受燃气和活塞冲击力的影响。

对于各式各样的发动机部件，从不同的噪声频谱可以判别气缸内的压力变化是否正常，其作用力和噪声之间的关系如图 9-10 所示（作用力、频谱和噪声之间的关系）。

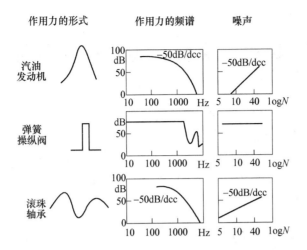

图 9-10　作用力、频谱和噪声之间的关系图

思考题与习题

9-1　评价噪声的主、客观参数有哪些？各代表什么物理意义？

9-2　简述传声器的概念、作用和种类。

9-3　简述声级计的工作原理。

9-4　噪声测试中应注意哪些问题？

9-5　A、B、C 三种不同计权网络各有什么特点？

第10章　应变、力和扭矩的测量

在机械工程测试中，应变、力和扭矩的测量比较重要，是研究某些物理现象的机理、验证设计计算、保证设备安全运行、实现自动检测和自动控制以及发展设计理论的重要手段。另外，其他与应变、力及扭矩有关的量，如应力、功率、力矩等的测试方法与应变和力及扭矩的测量有共同之处，因此，多数情况下可先将其转变成应变或力的测试，然后再转换成诸如功率、力矩等物理量。

10.1　应变与应力的测量

10.1.1　应变的测量

应变测量常见的方法是应变电测法，是通过电阻应变片测出构件表面的应变后，根据应力、应变的关系式来确定构件表面应力状态的一种试验应力分析方法。该方法测量精度较高，经转换后的电信号可以方便地进行传输，可连续地测量和记录，还可直接送入计算机数据处理系统进行各种变换处理。

1. 应变测量装置

应变电测法是把应变片按构件的受力情况，合理地粘贴在被测构件变形的位置上，当构件受力产生变形时，应变片敏感栅随之变形，其电阻值发生相应的变化，变化量的大小与构件变形成一定的比例。电阻变化量通过测量电路(即应变测量装置)可转换为电流或电压信号，经过分析处理后，得到受力后的应变、应力值或其他的物理量。任何物理量，只要能转变为应变的，都可利用应变片进行间接测量。

常用的应变测量装置为电阻应变仪。通常采用调幅放大电路，由电桥、前置放大器、功率放大器、相敏检波器、低通滤波器、振荡器、稳压电源组成。它将应变片的电阻变化转换为电压(或电流)的变化，然后通过放大器将此微弱的电压(或电流)信号进行放大，以便指示和记录。

根据被测应变的性质和工作频率的不同，可采用不同的应变仪。对于静态载荷作用下的应变，以及变化十分缓慢或变化后能很快稳定下来的应变，采用静态电阻应变仪。以静态应变测量为主，兼作 200Hz 以下的低频动态测量，采用静动态低电阻应变仪。对于 $0 \sim 2 \times 10^3 Hz$ 范围的动态应变，采用动态电阻应变仪，动态电阻应变仪通常有 $4 \sim 8$ 个通道。而对于测量 $0 \sim 20 \times 10^3 Hz$ 的动态过程和爆炸、冲击等瞬态变化过程，应采用超动态电阻应变仪。

电阻应变仪中的电桥是将电阻、电感、电容等参量的变化变为电压或电流输出的一种测量电路。其输出既可用于指示仪表，也可以送入放大器进行放大。由于桥式测量电路简单，且具有较高的精确度和灵敏度，因此在测量装置中被广泛应用。应变仪中多采用交流电桥。由振荡器产生的数千赫兹的正弦交流作为供桥电压(载波)，载波信号在电桥中被应变信号调制，调幅信号经交流放大器放大、相敏检波器解调和滤波器滤波后由电桥输出。采用交流电桥的应变仪，能比较容易地解决仪器的稳定问题，且结构简单，对元件的要求也较低。目前我国生产的应变仪基本上属于这种结构。

2. 应变片的选择与粘贴

应变片是应变测试中最重要的传感器，应用时应根据试件的测试要求及工作状况、测试环境等来选择并仔细粘贴。

（1）试件的测试要求　应变片的选择应满足测试精度、所测应变的性质等要求。例如，动态应变的测试一般应选用阻值大、疲劳寿命长、频响特性好的应变片。同时，由于应变片实测值是栅长范围内分布应变的均值，因此为反映真实的应变，在应变梯度较大、应力波频率较高的测试中，应尽量选用短栅长的应变片。小应变的测试，宜选用高灵敏度的半导体应变片；大应变测试宜采用康铜丝制成的应变片。为保证测试精度，通常采用以胶基、康铜丝敏感栅制成的应变片较好。当测试线路中有各种易使电阻值发生变化的开关、继电器等器件时，应选用高阻值的应变片，以减少接触电阻变化带来的测试误差。

（2）测试环境与试件的工作状况　测试环境对应变测试的影响主要是通过温度、湿度等因素，因此，选用具有温度自动补偿功能的应变片十分重要。而湿度过大，应变片受潮，绝缘电阻下降，测试结果会产生漂移，因此，在湿度较大的环境中测试，要选用防潮性能较好的胶膜应变片。试件本身的状况同样也是选用应变片的重要依据。对材质不均匀的试件，如铸铝、混凝土等，由于其变形极不均匀，应选用大栅长的应变片，而对于薄壁构件则最好选用具有特殊结构的双层应变片。

（3）应变片的粘贴　应变片的粘贴是应变式传感器或直接用应变片作为传感器测试的关键步骤。粘贴工艺包括清理试件、上胶、粘合、加压、固化和检验等。粘贴时，在应变片上盖一层薄滤纸，挤出部分胶液，用左手的中指及食指通过滤纸紧按应变片的引出线，同时用右手的食指沿应变片纵向挤压，驱除气泡及多余的胶液，保证粘合胶层薄、无气泡、粘结牢固、绝缘性好。粘结剂的选择应根据应变片的基底材料及测试环境等条件选择。

3. 应变片的布置与组桥

应变片粘于试件后，所测的是试件表面的拉应变或压应变。对于应变片的粘贴位置和电桥的连接方式，应根据测试目的及对载荷分布的估计确定，要利用电桥的和差特性达到只测出所需测的应变而排除其他因素干扰的目的，这在测量复合载荷作用下的应变时尤为重要。

布片和接桥应遵循以下几个原则：

1）在分析试件受力的基础上，选择主应力最大点作为贴片位置。

2）充分合理应用电桥和差特性，只测所需的应变，且有足够的灵敏度和线性度。

3）使贴片应变输出与外载荷成线性关系。

表10-1列举了在轴向拉伸（或压缩）载荷下，应变测试用应变片的布置和组桥。从中可看出，应变片的布置和组桥对灵敏度、温度补偿以及消除弯矩产生了不同的影响。

表中符号说明：S_g—应变片的灵敏度；U_0—供桥电压；μ—被测件的泊松比；ε_i—应变仪测读的应变值，即指示应变；U_y—输出电压；ε—所要测量的应变值。

关于在弯曲、扭转和拉（压）、弯、扭复合等其他典型载荷作用下应变片的布置和组桥，可参阅有关书籍。

表 10-1 轴向拉伸(或压缩)载荷下应变测试用应变片的布置和组桥方法图例

受力状态简图	应变片的数量	电桥组桥形式 形式	电桥组桥形式 组桥	温度补偿	电桥输出电压	测量结果	特　点
R_1 受力简图	2	半桥	R_1、R_2（a、b、c 接点）	另设补偿片	$U_y=\dfrac{1}{4}U_0S_g\varepsilon$	拉(压)应变 $\varepsilon=\varepsilon_i$	不能消除弯矩的影响
R_2、R_1 受力简图		半桥	R_1、R_2（a、b、c 接点）	互为补偿	$U_y=\dfrac{1}{4}U_0S_g\varepsilon(1+\mu)$	拉(压)应变 $\varepsilon=\dfrac{\varepsilon_i}{1+\mu}$	输出电压提高 $(1+\mu)$ 倍，不能消除弯矩的影响
R_1、R_2、R_1'、R_2' 受力简图	4	全桥	R_1、R_2、R_1'、R_2'（a、b、c、d 接点）	另设补偿片	$U_y=\dfrac{1}{4}U_0S_g\varepsilon$	拉(压)应变 $\varepsilon=\varepsilon_i$	可以消除弯矩的影响
	4	全桥	R_1、R_2、R_3、R_4（a、b、c、d 接点）	互为补偿	$U_y=\dfrac{1}{2}U_0S_g\varepsilon$	拉(压)应变 $\varepsilon=\dfrac{\varepsilon_i}{2}$	输出电压提高一倍，可以消除弯矩的影响
R_1、$R_2(R_4)$ 受力简图	4	半桥	R_1、R_2、R_3、R_4（a、b、c 接点）	另设补偿片	$U_y=\dfrac{1}{4}U_0S_g\varepsilon(1+\mu)$	拉(压)应变 $\varepsilon=\dfrac{\varepsilon_i}{1+\mu}$	输出电压提高 $(1+\mu)$ 倍，且可以消除弯矩的影响
R_3、$R_4(R_3)$ 受力简图	4	全桥	R_1、R_2、R_3、R_4（a、b、c、d 接点）	互为补偿	$U_y=\dfrac{1}{2}U_0S_g\varepsilon(1+\mu)$	拉(压)应变 $\varepsilon=\dfrac{\varepsilon_i}{2(1+\mu)}$	输出电压提高到 $2(1+\mu)$ 倍，且可以消除弯矩的影响

10.1.2 应力测量

在研究机器零件的刚度、强度以及工艺参数时都要进行应力、应变的测量。应力测量实际上是先测量受力物体的变形量，然后根据胡克定律换算出待测力的大小。这种测力方法用于被测构件（材料）的受力是在弹性范围的条件下，对于单向或双向应力状态下构件的受力研究。应力测量方法结构简单、性能稳定，是当前技术比较成熟、应用比较多的一种测力方法。

根据力学理论，试件某一测点的应变与应力之间的关系与该点的应力状态有关，根据测点所处应力状态的不同，分为单向应力状态和平面应力状态。

1. 单向应力状态

该应力状态下应力 σ、应变 ε 关系比较简单，根据胡克定律有

$$\sigma = E\varepsilon \tag{10-1}$$

式中　E——被测材料的弹性模量。

测得应变值 ε 后，由式（10-1）即可计算出应力值，进而根据零件的几何形状和截面尺寸计算出所受载荷的大小。在实际工程中，多数测点的状态都为单向应力状态或可简化为单向应力状态来处理，如受拉的二力杆、冲压床立柱等。

2. 平面应力状态

在实际测试中，还常常需要测量平面应力场内的主应力，其主应力方向可能是已知的，也可能是未知的，因此在平面应力状态下通过测试应变来确定主应力有两种情况。

（1）主应力方向已知　例如，承受内压的薄壁圆筒形容器的筒体，是处于平面应力状态下，且主应力方向已知。这时只需沿两个相互垂直的主应力方向各贴一片应变片 R_1、R_2，如图 10-1a、b 所示，另外再布置一温度补偿片 R_t，并和 R_1 或 R_2 组成相邻半桥，测得主应变 ε_1、ε_2 后，可以计算出主应力。

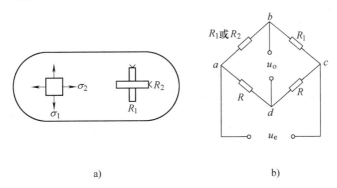

图 10-1　用半桥测量薄壁压力容器的主应变

a）应变片的粘贴位置　b）组桥方式

（2）主应力方向未知　对于平面应力状态，如能测出某点三个方向的应变 ε_1、ε_2 和 ε_3，就可以计算出该点主应力的大小和方向，此时通常采用贴应变花的办法。应变花是由三个或多个按一定角度关系排列的应变片组成，如图 10-2 所示。它可测量某点三个方向的应变，然后根据有关实验应力分析资料查得主应力计算公式后求出其大小及方向。目前市场上已有多种复杂图案的应变花供应，可根据测试要求选购，例如直角形应变花和三角形应变花。

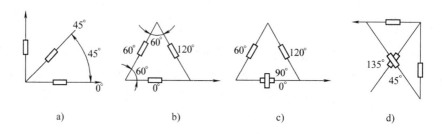

图 10-2 常用的应变花的形式

a) 直角形应变花 b) 等边三角形应变花 c) T—△形应变花 d) 双直角形应变花

10.1.3 影响测量的因素及其消除方法

在实际测量中，为保证其结果的有效性，需要了解影响测量精度的各种因素，并采取有针对性的措施以消除它们的影响。

1. 温度的影响及温度补偿

一般情况下，温度变化总是同时作用到应变片和试件上，实践表明，温度对测量的影响较大，必须加以考虑。消除温度影响的温度补偿法通常有两种，一是采用温度自补偿应变片进行温度补偿；二是采用电路补偿片，即利用电桥的和差特性，用两个同样的应变片，一片为工作片，贴在试件上需要测量应变的地方，另一片为补偿片，贴在与试件同材料、同温度条件但不受力的补偿件上。由于工作片和补偿片处于相同的温度，产生相等的 ε_t，分别接到电桥电路的相邻两桥臂后，温度变化所引起的电桥输出等于零，起到了温度补偿的作用。

进行温度补偿时，多采用双工作片或四工作片全桥的组桥方法，既可以实现温度补偿，又能提高电桥的输出。

2. 减少贴片误差

测量单向应力时，若应变片的粘贴方向与理论主应力方向不一致，则实际测得应变值会产生一个附加误差。即应变片的轴线与主应变方向有偏差时，会产生测量误差。因此，在粘贴应变片时应予充分的注意。

3. 力求实际工作条件和应变片的额定条件一致

当应变片灵敏度标定时的试件材料与被测材料不同、应变片名义电阻值与应变仪桥臂电阻不同时，都会产生测量误差。一定基长的应变片，有一定的允许极限频率，例如要求测量误差不大于1%时，基长应为5mm，允许的极限频率则为77Hz；而基长为20mm时，则极限频率只能达到19Hz。

4. 尽量排除测量现场的各种干扰

测量时，仪表示值的抖动大多是由电磁干扰引起的，如接地不良、导线间互感、漏电、静电感应、现场附近有电焊机等强磁场干扰及雷击干扰等，应尽力排除。

5. 测点的选择

测点的选择和布置对能否正确了解结构的受力情况和实现正确的测量影响很大。当然测点越多，越能了解结构的应力分布状况，但却增加了测量和数据处理工作量和贴片误差。因此，应以用最少的测点达到足够真实反映试件受力状态的原则来选择测点。

1）应先对试件进行大致的受力分析，预测其变形形式，找出危险断面及危险位置。通常这些地方是在应力最大或变形最大的部位，而最大应力一般在弯矩、剪力或扭矩最大的截面上。根据受力分析和测试要求，同时结合实际经验最后选定测点。

2）在截面尺寸急剧变化的部位或因孔、槽导致应力集中的部位，应适当多布置一些测点，以便了解这些区域的应力梯度情况。

3）如果最大应力点的位置难以确定，或者为了了解截面应力分布规律和曲线轮廓段应力过渡的情况，可在截面或过渡段上均匀地布置5～7个测点。

4）应利用结构与载荷的对称性以及对结构边界条件的有关知识来布置测点，这样可减少测点数目，减少工作量和贴片误差。

5）可以在不受力或已知应变、应力的位置上安排一个测点，便于进行监视和比较，有利于检查测试结果的正确性。

6）进行动态测试时，应注意应变片的频响特性，由于很难保证同时满足结构对称和受载情况对称，因此常用单片半桥测量。

10.2　力的测量

力是构件或者机械零件最基本、最常见的工作载荷，也是影响其他有关物理量如弯矩、扭矩及功率等的基本因素。在国际单位制中，力是导出量，它是质量和加速度的乘积，因此力的标准和单位取决于质量和加速度的标准与单位。

当力施加在某一物体上时，将产生两种效应，一是使物体变形的静力效应；二是使物体运动状态改变的动力效应。力的测量利用了静力效应和动力效应。

利用静力效应测力是通过测定物体的变形量或用与内部应力相对应参量的物理效应来确定力的大小。如利用差动变压器等测定弹性体的变形，利用与力有关的物理效应如压电效应、压磁效应等进行测力等。

力的动力效应是使物体的运动状态发生改变，即物体产生加速度，测定了物体的质量及所获得的加速度，就可以测出力的大小。

就机械工程而言，大部分方法都是利用静力效应测力。

10.2.1　常用的测力传感器

1. 电阻应变式测力装置

测量力时可以直接在被测对象上布应变片组桥，也可以在弹性元件上布应变片组桥，使力通过弹性元件传到应变片，再利用电阻应变效应测出应变，进而测出力的大小。此时弹性敏感元件是基础，应变片是核心，弹性元件的性能好坏是决定测力传感器质量的关键。为保证测量精度，必须合理选择弹性元件的结构尺寸、形式和材料，并需进行加工和热处理，要保证小的表面粗糙度值等。目前，力传感器所用的弹性敏感元件主要有柱式、环式、梁式、特殊式等几类。

（1）柱式弹性元件　如图10-3所示，柱式弹性元件分为空心和实心两种，小集中力测量时，多采用空心圆柱式弹性元件。与实心式弹性元件比，在同样横截面积下，空心圆柱式弹性元件横向刚度大，横向稳定性好。在弹性元件上粘贴应变片和组桥时，应尽可能消除偏心和弯矩的影响，通常将应变片对称地贴在应力均匀的圆柱表面中部。柱式力传感器可以测量 0.1~3000t 的载荷，常用于大型轧钢设备轧制力的测量。

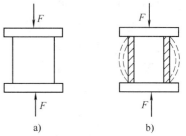

（2）梁式弹性元件　梁式弹性元件有等截面梁、等强度梁和双端固定梁等类型。它通过梁的弯曲变形来测力，其结构简单，灵敏度较高，并能实现温度补偿。

图 10-3　柱式弹性元件
a）实心圆柱　b）空心圆柱

如图 10-4 所示，等强度梁梁厚为 h，梁长为 l，固定端宽为 b_0，自由端宽为 b。梁的截面成等腰三角形，集中力作用在三角形顶点，梁内各横截面产生的应力相等，表面上任意位置的应变也相等，这也是称为等强度梁的原因。梁的各点由于应变相等，故粘贴应变片的位置要求不严格，其表面应变为

$$\varepsilon = \frac{\sigma}{E} = \frac{6Fl}{b_0 h^2 E} \tag{10-2}$$

设计时应根据最大载荷 F 和材料的允许应力 σ_b 确定梁的尺寸。用梁式弹性元件制作的力传感器适于测量 500kg 力以下的载荷，最小可测几克重的力。

（3）轮辐式弹性元件　弹性元件受力状态可分为拉压、弯曲和剪切，前两类弹性元件测力时经常采用，精度和稳定性较好，但是安装条件变化或受力点移动都会引起误差。受剪切力的弹性元件常用轮辐式，应变片沿轮辐轴线成 45°贴在梁的两个侧面，它具有对加载方式不敏感、抗偏载、侧向稳定、外形矮等特点。为使弹性元件具有足够的输出灵敏度，而又不发生弯曲破坏，轮条的厚度与长度比一般在 1.2~1.6 之间。图 10-5 所示为轮辐式弹性元件和应变片组桥示意图。

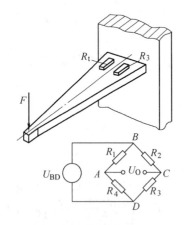

图 10-4　等强度梁式力传感器

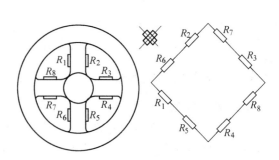

图 10-5　轮辐式弹性元件和应变片组桥示意图

2. 电容式测力传感器

图 10-6 所示为电容式测力传感器。它在矩形的特殊弹性元件上加工若干个贯通的圆孔，每个圆孔内固定两个端面平行的丁字形电极，在每个电极上贴有铜箔，构成由多个平行板电容器并联组成的测量电路。在力 F 作用下，弹性元件发生变形，使极板间距变化，从而改变电容量，再由测量电路转换成电量的变化。

这种传感器的特点是结构简单，灵敏度高，动态响应快。但是由于电荷泄漏难于避免，因此不适宜静态力的测量。

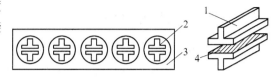

图 10-6　电容式测力传感器

1—绝缘体　2—电极　3—铸件　4—导体

3. 压磁式测力传感器

压磁式测力传感器是基于压磁效应工作的。某些铁磁材料受到外力作用时，引起导磁率变化的现象，称为压磁效应，其逆效应为磁致伸缩效应。在压磁式测力传感器中，常采用铁磁材料（如硅钢片）作为敏感元件。硅钢片受压力时，导磁率沿应力方向下降，在应力的垂向则增加；硅钢片受拉力时，导磁率变化正好相反。

如图 10-7 所示，在一组硅钢叠片上开有 4 个对称的通孔，并分别绕上线圈，作为励磁绕组和测量绕组。没有外力作用时，磁力线不穿过测量绕组，不产生感应电动势；当有外力作用时，磁力线分布发生变化，并在绕组中产生电动势，而且作用力越大，感应电动势就越大。

图 10-8 所示为一种典型的压磁式力传感器结构，弹性梁 3 的作用是对压磁元件施加预压力和减少横向力和弯矩的干扰，钢球 4 则是用来保证力 F 沿垂直方向作用，压磁元件和基座的连接表面应十分平整密合。

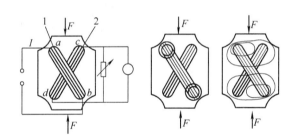

图 10-7　压磁式测力传感器示例一

1—励磁绕组　2—测量绕组

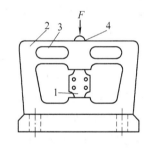

图 10-8　压磁式力传感器示例二

1—压磁元件　2—基座　3—弹性梁　4—钢球

这种传感器的特点是硅钢材料受力面加大后，可以测量数千吨的力，且输出电动势较大；只需滤波整流，而无需放大处理。常用于大型轧钢机的轧制力测量。使用中应防止因侧向力干扰而破坏硅钢的叠片结构。

4. 差动变压器式测力传感器

图 10-9 所示是一种差动变压器式测力传感器结构图。它采用一个薄壁圆筒 1 作为弹性元件，弹性圆筒受力发生变形时，带动铁心 2 在线圈 3 中移动，变压器次级即产生相应的电信号，因此相对位移量即反映了被测力的大小。差动变压器式测力传感器的特点是工作温度范围较宽；为了减小横向力或偏心力的影响，传感器的高径比应较小。

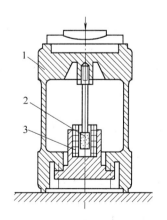

图 10-9　差动变压器式测力传感器

1—薄壁圆筒（弹性元件）

2—铁心　3—线圈

10.2.2 测力传感器的标定

尽管测力传感器在出厂时，其性能指标已逐项进行过标定和校准，但在使用过程中，由于使用时间和测试环境的变化等，灵敏度会发生变化。为确保力测试的准确性和有效性，使用前必须对测力传感器进行标定。测力传感器的标定分静态标定和动态标定两个方面。

1. 静态标定

静态标定主要是确定标定曲线、灵敏度和各向交叉干扰度。标定时所施加的标准力的量值和方向必须精确，力的量值应符合计量部门有关量值传递的规定和要求。通常标准力的量值用砝码或标准测力环来度量。应注意到力的加载方向一旦偏离，会使交叉干扰度产生变化。

静态标定通常在特制的标定台上进行，通常采用砝码-杠杆加载系统、螺杆-标准测力环加载系统、标准测力机加载等。标定时对测力传感器施加一系列标准力，测得相应的输出，根据两者的对应关系做出标定曲线，也可求出表征传感器静态特性的各项性能指标，如灵敏度、线性度、回程误差、重复性、稳定性以及横向干扰等。

2. 动态标定

用于瞬变力和交变力等动态测试的传感器应进行动态标定，以获取动态特性曲线，进而由动态特性曲线可求得其固有频率、阻尼比、工作频带、动态误差等反映动态特性的参数。

冲击法是常用的一种获取测力系统动态特性的方法，此法简单易行。如图 10-10a 所示，将待标定的测力传感器安放在有足够质量的基础上，用一个质量为 m 的钢球从确定的高度 h 自由落下，当钢球冲击传感器时，由传感器输出的冲击力信号经放大后输入瞬态波形存储器或信号分析仪中，得到如图 10-10b 所示的波形。$0 \sim t_1$ 为冲击力作用时间，点画线为冲击力波形，实线为实际的输出波形，$t_1 \sim t$ 段为自由衰减振荡信号时间，它和 $0 \sim t_1$ 段中叠加在冲击力波形上的高频分量反映了传感器的固有特性；对其做进一步分析处理，可获得测力传感器的动态特性。

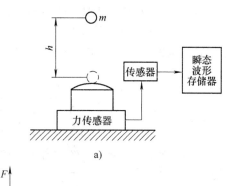
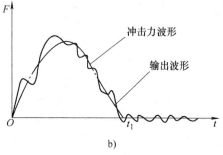

图 10-10　冲击标定系统及冲击力波形

10.2.3 力测量的应用

在轧钢生产中，轧制力是标志轧机负荷的主要参数。精确确定轧制力对于设计新轧机或在生产中充分发挥轧机潜力是十分必要的。目前轧制力的测量方法主要有两种：一种是通过测量机架立柱的拉伸应变来测量轧制力，称为应力测量法；另一种是用专门设计的测力传感器直接测量轧制力。

如图 10-11 所示为通过测量机架立柱的拉伸应变来测量轧制力的方法。轧机机架立柱产生弹性变形，其大小与轧制力成正比，所以测出机架立柱的应变就可推算出轧制力。对于闭口机架，轧制时机架立柱同时受到拉应力 σ_P 和弯曲应力 σ_N，其应力分布图如图 10-11 所示。

由图可见，最大应力发生在立柱内表面 $b—b$ 上，其值为

$$\sigma_{\max} = \sigma_P + \sigma_N \qquad (10\text{-}3)$$

最小应力发生在立柱外表面 $d—d$ 上，其值为

$$\sigma_{\min} = \sigma_P - \sigma_N \qquad (10\text{-}4)$$

在中性面 $c—c$ 上，弯曲应力等于零，只有轧制力引起的拉应力 σ_P

$$\sigma_P = (\sigma_{\max} + \sigma_{\min})/2 \qquad (10\text{-}5)$$

由此可见，为了测得拉应力，必需把应变片粘贴在机架立柱的中性面 $c—c$ 上，以消除弯曲应力。一个机架所受到的拉力为

$$P_1 = 2\sigma_P A \qquad (10\text{-}6)$$

式中　A——单个机架立柱的横截面积(m^2)。

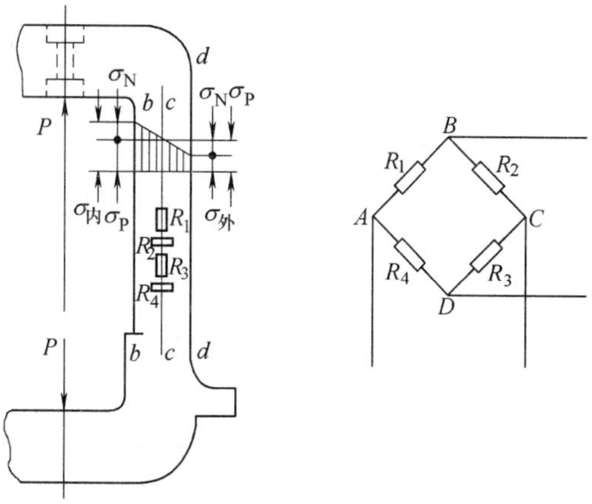

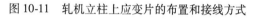

图 10-11　轧机立柱上应变片的布置和接线方式

若四根立柱受力条件相同，则总轧制力为

$$P = 2P_1 = 4\sigma_P A \qquad (10\text{-}7)$$

需要注意的是，在机架立柱中性面粘贴电阻应变片时，要正确地确定中性面的位置，把测点安置在截面比较均匀的地方。应变片应按垂直和水平方向粘贴，可采用半桥或全桥方式连接。

采用机架变形法测量轧制力时，测量精度主要取决于测点布置、被测立柱组合情况和标定精度。在保证合理测量的条件下，其综合误差一般在 ±10% 以内，这足以满足轧制力的一般检测和运行监控的要求。

通过机架应变测量轧制力的标定方法与一般应力测量相同，是用等强度梁进行标定。在等强度梁上贴片时，应变片的性能、粘贴工艺、组桥方式、梁的材料等应与立柱的情况相同。标定时，给梁逐渐加载，记录下各对应载荷下的应变信号，以得出应力(或应变)与输出信号之间的线性关系，其标定的结果用于轧机立柱。

10.3　扭矩的测量

扭矩是各种机器传动轴的基本载荷形式，扭矩的测量对于传动轴载荷的确定、控制以及对传动系统各个工作零件的强度设计、电动机容量的选择等具有重要的作用。在实际工况中，由于执行机构的工作载荷难以确定，且受动态因素的影响，用理论方法计算扭矩比较困难，而用测试技术确定传动轴扭矩是比较实用、可靠的方法。

扭矩是力和力臂的乘积，单位是 N·m。常用测量扭矩的方法是测量转轴应变和测量转轴两横截面的相对扭转角。

10.3.1　应变式扭矩的测量

1. 应变式扭矩测量原理

如图 10-12 所示，由材料力学可知，当轴扭转时，由于扭矩 M 的作用，轴表面产生最大

218

切应力τ_{max}。轴表面的单元体为纯切应力状态，在与轴线成45°及135°的方向上产生最大拉应力σ_1和压应力σ_2，其值为$|\sigma_1| = |\sigma_2| = \tau_{max}$。与$\sigma_1$和$\sigma_2$相应的主应变分别为$\varepsilon_1$和$\varepsilon_2$，测得应变，便可算出$\tau_{max}$。测量时，沿与轴线成45°的方向粘贴应变片。

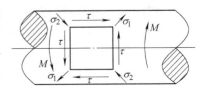

图10-12　传动轴的表面应力

若沿45°方向测得的应变为ε_1，则相应的切应变为

$$\tau_{max} = \frac{E\varepsilon_1}{1+\mu} = -\frac{E\varepsilon_2}{1+\mu}$$ （10-8）

式中　E——轴材料的弹性模量（Pa）；

μ——材料的泊松比；

ε_1——与轴线成45°方向的主应变（拉）；

ε_2——与轴线成135°方向的主应变（压）；

τ_{max}——最大切应力（Pa）。

于是，轴的扭矩为

$$M = W\tau_{max} = W\frac{E}{1+\mu}\varepsilon_1$$ （10-9）

式中　W——轴的抗扭截面模量，对于实心圆轴$W = \frac{1}{16}\pi D^3 \approx 0.2D^3$。

2. 电阻应变片的布置和组桥方案

测扭矩时，电阻应变片应沿主应变ε_1和ε_2的方向（与轴线成45°及135°夹角）粘贴。应变片的布置及组桥方式应考虑灵敏度，温度补偿以及抵消拉、压及弯曲等非测量因素的干扰。

图10-13给出了几种布片及组桥方案：

方案1）为双片集中轴向对称（横八字）布置，应变片R_1及R_2互相垂直，其敏感栅中心分别处于同一母线的两个邻近截面的圆周上，组成半桥的相邻两臂，这种布片方式可部分抵消弯曲影响。

方案2）为双集中径向对称（竖八字）布置，R_1及R_2处于同一截面周边的邻近两个点上，这种布片方式也不能完全抵消弯曲影响。

方案3）为四片径端对称的双横八字布置，其中R_1、R_2及R_3、R_4各按方案1）布片方式分别布置在同一直径两个端点的邻近部位。在轴体表面展开图中，互相垂直的两个应变栅的中心共线，四片应变片可组成半桥或全桥工作，可完全抵消拉（压）及弯曲的影响。当组成全桥时，其输出灵敏度为方案1）的2倍。

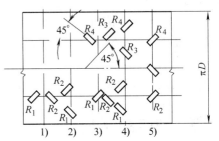

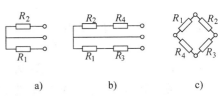

图10-13　测量扭矩时应变片的布置和组桥方式

a）半桥　b）半桥（应变片串联）　c）全桥

方案4）为四片径端对称的双竖八字布置，R_1、R_2及R_3、R_4分别处于同一截面同一直径两个端点的邻近部位，且在轴体表面展开图中，四个敏感栅的中心共线。

方案5)为四片均布的双竖八字布置，四片应变片在圆周均布。方案4)与方案5)布片方式可组成全桥或半桥方式工作，其灵敏度及抵抗非测力因素的性能与方案3)布片方式相同。

3. 应变测量信号的传输

（1）扭矩测量的集电装置　旋转件如转轴的应变测量，需要解决信号传送的问题。粘贴在旋转件上的应变片和电桥导线随旋转件转动，而应变仪等测量记录设备是固定的，因此除采用遥测方式外，需要一种专门的装置把应变信号从旋转轴传送给测量装置，使导线既不被绞断，又能准确地传递信号，这种装置称为集电装置或集电器。

集电装置通常由两部分组成：一个是与应变片相连、随旋转件转动的集电环（滑环），另一个是和外部测量仪器相连、压靠在滑环上的电刷（拉线）。集电环与电刷之间接触电阻的变化是产生干扰、影响正常测量的主要因素。目前集电装置种类很多，常用的有拉线式和电刷式两种形式。

1）拉线式集电装置。拉线式集电装置是利用拉线与铜环之间的滑动接触来传递信号，如图10-14所示。集电环9由胶木或尼龙制成，两个半圆形的集电环用螺栓1固定在转轴5上，并随之转动。在集电环的外侧设有四条沟槽，槽中镶有黄铜带2。铜带两端固定在滑环的两个剖面上，端头焊有导线3，与应变片4引线连接。拉线8用铜丝编制带制成，放在集电环的沟槽内，拉线的两端通过绝缘7用弹簧6固定在支座上。

安装时，把集电环固定在传动轴上，不允许有窜动，避免拉断导线。拉线对集电环的适宜包角通常为30°～90°，而且拉线张紧力要适中。为减小拉线和滑道之间的摩擦，常在其间加入少量的凡士林。

拉线式集电装置具有拉线接触条件好，集电环适应性强，结构简单，安装方便等优点，适用于低速测扭矩场合。但由于拉线磨损较快，通常用于现场临时测试中。

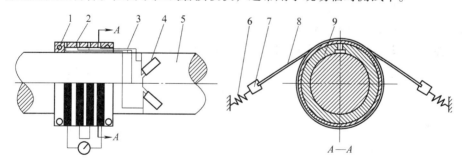

图10-14　拉线式集电装置结构简图

1—螺栓　2—黄铜带　3—导线　4—应变片　5—转轴　6—弹簧　7—绝缘　8—拉线　9—集电环

2）电刷式集电装置。图10-15所示为径向电刷式集电装置。在旋转轴7上安装绝缘尼龙制成的集电环6，在四个沟槽内镶着铜环5，电刷4由弹簧片3压在铜环上。应变片2贴在转轴上，引线1焊接在四个铜环上。当转轴受到扭矩作用时，电桥输出信号，通过铜环和电刷传到后续电路中。径向电刷式集电装置结构简单，但接触电阻不稳定，适用于低速和精度要求不高的场合。

（2）扭矩测量的无线传输方式　无线传输方式分为电波收发方式和光电脉冲传输方式。这两种方式都取消了导线和专门的集电装置接触环节。电波收发方式测量系统要求可靠的发射、接收和遥测装置，信号易受到干扰；光电脉冲测量是把测试数据数字化后以光信号的形

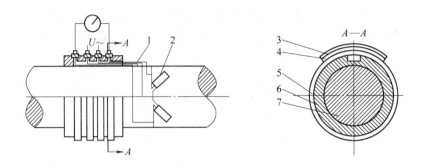

图 10-15　径向电刷式集电装置结构简图

1—引线　2—应变片　3—弹簧片　4—电刷　5—铜环　6—集电环　7—旋转轴

式从转动的测量盘传送到固定的接收器上，经解码器后还原为所需的信号，信号的抗干扰能力较强。

无线传输方式克服了有线传输的缺点，近年来得到越来越广泛的应用，并有取代有线传输的趋势。

10.3.2　由扭转角测量扭矩

1. 测量原理

当转轴受扭矩 M 作用时，沿轴向相距为 L 的任意两个截面之间，将产生扭转角 β。转角和扭矩之间的关系为

$$\beta = \frac{ML}{GJ} \tag{10-10}$$

式中　G——转轴材料的切变模量(Pa)；

　　　J——转轴截面的极惯性矩(m^4)。

由此可知，当 L 、 G 、 J 确定后，扭转角 β 与扭矩 M 成线性关系，通过测量与扭转角 β 对应的弧长 S 的方法可获得扭矩，即

$$M = \frac{GJ}{RL}S \tag{10-11}$$

式中　R——转轴半径。

2. 测量方法及所用传感器

（1）应变片式测量扭矩　如图 10-16 所示，悬臂梁的一端固定在支座上，另一端为自由端。自由端的两侧由两个固定在轴体表面支座上的触头夹持。应变片粘贴在梁的两侧表面，组成测弯曲应变的电桥。当转轴受到扭矩作用时，自由端在触头的夹持下，相对于固定端产生挠度，该挠度为相应弧长 S 的值。电桥将挠度的大小转换为与扭矩 M 或者弧长 S 成比例的电量信号输出。

（2）磁电式传感器测量扭矩　磁电式传感器测量扭矩的工作原理如图 10-17 所示，在转轴上固定两个齿轮，其材质、尺寸、齿形和齿数均相同，由永久磁铁和线圈组成的磁电式传感器正对着齿轮安装。当转轴不承受扭转时，两线圈输出信号有一初始相位差；承载后，该相位差将随两齿轮所在横截面之间的相对扭转角的增加而加大，其大小与相对扭转角、扭矩成正比。即通过其所在横截面之间相对扭转角来测量扭矩。

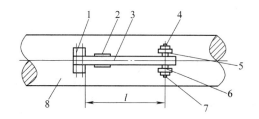

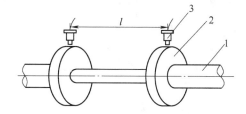

图 10-16　扭转角测量扭矩法示意图
1—固定端支座　2—应变片　3—悬臂梁　4、7—触头
5、6—支座　8—转轴

图 10-17　磁电式传感器测量扭矩的工作原理图
1—转轴　2—齿轮　3—传感器

（3）光电式传感器测量扭矩　光电式扭矩传感器的结构如图 10-18 所示，它是在转轴上固定两只圆盘光栅，转轴未承受扭矩时，两光栅的明暗区正好互相遮挡，此时没有光线透过光栅照射到光敏元件上，故无输出。当转轴受到扭矩后，扭转变形将使两光栅相对转过一角度，使部分光线透过光栅照射到光敏元件上而产生输出。扭矩越大，扭转角越大，穿过光栅的光量越大，输出也就越大，从而可测得扭矩。

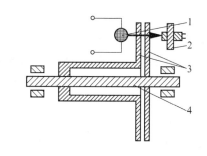

图 10-18　光电式扭矩传感器的结构
1—光源　2—光电传感器　3—圆盘光栅　4—转轴

10.3.3　其他扭矩测量方法

1. 压磁式扭矩传感器

压磁式扭矩传感器是利用铁磁材料制成的转轴，在受扭矩作用后，利用应力变化导致磁阻变化的现象来测量扭矩。压磁式扭矩传感器的结构如图 10-19 所示，两个绕有线圈的"Ⅱ"形的铁心 A 和 B，$A—A$ 沿轴线、$B—B$ 沿垂直于轴线方向放置，两者相互垂直，其开口端和被测轴表面保持 $1 \sim 2\text{mm}$ 的空隙。当 $A—A$ 线圈通过交流电量时，形成通过转轴的交变磁场。若转轴不受扭矩时，磁力线和 $B—B$ 线圈不交连；当转轴受扭矩作用后，转轴材料磁阻沿正应力方向减小，沿负应力方向增大，从而改变了磁力线分布状况，使部分磁力线与 $B—B$ 线圈交连，并在其中产生感应电动势 U_0。感应电动势 U_0 随扭矩增大而增大，且在一定范围内两者成线性关系。

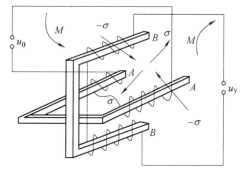

图 10-19　压磁式扭矩传感器

压磁式扭矩传感器是一种非接触测量方式，使用方便。但要求旋转过程不出现径向跳动，否则铁心与转轴间隙改变，造成测量误差甚至破坏测量设备。

2. 遥测扭矩法

当转轴旋转速度很高时，不能采用常用的测量方法。集电装置中的拉线或者电刷头很容易被磨损，不能长时间测试。而且转轴以高速旋转，加速了摩擦升温，使测量结果受到了影响，因此对于高转速轴的扭转通常采用遥测技术进行测量。

如图 10-20 所示，被测转轴的扭矩应变信号通过电桥输出，经过放大后对发射机进行调制，再以无线电波形式发射出去，整个发射机固定在旋转轴上。接收天线收到发射信号后，将其送入接收机，经解调后还原成与应变信号对应的电信号，最后用记录仪器进行记录。

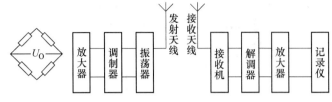

图 10-20　遥测应变仪测量扭矩原理框图

应变遥测技术具有噪声信号小、耐振动和冲击、安装使用方便等优点。特别适用于高速旋转轴的扭矩测量，也适用于在密封外壳内运动的构件及往复运动构件等不能安装集电装置情况下的应变测量。遥测距离为几米到数十米，如果采用中继等技术措施，还能扩大遥测距离，可用于危险性场合(如爆破强度试验等)的测试。

思考题与习题

10-1　应变式测力传感器有哪几种类型的弹性元件？各自有什么特点？

10-2　简述测力传感器是如何进行标定的。

10-3　什么是集电装置？有几种类型？

10-4　简述遥测扭矩法的原理和特点。

第 11 章　温度的测量

温度是表征物体冷热程度的一个物理量。在工业生产、科学实验、产品性能测试中，温度是一个非常重要的参数，如工业锅炉温度、管道流体温度、化学反应温度等的控制，各种工程材料的耐高(低)温试验，机械零件或机电设备产品的运行发热温度测试等。如果温度控制不当，不仅会降低产品质量，甚至某些场合会导致设备爆炸。所以说，温度的测量与控制是保证设备安全运行，实现工业生产稳产、高产、优质、低消耗的重要保障。

11.1　温度标准与测量方法

11.1.1　温度标准

温度是表征物体冷热程度的物理量，但温度不能直接测量，只能借助于冷热不同的物体之间的热交换，以及物体的某些物理性质随着冷热程度的不同而变化的特性进行间接测量。

为了定量地描述温度的大小，必须建立温度标尺，也就是温度标准(简称温标)。各种温度计和温度传感器的温度数值都是由温标确定的。理论上的热力学温标，是当前世界上通用的国际温标，是以热力学第二定律为基础的一种理论温标，其确定的温度数值为热力学温度(T)，单位为开尔文(K)，是一个实际上不能实现的温标。

工程应用中，一般使用的是经验温标。所谓经验温标，是人为地选定测温物质的某一温度特性与温度呈线性关系，很不客观，但在国际实用温标的约束下一直延用。

1. 摄氏温标(℃)

摄氏温标选用水银(Hg)为测温介质，并认为其体积膨胀随温度的变化是线性的。通常用水银制成玻璃管温度计作为标准仪器。分度方法是：规定在标准大气压下，水的冰点为零度(0℃)，沸点为 100 度(100℃)，在这两个固定点之间，把水银的体积膨胀分成 100 份，每份为 1℃，即摄氏 1 度。

2. 华氏温标(℉)

华氏温标也选用水银为测温介质，并且同样用水银温度计作标准仪器，只是分度方法与摄氏温标不同。其规定为：在标准大气压下，水的冰点为 32 度，沸点为 212 度，把两个标准点之间的水银体积膨胀分为 180 等份，每等份代表华氏 1 度(℉)。华氏温标与摄氏温标两点间的份数划分比为 180/100 = 9/5，可得换算关系为 $t(℉) = (9/5)t(℃) + 32$，或 $t(℃) = (5/9)[t(℉) - 32]$。

3. 列氏温标(°R)

列氏温标与上述两种温标不同，其测温物质为酒精和水的混合物(膨胀系数比水银大)。分度方法是：含有 1/5 水的酒精，在水的冰点温度和沸点温度之间，其体积从

$1000cm^3$ 膨胀到 $1080cm^3$，水的冰点为 0 度，沸点为 80 度，中间分 80 等份，每一份即为列氏 1 度（°R）。它与摄氏温标两点间的份数划分比为 80/100 = 4/5，可得换算关系为 1°R = (4/5)℃。

国际温标自 1927 年拟定以来，几经修改，不断完善，目前实行的是 1990 年国际实用温标（ITS-90）。其规定仍以热力学温度作基本温度，1K 等于水的三相点（固态、液态、气态三相共存的点，温度为 273.16K）热力学温度的 1/273.16。由于水的三相点温度易于复现，且复现精度高，保存也方便，而这些优点是水的冰点所不具备的，因此，规定国际温标的唯一基准点为水的三相点，而不为冰点。ITS-90 规定还可以使用国际摄氏温度（符号为 t_{90}），它与国际开尔文温度（符号为 T_{90}）之间的关系为：$t_{90} = T_{90} - 273.15$ 或 $T_{90} = t_{90} + 273.15$（水的三相点比冰点高 0.01℃）。实际应用中，直接用 t 和 T 代替 t_{90} 和 T_{90}。

我国法定计量单位规定可以使用摄氏温标。

一般来说，凡采用国际温标的国家，大都具有一个研究机构，它按照国际温标的要求，建立国家基准器，复现国际温标。然后，通过一整套标定系统，定期地将基准器的数值传递到实际使用的各种测温仪表上去，这就是温标的传递。在我国，由国家技术监督局负责建立国家基准器，复现国际温标，并向各省、市、地及厂矿企业进行温标的传递。

11.1.2 温度的主要测量方法和分类

采用间接测量的温度传感器一般由感温元件、转换电路和显示器三部分组成。测量方法按感温元件是否与被测介质接触分为接触式测量和非接触式测量两大类。

接触式测温是使被测介质与温度计的感温元件直接接触，当被测介质与感温元件达到热平衡时，感温元件与被测介质的温度相同。于是，通过测量感温元件的某一物理量（如液体的体积或压力、导体的电阻或变形等）得到被测介质的温度。此类温度传感器结构简单、工作可靠、精确度高、稳定性好且价格低廉，在实际中应用最为广泛。

接触式测温时，由于温度计的感温元件与被测物体相接触，需要与被测介质充分进行热交换，因而会产生测温的滞后而难以实现处于运动状态的固体的温度测量，并且容易使被测物体的热平衡受到破坏。由于对感温元件的结构要求比较苛刻，所以接触法测温不适于容量较小的温度场测量。同时，在某些具有高温或腐蚀性的温度测量中，采用接触测量对测温元件的寿命和性能影响也很大。

非接触式测温是温度计的感温元件不直接与被测物体相接触，而是利用物体的热辐射原理或电磁辐射原理得到被测物体的温度。众所周知，物体辐射能量的大小与温度有关，并且能以电磁波形式向四周辐射，当选择合适的接收检测装置时，便可测出被测对象发出的热辐射能量并且转换成可测量和显示的各种信号，实现温度的测量。

非接触法测温时，温度计的感温元件与被测物体有一定的距离，是靠接收被测物体的辐射能实现测温，所以不会破坏被测物体的热平衡状态，具有较好的动态响应。可以测量高温、具有腐蚀性、有毒和运动的物体以及固体、液体表面的温度。但非接触测量的精度较低，而且由于受被测物体到测温仪表的距离及辐射通道上的水汽、烟雾、尘埃等介质的影响，使用也不方便。

接触式与非接触式两种测温方法的比较见表 11-1。

表 11-1　接触式与非接触式测温方法比较

比 较 内 容	接触式测温	非接触式测温
必要条件	感温元件必须与被测物体相接触；或感温元件与被测物体虽然接触，但后者的温度不变	感温元件能接收到物体的辐射能
特 点	不适宜热容量小的物体温度的测量；不适宜动态温度的测量；便于多点集中测量和自动控制	被测温度场不改变；适宜动态温度测量；适宜表面温度测量
测量范围	适宜 1000℃ 以下的温度测量，高温时误差大	适宜高温测量(1000℃ 以上)，误差较小
测温精度	测量范围的 1% 左右	一般在 ±10℃ 左右
滞 后	较大	较小

11.2　热电偶

　　热电阻和热电偶是工业自动测量与控制系统中最常用的两种形式的测温传感器。一般来讲，热电阻用于测量中、低温度(500℃ 以下)，热电偶用于测量中、高温度(500℃ 以上)。使用时，可采用显示器直接显示温度值，也可以采用温度变送器将它们转换成工业标准信号(4~20mA D.C.，用于现场与控制室之间的信号传送；1~5V D.C.，用于控制室仪表的接收)进行信号传送和实现工业温度控制。

11.2.1　热电偶测温原理

　　热电偶测量温度是基于热电效应原理。如图 11-1 所示，由两种不同的金属或半导体 A、B 两端焊接或绞接所形成的闭合回路，称为电偶。当电偶的两端温度不同($t > t_0$，为方便起见，用摄氏温度符号表示，以下同)时，在其回路中将产生一定的电动势，称为热电动势，这就是热电效应。能产生热电效应的电偶就称为热电偶。

　　在热电偶回路中，A、B 称为热电极，其两个接点一个称为工作端 t(也称为热端或测量端)，工作时，置于被测温度场中；另一个端子称为自由端子 t_0(也称为冷端或参比端)，工作时置于被测温度场之外，且要保持温度的恒定，以保证只测量工作端的温度。热电效应所产生的热电动势由接触电动势和温差电动势两部分组成。

　　接触电动势($E_{AB}(t)$、$E_{AB}(t_0)$)是由于热电极 A、B 的自由电子密度不同，使自由电子由热电极 A 向热电极 B 扩散而形

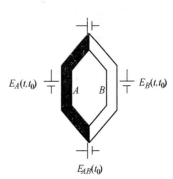

图 11-1　热电偶及其热电效应

成的。其数量级一般为 $10^{-2} \sim 10^{-3}V$，且大小与 A、B 的自由电子浓度和温度有关，方向由 $B \rightarrow A$。

　　温差电动势($E_A(t,t_0)$、$E_B(t,t_0)$)是由于热电极 A、B 两端温度不同，使其内部形成的自由电子从高温端 t 向低温端 t_0 扩散形成，一般约为 $10^{-5}V$ 左右。由于温差电动势在总的热电动势中所占的比例很小，所以常常忽略不计。

　　可以推导出，由导体 A、B 组成的热电偶回路的总热电动势为两个接点 t、t_0 的温度

函数之差。即

$$E_{AB}(t,t_0) = E_{AB}(t) - E_{AB}(t_0) \qquad (11\text{-}1)$$

式(11-1)表明,当保持自由端 t_0 为恒定值,即保持 $E_{AB}(t_0) = C$ 为常数时,测量回路总的热电动势 $E_{AB}(t,t_0)$ 就仅为被测温度 t 的单值函数(具有一定的非线性),即

$$E_{AB}(t,t_0) = E_{AB}(t) - C \qquad (11\text{-}2)$$

因此,只要测出总的热电动势 $E_{AB}(t,t_0)$ 的大小,就能够测量出被测温度的高低,这就是热电偶测量温度的基本原理。关于热电偶的工作原理的详细讲解可参考有关书籍。

进一步分析可以得到,当 A、B 两电极材料相同时,无论工作端和自由端的温度是否相等,均不能实现热电偶的温度测量。

由于不同热电极材料制成的热电偶在相同温度下所产生的热电动势值是不同的,因此形成了不同种类的热电偶传感器,并由此制定出标准的热电偶分度表。热电偶分度表是将自由端温度保持为 $0℃$,通过实验来建立热电动势与温度之间的数值关系。热电偶测温以此为基础,并根据一些基本定律来确定被测温度值。

11.2.2 热电偶的基本定律

1. 中间温度定律

热电偶的中间温度定律是指当热电偶工作端和自由端温度分别为 t、t_0 时,所产生的热电动势等于该热电偶两接点温度分别为 t、t_n 和 t_n、t_0 时所产生的热电动势的代数和,即

$$E_{AB}(t,t_0) = E_{AB}(t,t_n) + E_{AB}(t_n,t_0) \qquad (11\text{-}3)$$

式中 t_n——中间温度。

由此可知,热电偶的热电势只取决于构成热电偶两个电极 A、B 的材料性质以及 A、B 两个接点的温度值 t、t_0,而与温度热电极的分布以及热电极的尺寸和形状无关。根据中间温度定律,我们可以在冷端温度 t_0 为任一恒定值时,利用热电偶分度表求出工作端的被测温度值。

由中间温度定律可得到如下结论:

1)只要列出冷端 $t_0 = 0℃$ 的热电动势-温度关系,则对于 $t_0 \neq 0℃$ 时的热电动势,均可以按式(11-3)求出,即

$$E_{AB}(t,0) = E_{AB}(t,t_0) + E_{AB}(t_0,0) \qquad (11\text{-}4)$$

从而为制定热电偶分度表奠定了理论基础。

2)把和热电偶电极材料具有相同热电性质的补偿导线引入热电偶回路中,只相当于将热电偶的电极进行延长,而不影响其热电动势的大小,从而为测量中使用补偿导线提供了理论基础。

例11-1 用镍铬-镍硅热电偶测量炉温时,当冷端温度 $t_0 = 30℃$ 时,测得热电动势 $E(t, t_0) = 39.17\text{mV}$,求实际炉温 t。

解 查分度表11-3,得 $t_0 = 30℃$ 时,$E(30℃,0) = 1.2\text{mV}$,根据中间温度定律得

$$E(t,0) = E(t,30℃) + E(30℃,0) = (39.17 + 1.2)\text{mV} = 40.37\text{mV}$$

再反查表11-3,得炉温 $t = 980℃$。

2. 中间导体定律

在热电偶测温回路中,通常要接入导线和测量仪表。中间导体定律指出,在热电偶回路

中，插入第三种、第四种、……导体时，只要所插入的导体是均匀的，并且两端温度相同时，则对回路的总的热电动势没有影响。

如图 11-2 所示，根据中间导体定律，只需要将热电偶的冷端断开，而用第三种、第四种补偿导线 C、D 将其和毫伏表相连，并保证两个连接点的温度相同，就可以对工作端温度进行测量。利用该定律还可以采用开路热电偶对液态金属或金属壁面的温度进行测量，如图 11-3 所示。其中，除第三种、第四种导体 C、D 之外，液态金属或金属壁是作为第五种导体插入热电偶的。

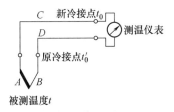

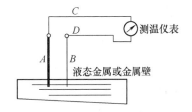

图 11-2　冷端插入导体 C、D 的回路　　　　图 11-3　开路热电偶测金属温度

3. 标准电极定律

如果已知热电偶的两个电极 A、B 分别与另一电极 C 组成的热电偶的热电动势为 $E_{AC}(t,t_0)$ 和 $E_{BC}(t,t_0)$，则在相同接点温度 (t,t_0) 下，由 A、B 电极组成的热电偶的热电动势 $E_{AB}(t,t_0)$ 为

$$E_{AB}(t,t_0) = E_{AC}(t,t_0) - E_{BC}(t,t_0) \tag{11-5}$$

即为标准电极定律。其中，电极 C 称为标准电极。

在工程测量中，由于纯铂丝的物理化学性能稳定，熔点较高，易提纯，所以目前常将纯铂丝作为标准电极。标准电极定律为热电偶电极的选配提供了方便。只要知道一些材料与标准电极相配的热电动势，就可以求出任何两种材料所组成热电偶的热电动势。例如，铂铑$_{30}$-铂热电偶的 $E_{AC}(1084.5℃,0) = 13.976\text{mV}$，铂铑$_6$-铂热电偶的 $E_{BC}(1084.5℃,0) = 8.354\text{mV}$，根据标准电极定律可得，铂铑$_{30}$-铂铑$_6$ 热电偶的热电动势为 $E_{AB}(1084.5℃,0) = (13.976 - 8.354)\text{mV} = 5.622\text{mV}$。

11.2.3　热电偶的类型

热电偶广泛应用于各种场合下的温度测量，按其结构可分为普通型、铠装型、薄膜型等类型。

1. 普通型热电偶

如图 11-4 所示为普通型的热电偶，是由热电极、绝缘磁套管、保护套管和接线盒等组成。其中，热电极测量端采用电弧、乙炔焰、氢氧焰对接或绞接焊成光滑小圆点；绝缘磁套管是为了防止两电极短路；保护套管采用不锈钢或其他金属材料制成，其作用是防止热电极受化学腐蚀或机械损伤，同时还起到支撑热电极的作用，以延长热电偶的寿命。

2. 铠装型热电偶

铠装型热电偶又称为套管热电偶，如图 11-5 所示。它是将热电极、绝缘材料和金属保护套管组合在一起，经拉伸加工而成的坚实的组合刚体。该刚体同时可以拉伸得又细又长（外径可做到 $\phi 0.25\text{mm} \sim \phi 12\text{mm}$），以方便在使用中能够进行弯曲安装。因此，铠装型热电偶也称为缆式热电偶。铠装热电偶具有测量端热容量小、动态响应快，力学性能好，结实牢靠、耐振动，耐压、耐冲击等特点。

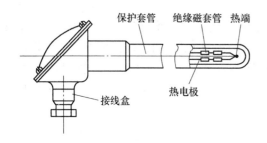

图 11-4　普通型热电偶结构

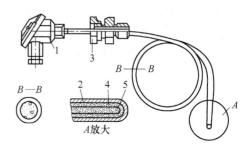

图 11-5　铠装型热电偶结构

1—接线盒　2—金属套管　3—固定装置
4—绝缘材料　5—热电级

3. 薄膜型热电偶

薄膜型热电偶是采用真空蒸镀、化学涂覆等工艺，将两种热电极材料蒸镀到绝缘基板上，两者牢固地结合在一起，形成薄膜状热电极及热接点，其结构如图 11-6 所示。为了与被测物绝缘，同时防止热电极氧化，在薄膜型热电偶表面涂敷了一层 SiO_2 保护层。使用时，薄膜型热电偶与被测壁面紧贴或牢固在一起，可对壁面温度进行快速测量。

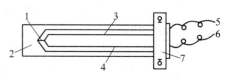

图 11-6　薄膜型热电偶结构

1—测量端　2—绝缘基板　3、4—热电极
5、6—引出线　7—接头夹具

薄膜型热电偶的测量范围为 $-200 \sim 300℃$。因其热接点可做得很小(薄到 $0.01 \sim 0.1\mu m$)，所以可根据需要做成各种结构形式，如片状、针状等。另外，热接点的热容量也很小，使测温反应时间快达数毫秒。若将热电极直接蒸镀在被测物体表面，其动态响应时间可达到微秒级。

热电偶传感器的生产已经标准化。国际电工委员会(IEC)向世界各国推荐 8 种标准化热电偶。我国的热电偶生产已采用 IEC 标准，同时按标准分度表生产与之匹配的显示仪表。表 11-2 所示为我国采用的标准化热电偶的类型、主要性能和特点。

表 11-2　标准化热电偶的类型、主要性能和特点

热电偶类型	分度号	允许误差[①]			特点及用途
		等　级	适应温度/℃	允差值/ ± ℃	
铜-铜镍	T	I	$-40 \sim 350$	0.5 或 $0.004 \times \|t\|$	测量精度高，稳定性好，低温时灵敏度高，价格低廉
		II		1 或 $0.0075 \times \|t\|$	
镍铬-铜镍	E	I	$-40 \sim 800$	1.5 或 $0.004 \times \|t\|$	适用于氧化及弱还原性环境测量。稳定性好，灵敏度高，价格低廉
		II	$-40 \sim 900$	2.5 或 $0.0075 \times \|t\|$	
铁-铜镍	J	I	$-40 \sim 750$	1.5 或 $0.004 \times \|t\|$	适于氧化、还原环境测量，也可在真空、中性气氛中测量。稳定性好，灵敏度高，价格低廉
		II		2.5 或 $0.0075 \times \|t\|$	
镍铬-镍硅	K	I	$-40 \sim 1000$	1.5 或 $0.004 \times \|t\|$	适于氧化和中性环境测量
		II	$-40 \sim 1200$	2.5 或 $0.0075 \times \|t\|$	
铂铑$_{10}$-铂	S	I	$0 \sim 1100$	1	适于氧化环境测量。性能稳定，精度高，价格贵
		II	$600 \sim 1600$	2.5 或 $0.0025 \times \|t\|$	

（续）

热电偶类型	分度号	允许误差①			特点及用途
		等 级	适应温度/℃	允差值/ ±℃	
铂铑₃₀-铂铑₆	B	I	600 ~ 1700	1.5 或 0.005 × $\mid t \mid$	适于氧化环境测量。稳定性好，冷端在 0 ~ 40℃ 范围内可以不补偿
		II	800 ~ 1700	0.005 × $\mid t \mid$	

① 此栏中，t 为被测温度。在给出的两种允许误差值中，取绝对值较大者。

表 11-2 中所列的每一种热电偶，其热电极材料前者为正极，后者为负极，分度号是指某一种型号热电偶的热电动势值与温度值之间的对应关系表（也称为分度表，如表 11-3 所示的 K 型热电偶分度表）的代号。目前工业上常用的标准化热电偶有铂铑₃₀-铂铑₆、铂铑₁₀-铂、镍铬-镍硅和镍铬-铜镍（也称镍铬-康铜）。

表 11-3 K 型热电偶（镍铬-镍硅）分度表

分度号：K　　　　　　　　　　　　　　　　　　　　　　（参考端温度为 0℃）

测量端温度/℃	0	10	20	30	40	50	60	70	80	90
	热电动势/mV									
−0	−0.000	−0.392	−0.777	−1.156	−1.527	−1.889	−2.243	−2.586	−2.920	−3.242
+0	0.000	0.397	0.798	1.203	1.611	2.022	2.436	2.850	3.266	3.681
100	4.095	4.508	4.919	5.327	5.733	6.137	6.539	6.939	7.338	7.737
200	8.137	8.537	8.938	9.341	9.745	10.151	10.560	10.969	11.381	11.793
300	12.207	12.623	13.039	13.456	13.874	14.292	14.712	15.132	15.552	15.974
400	16.395	16.818	17.241	17.664	18.088	18.513	18.938	19.363	19.788	20.214
500	20.640	21.066	21.493	21.919	22.346	22.772	23.198	23.624	24.050	24.476
600	24.902	25.327	25.751	26.176	26.599	27.022	27.445	27.867	28.288	28.709
700	29.128	29.547	29.965	30.383	30.799	31.214	31.629	32.042	32.455	32.866
800	33.277	33.686	34.095	34.502	34.909	35.314	35.718	36.121	36.524	36.925
900	37.325	37.724	38.122	38.519	38.915	39.310	39.703	40.096	40.488	40.897
1000	41.269	41.657	42.045	42.432	42.817	43.202	43.585	43.968	44.349	44.729
1100	45.108	45.486	45.863	46.238	46.612	46.985	47.356	47.726	48.095	48.462
1200	48.828	49.192	49.555	49.916	50.276	50.633	50.990	51.344	51.697	52.049
1300	52.398									

11.2.4 热电偶冷端的补偿

如前所述，热电偶及其配套显示仪表是在冷端 $t_0 = 0℃$ 时进行分度和温度测量的，即必须保证 $t_0 = 0℃$ 时才能准确地进行测量。但在工业环境中，t_0 一般大于 0℃，且随环境温度的变化而变化，给测量带来误差。即在式（11-4）中，$E_{AB}(t, t_0)$ 为测量结果，它比实际值 $E_{AB}(t, 0)$ 减少了 $E_{AB}(t_0, 0)$，$E_{AB}(t_0, 0)$ 就是需要补偿的误差值。

1. 补偿导线

在实际测温时，通常需要将热电偶输出的热电动势信号传输到远离现场数十米远的控制室显示仪表或控制仪表上去，这样可使冷端温度 t_0 与控制室相同且比较稳定。而热电偶一般都做得比较短，通常为 350～2000mm，这就需要用导线将冷端延伸出来（相当于热电极的延长，可参考图11-2）。工程中常采用的补偿导线通常由两种不同性质的廉价金属导线制成，并且在 0～100℃ 范围内与所连接的热电极具有相同的热电特性。

2. 冷端补偿

图11-7 所示是利用冰水混合物作为冷端补偿，即采用冰浴法将冷端维持在0℃，利用输出的电动势直接在分度表上查得被测的温度值，也可以用毫伏表直接显示。

图11-8 所示是利用不平衡电桥进行冷端补偿的办法，R_{Cu} 为与冷端处于同一环境温度下的热电阻。当冷端温度变化时，由于 R_{Cu} 阻值变化而导致电桥输出的变化，电桥输出电压的极性与热电偶的输出热电动势极性相同，大小则取决于热电偶冷端作为工作端、0℃ 作为自由端的输出电压值，从而达到冷端补偿的作用。

目前，冷端温度补偿器已有系列产品，它们各自适用于不同的热电偶。

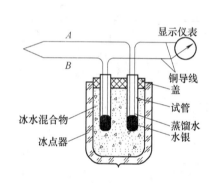

图 11-7　冰浴法补偿

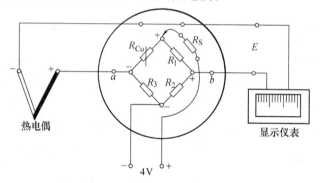

图 11-8　电桥法补偿

11.2.5　热电偶的基本测量线路

图11-9 为热电偶的基本测量线路图。图11-9a用于测量某一点温度；图11-9b 为两个同型号的热电偶反向串联，用于测量两个温度差值；图11-9c 为三个同型号的热电偶并联在一起，用于测量三个测量点温度的平均值 $E = (E_1 + E_2 + E_3)/3$，该电路的特点是仪表的分度和单独配用一个热电偶时一样，缺点是当某一热电偶烧断时，不能很快觉察出来；图11-9d 为三个同型号的热电偶同向串联电路，用于测量几个测量点温度之和，即 $E = E_1 + E_2 + E_3$，该线路的特点是某个热电偶烧坏时可以立即知道，并且可以获得较大的热电动势，以提高测量的灵敏度，还可以根据总电动势 E 求解出平均温度值。

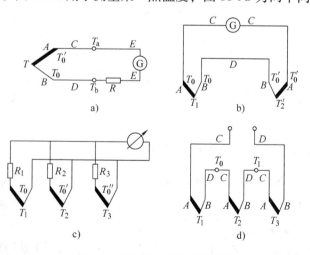

图 11-9　热电偶的基本测量线路

11.3 热电阻传感器

利用材料的电阻值随温度变化的特性制成的传感器称为热电阻传感器。按所用材料的性质不同，热电阻传感器又分为金属热电阻传感器和半导体热电阻传感器，通常简称为热电阻和热敏电阻。

11.3.1 热电阻传感器

热电阻传感器被广泛地用于低温及中温（ $-200 \sim 500℃$ ）范围内的温度测量，随着科技的发展，目前应用范围已扩展到 $1 \sim 5K$ 的超低温领域，同时，在 $1000 \sim 1300℃$ 的高温范围内，也具有较好的线性特性。热电阻传感器的特点是准确度高，特别是在测量中、低温时灵敏度比热电偶高得多，可实现信号的远传、自动记录和多点测量。

1. 测温原理

金属导体的电阻值是随着温度变化而变化的。实践表明，大多数纯金属有正的温度系数，且温度每升高 $1℃$ ，电阻约增加 $0.4\% \sim 0.6\%$ 。它们之间的关系为

$$R_t = R_0 \left[1 + \alpha (t + t_0) \right] \tag{11-6}$$

或

$$\Delta R_t = R_t - R_0 = \alpha R_0 \Delta t \tag{11-7}$$

式中 R_t ——被测温度为 t 时的电阻值（ Ω ）；

R_0 ——温度为 t_0 （通常为 $0℃$ ）时的电阻值（ Ω ）；

α ——电阻温度系数，即温度变化 $1℃$ 时电阻值的相对变化量（ $℃^{-1}$ ）；

Δt ——温度变化量，即 $\Delta t = t - t_0$ （ $℃$ ）；

ΔR_t ——温度改变 Δt 时的电阻变化量（ Ω ）。

式(11-7)表明金属导体的电阻值随温度变化，且温度值和电阻之间为一一对应关系，这就是热电阻的测温原理。

2. 常见热电阻的种类及特性

虽然大多数金属的电阻值随着温度的变化而变化，但并不是所有的金属都能用来做测量温度的热电阻。对用于制作热电阻丝的材料特性有若干要求，如电阻温度系数要大，以获得较高的测量灵敏度；电阻率要高，以减小热电阻材料的体积；热容量要小，以提高动态测量特性；电阻-温度特性尽可能为线性，以便于分度和读数；物理化学性质要稳定，且易加工、重复性好、价格便宜等。根据上述要求，常用的热电阻材料有铂、铜、铁、镍等，其中以铂和铜应用最广，已成为工业上定型生产的热电阻材料。

20 世纪 80 年代以来，我国已制定出等效于国际标准（IEC）的热电阻国家标准，其分度号分别为 Pt10 铂电阻、Pt100 铂电阻和 Cu50 铜电阻、Cu100 铜电阻等。其中，Pt10 是指当温度为 $0℃$ 时铂热电阻的阻值为 10Ω ，其余的分度号表述相同。与热电偶类似，热电阻的分度号是指起始电阻 R_0 为某一值时，某一种特定热电阻的电阻值与温度之间关系的对照表（也称分度表）的代号。表 11-4 所示为铂、铜两种热电阻的主要特点及用途对照。

由表 11-4 可知，电阻值与温度之间的分度关系和电阻 R_0 的选择有关。R_0 的选择从以下两方面考虑：一方面从减少引出线和连接导线电阻随环境温度变化引起的测量误差考虑，

R_0 应取较大的值；另一方面从减小热电阻体积以减小热容量和热惯性、提高热电阻对温度变化的反应速度来考虑，R_0 应取较小的值，而且 R_0 越小，测量时电流流过电阻体产生的热量越小，由此引起的附加误差也越小。

表 11-4　工业常用热电阻

热电阻类型	R_0/Ω	分度号	特　点	用　途
铂电阻	10	Pt10	物理化学性能稳定，复现性好，精确度高；测量范围宽（-200～650℃）；在抗还原性介质中性能差，价格高	适于测量 -200～500℃ 范围内各种工业设备中的介质温度，可作精密测温及基准热电阻使用
	100	Pt100		
铜电阻	50	Cu50	物理化学性能较稳定，价格低；电阻温度系数大、灵敏度高、线性好；电阻率小，体积较大，热惰性大	适于测量 -50～100℃ 范围内各种工业设备中的介质温度，也可用于测量室温
	100	Cu100		

近年来，随着低温和超低温应用的发展，已开始采用铟、锰、碳等作热电阻材料。例如，铟电阻温度计可测 3.4K 的低温，其灵敏度比铂高 10 倍；而碳电阻温度计可测量 1K 左右的低温等。

3. 热电阻传感器的结构与转换电路

图 11-10 所示为热电阻传感器的基本结构形式。热电阻体 1 为敏感元件，它是由 Pt 或 Cu 电阻丝双向无扰缠绕在云母或石英等绝缘骨架上；引线 2 有二、三、四根几种情况；瓷套管 3 的长度视使用场合的不同而不同，它与电阻体一起装于保护套管 4 内。接线盒 6 的一面为上盖 9，另一面为密封塞 7，外加压紧螺母 8。引线通过拉线座 5、接线柱 10 与外电路接通。

热电阻传感器的转换电路一般采用直流电桥电路。为了减小或消除热电阻引出接线的电阻值随温度变化对测量造成的影响，电阻体的引线多采用三线制，如图 11-11 所示。第三根导线可从电阻体或热电阻传感器的一个接线柱上直接引出，作为桥路电源的一根引线，把电阻体本身的两根引线及引线电阻分布到电桥的两个相邻桥臂上，利用桥路的补偿特性来克服引线电阻随环境温度变化对测量造成的误差。

在标准测量或实验室精密测量中常用四线制接法，如图 11-12 所示。该接法测量精度更高，不仅可以完全消除引出线电阻随环境温度变化对测量造成的误差，而且还可以消除转换电路中寄生电动势引起的测量误差。

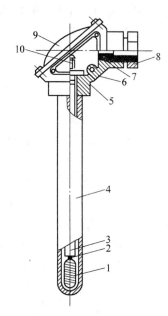

图 11-10　热电阻传感器的基本结构
1—热电阻体　2—引线　3—瓷套管
4—保护套管　5—拉线座　6—接线盒
7—密封塞　8—压紧螺母　9—上盖
10—接线柱

11.3.2　热敏电阻

热敏电阻是由某些金属氧化物和其他化合物烧结而成的。它与金属热电阻的主要区别是电阻温度系数很大，灵敏度高。但是，热敏电阻的阻值与温度之间的关系多数为非线性，一般不能用于温度变化的连续测量。

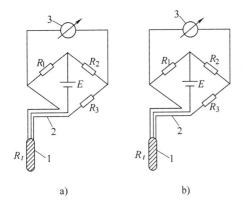

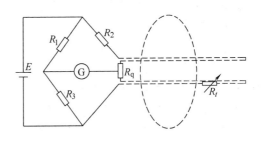

图 11-11 热电阻三线制电桥转换电路　　　　图 11-12 热电阻测量线路的四线制接法

1—电阻体　2—引出线　3—显示仪表

　　按照非线性的不同特征，可将热敏电阻分为三种类型，分别为：负温度系数（NTC）缓变型，正温度系数（PTC）剧变型和临界温度系数（CTR）型。

它们的电阻率随温度变化的曲线如图 11-13 所示。其中，PTC 热敏电阻值随温度的升高而增加，其非线性很大，一般作温度补偿元件使用；NTC 热敏电阻阻值随温度升高而减小，且变化较慢，常用于温度检测、温度补偿和温度控制中；而 CTR 型热敏电阻具有开关特性，即温度达到临界值时，电阻率发生阶跃变化，一般作热保护元件使用。

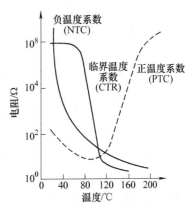

图 11-13 热敏电阻的特性曲线

1. 热敏电阻的结构

　　热敏电阻的结构有多种形式，负温度系数热敏电阻结构如图 11-14 所示。它们适合于安装或集成在各种设备和电路板中，如作电动机的过载热保护元件使用时，安装于电枢引线柱上；作温度补偿元件使用时，焊接于直流稳压电源或磁电式仪表测量回路的印制电路板上等。

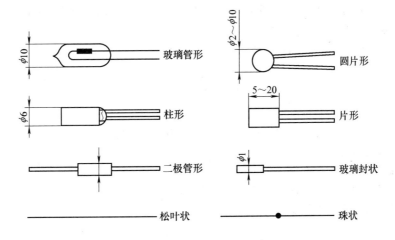

图 11-14 负温度系数（NTC）热敏电阻的结构

2. 热敏电阻的应用

图 11-15 所示为汽车散热器(水箱)水温测量电路。R_t 为负温度系数热敏电阻，L_1、L_2 为电磁式温度显示仪表表头线圈。当水温发生变化时，测量回路阻抗值变化，输出电压值跟着变化，同时提供给电磁式表头进行温度显示。

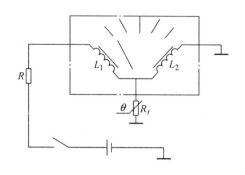

图 11-15　汽车散热器(水箱)水温测量电路

热敏电阻在空调器中应用十分广泛。图 11-16 所示为热敏电阻在春兰牌 KFR-20GW 型冷热双向空调中的应用。负温度系数热敏电阻 R_{t1}、R_{t2} 分别为化霜和室温传感器，IC_2 为单片机芯片。当室内温度变化时，R_{t2} 的阻值发生变化，从而使 IC_2 的第 26 脚(并行输入端口引脚)电位发生变化。若室温在制冷状态低于设定温度，或者在制热状态高于设定温度时，CPU 查知后，使压缩机停止工作。在制热运行时，除霜由单片机自动控制。化霜开始条件为 $-8℃$，化霜结束条件为 $8℃$。随着室外温度的下降，热敏电阻 R_{t1} 的阻值增大，使单片机的第 25 号脚(并行输入端口引脚)电位降低。当室外温度降低到 $-8℃$ 时，25 号引脚变为低电平，CPU 查询得知后，使 60 号脚输出低电平，从而使继电器 KA_4 释放，电磁四通换向阀线圈断电，使空调器转为制冷循环。同时，室内外风机停止运转，以便不向室内送入冷气。压缩机排出的高温气态制冷剂进入室外热交换器，使其表面凝结的雪霜溶化。化霜结束后，若室外温度升高到 $8℃$，则 R_{t1} 的阻值减小到使单片机的 25 号引脚变为高电平，CPU 查询到这一信号变化时，重新从 60 号引脚输出高电平，使继电器

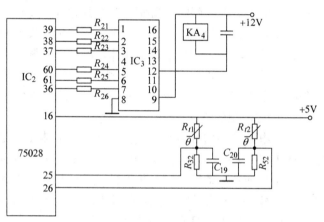

图 11-16　热敏电阻在空调控制电路中的应用

KA_4 通电吸合，电磁四通换向阀线圈通电，使空调器恢复制热循环。

思考题与习题

11-1　国际上常用的温标都有哪几种？

11-2　测温有哪几种方法？比较接触测温法和非接触测温法的特点。

11-3　热电偶的测温原理是什么？

11-4　简述热电偶的基本定律。

11-5　热电偶为什么需要进行冷端补偿？有哪些方法？

11-6　简述热电阻和热敏电阻的测温原理。

第 12 章　现代测试系统

12.1　计算机测控系统的基本组成

随着计算机技术、大规模集成电路技术和通信技术的飞速发展,传感器技术、通信技术和计算机技术三大技术的结合,使测试技术发生了巨大变化。基于计算机的测量方法已成为现代测试技术的重要特征。

计算机技术与传感器技术的结合产生了智能传感器,为传感器的发展开辟了全新的方向;计算机技术与通信技术的结合,产生了计算机网络技术,使人类真正进入了信息化时代;计算机网络技术与智能传感器的结合,产生了基于 TCP/IP 协议的网络化智能传感器,使传统测控系统中的信息采集、数据处理等产生了质的飞跃。各种现场数据直接在网络上传送、发布和共享,可在网络上的任何节点处对现场传感器进行在线编程和组态,为系统的扩充、维护提供了极大方便。通过研究嵌入式 TCP/IP 软件,使现场传感器具有 Intranet/Internet 功能,从而把测控网和信息网连为一体。

目前,计算机测控系统已成为工业生产和产品性能测试必不可少的手段,其先进的技术、灵活的工作体系、丰富的软件资源及数据处理功能,不仅能大大提高生产效率,也进一步地提高了产品质量。

1. 产品开发和性能试验

一个新产品,从构想到实现,必须经过设计、试制、质量稳定的批量生产等过程。目前,随着各专业领域设计理论的日趋完善和计算机数字仿真技术的逐渐普及,产品设计也日趋完美。但真实的产品零件、部件及整机的性能试验,才是检验设计正确与否的唯一依据。许多产品都要经过"设计—试验—再修改设计—再试验"的多次反复。即使已经定型的产品,在生产过程中也需要对每个产品或其抽样做性能试验,以便控制产品质量。用户验收产品的主要依据也是产品的性能试验结果。

例如,对于一台机器,往往要对其主轴、传动轴做扭转疲劳试验;对齿轮传动系统要做承载能力、传动精确度、运行噪声、振动、机械效率和寿命等试验;对机电等产品,要做运行噪声、振动和电控件寿命试验;而对某些在冲击、振动环境下工作的整机或部件,还需要模拟其工作环境进行试验等。

2. 质量控制与生产监督

产品的质量是生产者关注的首要问题,对于产品的零件、组件、部件及整体的生产环节,都应在质量方面加以严格控制。从技术角度而言,测试是质量控制与生产监督的基本手段。通过在机械加工和生产流程中使用在线检测与控制技术,可大大提高产品的合格率。

例如,用于冰箱的旋转式压缩机,其气缸、叶片、活塞等 3 个主要零件的配合间隙有较高的要求。生产中,对这三个零件的选配采用非接触式测量,把经压力传感器转换的电信号送入计算机进行采集和处理后得到被测尺寸值。在电力、冶金、石化、化工等众多行业中,某些关键设备的工作状态关系到整个生产线的正常流程，如汽轮机、水轮机、发电机、电动机、压缩机、风机、泵、变速箱等。对这些设备的运行状态实施在线监测，可及时准确地掌握其变化趋势，为工程技术人员提供详细全面的机组信息，还可使目前大多数企业实行的事后维修或定期维修向预测维修转变。

3. 机械故障诊断

机械故障诊断是生产过程的重要组成部分。它利用机器在工作或试验过程中出现的诸多现象，如温升、振动、噪声、应力应变、润滑油状况、异味等，分析、推理和判断机械设备的运行状态。综合所监测的信息，如温度、压力、流量等，运用精密故障诊断技术，可判断机械设备故障发生的位置和程度，为设备维修提供可靠的依据，使设备故障处理带来的损失降到最低。

12.1.1 硬件系统基本组成

典型的计算机测试系统组成如图 12-1 所示。工业现场生产过程中的各种工况参数由传感器或一次仪表进行检测，然后经变送器统一变换成标准电流信号。为避免传输线路带来的电磁干扰和交流噪声，须用 *RC* 或 *LC* 网络进行滤波，再将电流信号变为电压信号。各路电压信号由计算机控制的时序控制器控制下的多路开关进行顺序采样，经 A/D 转换器变为数字量，再经光电隔离后经 I/O 接口送入计算机。计算机按编制的管理程序对输入的数字量进行必要的分析、判断和运算处理。

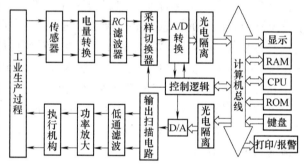

图 12-1　典型的计算机测试系统组成的基本框图

由图 12-1 可以看出，A/D、D/A 转换是数字信号处理的必要环节，它们的输入或输出量是以二进制编码表示的，与计算机技术相适应。各类 A/D、D/A 芯片已大量在市场供应，其中，大多数是采用电压/数字转换方式，输入输出的模拟电压也都标准化，如单极性 0 ~ 5V，0 ~ 10V，或双极性 0 ~ ±5V，0 ~ ±10V 等，使用起来很方便。

1. A/D 转换

A/D 转换的实质是将按时间连续变化的模拟量转换为按时间离散的二进制量化数值。常用的转换方法为逐次逼近式，它既具有一定的转换速度，也具有一定的精确度，是目前广泛应用的 8 ~ 16 位 ADC 的主要转换方式。逐次逼近式转换原理如图 12-2 所示，它由 D/A 转换器、比较器，逐次逼近寄存器和时序控制逻辑等部分组成。通过将待转换的模拟输入量 V_i 与一个推测信号 V_R 相比较，根据比较结果调节 V_R 向 V_i 逼尽。推测信号 V_R 由 D/A 转换器的输出端获得，当 V_R 与 V_i 相等时，D/A 转换器的输出值即为 A/D 转换结果。

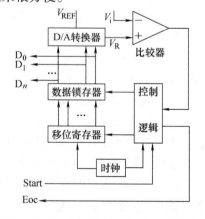

图 12-2　逐次逼近式转换（A/D）原理框图

2. D/A 转换

D/A 转换将输入的数字量转换为模拟电压或电流输出，其基本要求是输出信号 A 与输入数字量 D 成正比，即

$$A = qD \tag{12-1}$$

式中，q 为量化当量，即数字量的二进制码最低有效位所对应的模拟量幅值。

为了将数字量表示为模拟量，应将每一位代码按其权值大小转换成相应的模拟量，然后根据叠加原理将各位代码对应的模拟分量相加，其和即为与数字量对应的模拟量。例如

$$1011B = 1 \times 2^3 + 0 \times 2^2 + 1 \times 2^1 + 1 \times 2^0 = 11$$

式中二进制各位的权值分别为 2^3、2^2、2^1、2^0。此即 D/A 转换的基本思想。

D/A 转换器主要由逻辑电路、电子开关、产生权电流并能对权电流进行叠加的电阻网络、基准电压及电流/电压转换电路等构成，如图 12-3 所示。

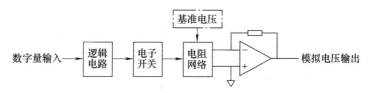

图 12-3　D/A 转换的基本组成

12.1.2　计算机测试系统的基本功能

计算机测试系统主要进行数据采集与处理，通常具有以下几方面功能：

1）对多个输入通道信息能够按顺序逐个检测，或者指定对某一通道进行检测。

2）对所采集的数据进行检查和处理。例如有效性检查、越限检查、数字滤波、线性化处理、数字量-工程量转换等。

3）当数据超出上限或下限值时，能够产生声光报警信号，指示操作人员进行处理。

4）能够对被采集的数据进行存储。

5）能定时或按需随时以表格形式打印被采集数据。

6）具有实时时钟。该时钟除了能保证定时中断、确定采样周期外，还能为采集数据的显示、打印提供实时的时、分、秒值，可作为操作人员对采集结果的时间参考。

7）系统在运行过程中可随时接收键盘输入的命令，以达到随时选择采集、显示、打印的目的。

12.1.3　计算机测试系统的工作过程及特点

与传统的电子测试仪器相比，计算机测试系统有如下特点：

1）对于各个参数的测试在时间上是离散的，即在规定的采样周期内对被测参数进行采集、线性化处理、滤波、工程量转换、显示等。因此，只有选择合适的采样周期和 A/D、D/A 转换器的字长，才能不失真地反映被测信号的变化规律和提高测量精度。

2）自动校零功能。可在每次采样前对传感器的输出值自动校零，以降低因测试系统漂移变化造成的误差，提高测试精度。

3）自动修正误差。许多传感器的特性是非线性的，且受环境参数变化的影响比较严

重，给测试带来了误差。采用计算机技术，可使用软件进行在线或离线修正，也可以把系统误差存储起来，从测试结果中扣除，极大地提高了测试精度。

4）量程自动切换。可根据测量值的大小自动改变测量范围，提高测量的分辨率。

5）多点快速测量。可同时对多种不同参数进行快速测量，对某些重要的参数还可以多次重复测量，这对减小随机误差和偶然误差具有重要的作用。

6）数据处理功能。能将测量的数据进行分类处理，并进行数学运算、误差修正、量纲换算等，从而实现传统仪器无法实现的各种复杂处理和运算。还可利用软件对测量值进行数字滤波，以有效地抑制各种干扰。

7）联网功能。利用计算机的数据通信功能，可以增强测试系统的外部接口功能和数据传输功能。

8）结果判断和自我诊断功能。采用计算机技术的测试系统可根据预先给定的指标，判断测试结果的正确性，并自动记录和显示。还可对测试系统自身进行实时监测，一旦出现故障则立即报警，并显示故障的部位或可能出现的故障原因。也可利用专家系统对故障排除方法进行提示。对于采用硬件热备份的系统，还可以进行热切换，以保证测试工作不中断。

9）虚拟仪器功能。由物理仪器向虚拟仪器的发展进一步缩小了测试设备的体积、减轻了其质量、增强了其实用性和灵活性。

10）模拟仿真。利用计算机技术，可对被测信号进行模拟，用于系统自身调试，也可以将采集的信息进行回放，用于模拟或仿真被测设备的输出，扩展系统功能。

12.1.4　现代分布式测控系统概述

现代分布式测控系统的集成，不仅包括结构集成，还包括功能集成、信息集成和环境集成等。图 12-4 是一个典型的分布式测控系统。

分布式测控系统的具体实践是 PC-based 的 3C 优势——集控制（Control）、运算（Computing）、通信（Communication）于一体的自动化作业系统。完整的 PC-based 数据采集控制系统可降低整个系统的维护成本。分布式的架构与模块化的设计可随需求做弹性扩充，得到高品质的测量平台、开放的通信协议，还可灵活选择多种通信方式。

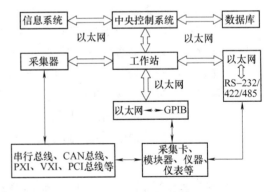

图 12-4　分布式测控系统框图

1. 测试应用软件平台

20 世纪 90 年代之后，随着软件技术的迅速发展，智能仪器、虚拟仪表、数字化测控系统形成了蓬勃发展之势。为了缩短开发周期，统一设计标准，降低开发费用，各种面向仪器与测控系统的计算机软件应用平台应运而生，其中 HPVEE、LabWindows/CVI、Intech 等都是应用较为广泛的典型应用开发平台。

2. 工控组态软件

工控组态软件是利用系统软件提供的工具，通过简单形象的组态工作，实现所需的软件功能。它具有数据采集、处理、动态数据显示、报警、自动控制等功能，具有专用程序开发环境。如 Honeywell 的 TDC—3000，国产的 MCGS 等都是应用广泛的工业组态软件。

组态软件一般对硬件要求严格，程序逻辑相对固定；但实现相对容易，可靠性较高。

3. 现代测试技术的发展趋势

测试技术与计算机技术几乎是同步向前发展的。计算机技术是测试技术的核心，若脱离计算机、网络和通信的发展轨道，测试技术产业也不可能壮大。系统开放化、通信多元化、远程智能化、人机交互形式多样化、测控系统大型化和微型化、数据处理网络化等，将成为工业仪器测控系统新的发展方向。

（1）传感器的发展　今天的传感器，正在从传统的结构设计和生产转向以微机械加工技术为基础、仿真程序为工具的微结构设计。优先选用硅材料研制各种敏感机理的硅传感器和智能化传感器。

1）智能化传感器。智能传感器能自动选择量程和增益，自动校准与实时校准，进行非线性校正、漂移等误差补偿和复杂的计算处理，完成自动故障监测和过载保护等。

2）多维传感器。近年来，传感器由点（零维）到线（一维），由线到面（二维），进而产生由空间（三维）到时空（四维）的发展。只有将传感器的结构细微化、小型化才可能实现多维传感器。

3）传感器的融合。目前，传感器高精度化和微型化的特点还没有得到充分体现，特别是在总体的融合方面。而大多数生物体却能很自如地把检测、判断、控制、行为等实施到最佳状态。掌握其机理，把其作为传感器信息处理系统在工程上加以实现，正是"传感器融合"所要研究的内容。把各个微传感器的单一功能加以融合而得出综合的输出信息已变得越来越重要。

（2）测试手段的发展　20 世纪 90 年代出现了用"PC 机 + 仪器板卡 + 应用软件"构成的计算机虚拟仪器。其根本是采用计算机开放体系结构取代传统的单机测量仪器。用户可以根据实际生产环境变化的需要，通过更换应用软件来拓展仪器的功能，以适应实际科研、生产的需要。另外，虚拟仪器与计算机的文件存储、数据处理、网络通信等功能相结合，具有很大的灵活性和拓展空间。

总之，现代仪器仪表强调软件的作用，选配一个或几个带有共性的基本硬件组成一个通用硬件平台，通过调用不同的软件来扩展或组成各种功能的仪器或系统，是现代测试系统的重要特征。

12.2　虚拟仪器

12.2.1　概述

1. 虚拟仪器的概念

电子测量仪器发展至今，大体可分为四代：模拟仪器、数字化仪器、智能仪器和虚拟仪器。1986 年美国国家仪器公司（NI, National Instruments Corporation）首先提出虚拟仪器的概念，并逐渐发展成为计算机辅助测试领域（CAT, Computer Aided Test）的一项重要技术，实现了电子测量技术与仪器领域中的技术飞跃。

虚拟仪器（VI, Virtual Instrument）是集测试技术、通信技术和计算机技术于一体的新型模块化测量仪器。即在以通用计算机为核心的硬件平台上，由用户设计和定义具有虚拟面板的、由测试软件编程实现测试功能的一种计算机仪器系统。

2. 虚拟仪器的特点

无论传统仪器还是虚拟仪器，主要测试功能都是由数据采集、数据分析、数据显示三大部分组成的。但是虚拟仪器突破了传统仪器以硬件为主体的模式，强调利用软件来实现仪器功能，体现了"软件就是仪器"的现代仪器发展理念。

与传统仪器比较，虚拟仪器主要具有如下特点：

1）其面板和功能可由用户根据不同需要采用软件编程来定义。

2）利用计算机的显示、存储、打印、网络传输等功能实现测试数据的表达。

3）虚拟仪器的关键是软件，因此技术更新快，开发和维护成本低，测量精度高、速度快。

4）基于计算机网络技术和接口技术的应用，便于功能扩展，可构成复杂的分布式测试系统。

3. 虚拟仪器技术的应用

虚拟仪器技术改变了人们对仪器的传统观念，适应了现代测试系统网络化、智能化的发展趋势，并在科研、开发、测量、测控等领域得到广泛应用，正逐渐形成市场庞大的产业。

（1）工业自动化　虚拟仪器采用的图形化编程语言，有利于提高企业自主开发和管理的能力，降低了工业自动化技术改造成本。采用虚拟仪器技术面向实际工艺流程和控制要求，将分布在企业不同位置的各种测量仪器和控制装置连接为网络系统，通过计算机集中控制和管理，可提高工业自动化改造的经济效益。

（2）仪器产业改造　采用虚拟仪器技术，可将过去仪器中许多靠硬件实现的功能用软件来代替；利用商品化的数据采集和 PC 技术开发各种测量仪器，可满足各行各业的急需。

（3）实验室应用　利用虚拟仪器技术，学生可以设计出与实际仪器在原理、功能和操作等方面一致的全软件虚拟仪器。通过计算机可以学习和掌握仪器原理、功能和操作；通过仪器与仪器、仪器与电路的相互配合完成实际测试过程，可达到与实际仪器教学相同的效果。

12. 2. 2　虚拟仪器的构成

虚拟仪器一般由硬件平台、接口和应用软件两大部分构成，并通过标准总线进行数据交换。前者的主要功能是获取被测信号，而后者的作用是控制数据采集、分析、处理、显示等功能，并将其集成为仪器操作与运行的命令环境。

1. 虚拟仪器的硬件平台

（1）计算机　计算机是硬件平台的核心，一般可以采用台式计算机、工作站、工控机等各种类型的计算机进行硬件、软件资源管理。

（2）测控功能硬件平台　测控功能硬件平台即硬件设备与接口。主要包括各种传感器、信号调理器、A/D 转换器、D/A 转换器、数据采集器（DAQ，Data Acquisition）和其他外置测试设备。用于完成对被测输入信号的采集、放大和 A/D 转换等。

不同的总线有其相应的 I/O 接口硬件设备，可构成不同的虚拟仪器系统。目前主要有DAQ、VXI、PXI、GPIB、串口等虚拟仪器测试系统（如图 12-5 所示）。

例如，PC-DAQ 系统是以数据采集卡/板 DAQ、信号调理电路及计算机为仪器硬件平台

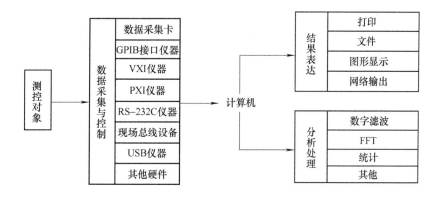

图 12-5　虚拟仪器结构

组成的插卡式虚拟仪器系统，它采用 PCI 或计算机本身的 ISA 总线，将数据采集卡/板 DAQ 插入计算机的空槽中即可。

2. 虚拟仪器的应用软件

虚拟仪器的基础是计算机系统，但核心技术是软件技术，即关键在于实现仪器功能的软件化。

虚拟仪器的软件结构从底层到顶层包括以下三个方面(如图 12-6 所示)：

（1）仪器 I/O 接口软件　即虚拟仪器软件体系结构 VISA(Virtual Instrumentation Software Architecture)。它存在于 I/O 接口硬件设备与仪器驱动程序之间，可以完成对仪器寄存器进行直接存取数据操作，为仪器与仪器驱动程序提供信息传递的底层软件。

（2）仪器驱动程序　虚拟仪器驱动程序用于连接上层应用程序与底层 I/O 接口软件。每个仪器模块都有自己的驱动程序，它是完成对仪器控制与通信的软件程序集。

（3）应用软件　应用软件建立在仪器驱动程序上，直接面对操作用户，可为用户提供直观友好的测控操作界面，完成满足用户功能要求的测试任务。

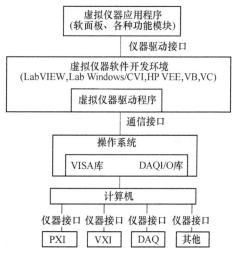

图 12-6　虚拟仪器结构层次图

3. 虚拟仪器应用软件的开发环境

目前用于虚拟仪器系统应用软件的开发环境主要有以下两种：

1）文本式编程语言。如 NI 公司的 LabWindows/CVI；Microsoft 公司的 VisualC $^{++}$、Visual Basic。

2）图形化编程语言。如 NI 公司的 LabVIEW。

12.2.3　LabVIEW 简介

LabVIEW 是实验室虚拟仪器工程平台(Laboratory Virtual Instrument Engineering Workbench）的缩写，是由美国 NI 公司开发的一种基于 G 语言的图形化编程语言（Graphical Programming Language）。用 LabVIEW 设计的虚拟仪器具有和实际硬件相似的操作面板。设计者可以任意组建测试系统以及构造自己的仪器面板，而无需繁琐的程序代码编写，这为设计者提供了一个便捷、轻松的设计环境。

1. LabVIEW 软件的特点

1）具有图形化的编程方式，不需要任何文本格式代码，是真正的工程师语言。

2）能够提供丰富的数据采集分析及存储的库函数。

3）不仅有传统的程序调试手段，如设置断点、单步运行，而且提供了独具特色的执行工具。可让程序动画式运行，模拟仿真程序运行的细节，使程序的调试和开发更为敏捷。

4）32 位的编译器编译生成 32 位编译程序，保证用户数据采集、测试和测量方案的高效执行。

5）包括了 DAQ，PCI，GPIB，PXI，VXI，RS-232/422/485 等各种仪器通信总线标准的所有功能函数，便于开发者驱动不同总线标准接口的设备与仪器。

6）提供大量与外部代码或软件进行连接的机制，如 DLL（动态链接库）、DDE（动态数据交换）等。

7）具有强大的 Internet 功能，支持常用的网络协议，方便网络、远程测控仪器的开发。

2. LabVIEW 的基本开发环境

LabVIEW 的基本开发环境包括虚拟仪器的前面板，即开发窗口和流程框图代码编辑窗口。

（1）前面板开发窗口（如图 12-7 所示）　窗口中包含主菜单栏和快捷工具栏。设计制作虚拟仪器前面板时，用工具模板中相应的工具去取用控制模板上的有关控件，并摆放到窗口中的适当位置上。

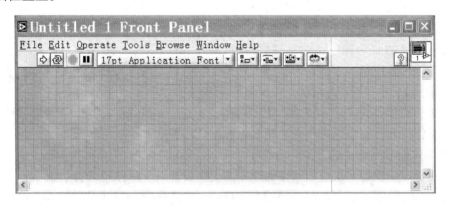

图 12-7　前面板开发窗口

（2）流程图编辑窗口　LabVIEW 采用图形化编程方式，流程图编辑窗口如图 12-8 所示。流程图是图形化的源代码，是 VI 测试软件的图形化表述。通过选用工具模板中相应的工具来选取功能模板上的有关图标，可设计制作虚拟仪器流程图，完成虚拟仪器的设计工作。

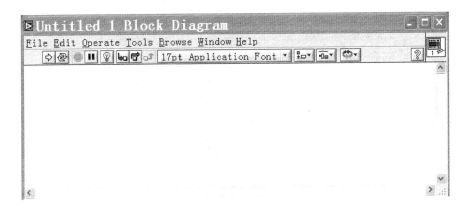

图 12-8　流程图编辑窗口

3. LabVIEW 的图形模板

在虚拟仪器开发过程中，LabVIEW 提供了三个浮动的图形化模板，分别是工具模板（Tool Palette）、控件模板（Control Palette）和功能模板（Function Palette）。它们功能强大、使用方便、表达直观，是用户完成前面板设计和流程图编辑的主要工具。

（1）工具模板　单击 Windows 菜单中的"Show Tools Palette"，出现如图 12-9 所示工具模板。工具模板提供了用于操作、编辑前面板和流程图上对象的各种工具，单击模板上的某种工具图标即可使用。

（2）控件模板　单击鼠标右键或通过菜单 Windows→Show Controls Palette，可以激活控件模板。设计虚拟仪器前面板时，只要选择控件模板上合适的控件（见图 12-10），就可以将传统仪器上的各种旋钮、开关、表盘等部件以外形相似的控件形式对应地显示在开发窗口上。控件模板按功能分类，每个工具图标又包含一系列子模板。

（3）功能模板　功能模板是框图窗口的另一个更复杂的图形模板，如图 12-11 所示。LabVIEW 框图编程的所有函数按照功能分类并分布在功能模板的各个子模板里。每种图标对应一种库函数，直接调用就可以实现传统仪器上的各种功能，如信号分析、文件操作、接口设备的驱动等。功能模板的打开和移动与控件模板一致，区别仅在于控件模板位于前面板窗口，而功能模板只出现在框图窗口中。

图 12-9　工具模板

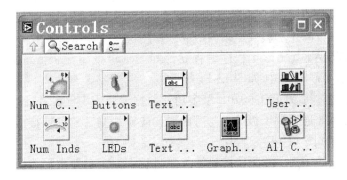

图 12-10　控件模板

图 12-11　功能模板

12.2.4　虚拟仪器设计步骤

虚拟仪器的设计一般按如下步骤进行:

1) 使用工具模板中的相应工具,从控件模板中选择所需控件,放置在前面板开发窗口上,并进行控件属性参数设置、标贴文字说明标签。

2) 在流程图编辑窗口中,使用工具模板中的相应工具,从控件模板中选择所需的节点和图框。

3) 使用连线工具按数据流的方向连接端口、节点、图框。

4) 运行检验。通过仿真检验或者实测检验来判断建立的虚拟仪器能否达到预期功能。仿真检验是虚拟仪器特有的检验手段,它不通过 I/O 接口硬件设备采集信号,而是采用数组或信号发生函数产生的仿真信号作为 VI 检验所需的信号数据。

5) 程序调试技术。利用快捷工具栏中的“运行”、“高亮执行”、“单步执行”、“断点设置”命令进行调试。

6) 数据观察。

7) 命名保存。

12.2.5　虚拟仪器设计实例

基于 LabVIEW 的纯弯曲梁正应力分布虚拟仪器设计

1) 了解传统测量纯弯曲梁的方法,查询静态电阻应变仪的结构、工作原理,熟悉以往测量的过程和设备,为实验准备原始数据和理论支持。

2) 构建虚拟设备的技术参数、结构组成、使用说明、注意事项等。

3) 利用 LabVIEW7.0 图形化程序编程软件和 Measurement and Automation Explorer 数据采集驱动软件;编写程序框图(如图 12-12 所示)。

4) 硬件的连接。将 NI PXI-6070E 型多功能数据采集卡、SCXI-1520 型 8 通道应变测试模块、SCXI-1314 型 8 通道端子板等,与弯曲梁和应变片测试装置连接成一个完整的测试实验系统(见图 12-13 和图 12-14)。

5) 信号和数据的采集。按照传统梁加载的过程,记录出每次受力时梁特定点的应变值(见图 12-15)。

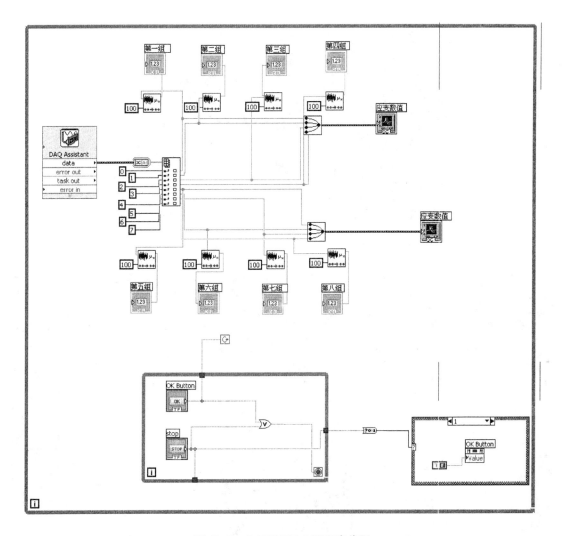

图 12-12　LabVIEW7.0 源程序代码

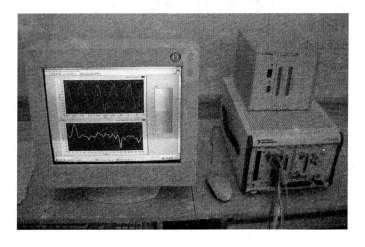

图 12-13　虚拟仪器和信号调理箱

图 12-14　贴有应变片的纯弯曲梁

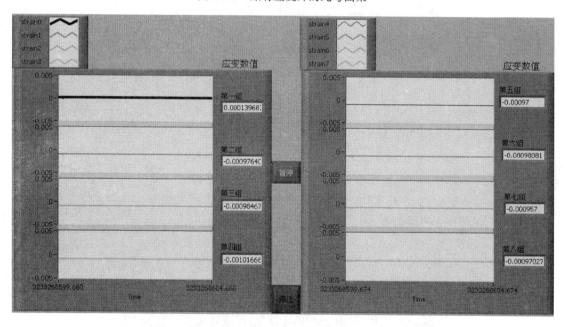

图 12-15　应变值显示界面

12.3　网络化测试仪器

12.3.1　概述

1. 网络化传感器的概念及意义

所谓网络化传感器，是指传感器在现场采用标准的 TCP/IP 协议和模块化结构与网络技术有机地结合起来，使现场测控数据就近登临网络，在网络所能及的范围内实时发布和共享信息。

随着通信技术和 IT 技术的飞速发展，人类社会已经进入了网络时代。虽然智能传感器的快速发展已基本满足测控系统通信与管理的基本要求，但它只能是在单机管理系统的模式下进行。进入 21 世纪后，现代化的企业生产与管理、环境监测和预测等又对测控系统提出了更高的要求，如工厂的透明化、生产现场无人化及全方位科学生产与管理(调度、营销和产品质量监视等)；大江大河水文(水位、流速、雨量等)实时监测；对大田或日光大棚分片测控各种参量(如光照、温度、湿度、水分、pH 值等)，并结合温度、遮阳卷帘等执行机构组成先进的农田自动控制系统等，这些都要求测量和控制系统要实现网络化。

2. 网络化传感器技术

网络化传感器在网络中是一个独立的节点，并具有网络节点的组态性和互操作性，可实现就近连网，甚至可实现"即插即用"。网络化传感器技术的关键是网络接口的标准化。1994 年 IEEE 和 NIST联合制定了"灵巧传感器接口标准IEEE1451"，它可使多种普通传感器用于网络。基于该标准的网络化传感器包括有线网络化传感器和无线网络化传感器。符合 IEEE1451 标准的有线网络化传感器的典型体系结构如图 12-16 所示。

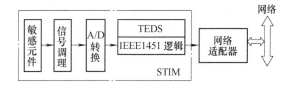

图 12-16 基于 IEEE1451 标准的有线网络化传感器体系结构

在一些特殊的测控环境下，使用有线电缆传输传感器信息是不方便的。为此，提出将IEEE1451.2 标准和蓝牙(Bluetooth)技术结合起来设计无线网络化传感器(见图 12-17)，以解决有线系统使用的局限。蓝牙技术是一种低功率、短距离、无线连接标准的代称。

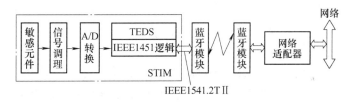

图 12-17 无线网络化传感器体系结构

12.3.2 基于现场总线的网络化测控系统

1. 现场总线系统概述

(1) 现场总线的概念与类型 现场总线控制系统(FieldBus Control System, FCS)是用于过程自动化和制造自动化的现场设备或仪表互连的现场数字通信网络，主要用于实现生产过程的基本测控设备(现场级设备)之间以及与更高层次测控设备(车间级和中央控制室级设备)之间的互连。国际电工技术委员会(ICE)标准和现场总线基金会(FF)的定义为："现场总线是连接智能现场设备和自动化系统的数字式、双向串行传输、多分支结构的通信网络。"或者说，现场总线是以单个分散的、数字化、智能化的测量和控制设备作为网络节点，用总线连接，实现信息互换，共同完成自动控制功能的网络系统和控制系统，是一种面向工厂底层自动化及信息集成的数字化网络技术。

2001 年 1 月 4 日，ICE 中央办公室根据各委员国家投票通过了 8 种现场总线标准：

1) ICE 技术报告(即 FFH1, Foundation Fieldbus, 基金会现场总线)。

2) Controlnet(控制网, 美国 ROCKWELL 公司支持)。

3) PROFIBUS(过程现场总线, 德国西门子公司支持)。

4）P-NET（过程网，丹麦 PROCESS DATA 公司支持）。

5）FFHSE（即原 FF 的 H2，FISHER-ROSEMOUNT 公司支持）。

6）SWIFT NET（美国波音公司支持）。

7）WORLDFIP（法国 ALSTOM 公司支持）。

8）INTERBUS（德国 PHOENIX CONTACT 公司支持）。

目前，现场总线技术在我国正在健康发展，国外一些主要的现场总线开发商纷纷在我国设立分支机构或代理商。一些流行的现场总线标准已用于国家重点项目，如 CAN（Control Area Network，控制局域网）、LONworks（Local Operation Network，局部操作网络）、PROFIBUS（Process Field Bus，过程现场总线）、HART（Highway Addressable Remote Transducer，可寻址远程传感器数据通路）和 FF 等。

（2）FCS 的结构与特点　如图 12-18 所示为 FCS 与 DCS（Distributed Control System，分散型控制系统）的结构对比，从中明显可以看出，FCS 比传统的 DCS 结构简单。在 FCS 系统中，没有专门的控制器，其控制功能由现场网络化智能仪表（包括传感器、微机控制单元、执行器等）来完成。更明显的是，二者的传输介质差别很大，DCS 需要多根数据传输导线，而 FCS 仅仅需要一根全数字化通信的双绞线（或同轴电缆、光缆均可以）。

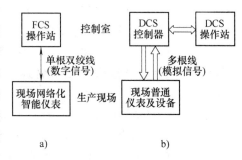

图 12-18　FCS 与 DCS 的总体结构对比
a）FCS 结构简图　b）DCS 结构简图

现场总线的基本内容可概括为：以串行数字通信方式代替传统的 4～20mA 模拟信号，一条总线可对众多的可寻址现场设备进行多点连接，支持底层现场设备与高层系统利用传统公共传输介质进行信息交换。现场总线技术的核心是通信协议，并根据国际标准化组织（ISO）的 OSI 参考模型来制定开放的协议标准。

2. 基于现场总线的网络化测试系统

现场总线通信网络实质上就是计算机网络，因为每一台现场总线仪表都相当于一台计算机。所谓计算机网络就是通过通信线路互联起来的计算机集合，确切地讲，就是将分布在不同地理位置上的具有独立工作能力的计算机用通信介质连接起来，并配置相关的网络软件以实现计算机资源共享的系统。

通信网络中各个节点或工作站相互连接的方法，称为通信网络的拓扑结构。其类型主要有星形、环形、总线型、树形和菊花链形，如图 12-19、图 12-20 和图 12-21 所示。

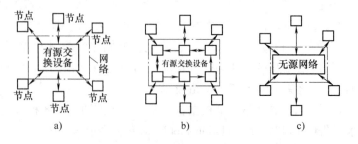

图 12-19　通信网络的拓扑结构
a）星形结构　b）环形结构　c）总线型结构

（1）星形结构（见图 12-19a）　在星形结构中，每一个节点都通过一条线路连接到一个中央节点上去。因此，中央节点的构造比较复杂，一但发生故障，整个通信系统就要瘫痪。

（2）环形结构（见图 12-19b）　在环形结构中，所有节点通过一个链路（一对节点之间可以使用的数据通路）组成一个环形，需要发送信息的节点将信息送到环上，信息在环上只能按某一确定的方向传输。由于传输是单方向的，所以不存在确定信息传输路径的问题，这样可以简化链路的控制。环形结构的主要问题是当节点数量太多时，会影响通信速度。另外，环是封闭的，不便于扩充。环形结构容易采用光缆作为网络传输介质，光纤的高速度和抗干扰能力可提高环形网络的性能。

（3）总线型结构（见图 12-19c）　总线型结构采用的是一种完全不同于星形和环形结构的方法，其通信网络仅仅是一种通信介质，既不像星形结构中的中央节点那样具有信息交换的功能，也不像环形网络中的节点具有信息中继的功能，所有的站都通过相应的硬件接口直接接到总线上。由于所有的节点都共享一条传输线路，所以每次只能由一个节点发送信息，信息由发送的节点向两端扩散，如同广播电台发射的信号向空间扩散一样。所以，这种结构的网络又称为广播式网络。总线型结构突出的特点是结构简单和便于扩充。由于网络是无源的，当采用冗余措施时并不增加系统的复杂性。但总线型结构对总线的电气性能要求很高，对总线的长度也有一定限制，因此通信距离不会太长。

（4）树形结构（见图 12-20）　该结构是从总线型结构演变过来的，形状像一棵倒置的树，也叫作鸡爪形拓扑结构。其顶端为树的根（带有分支），每个分支还可延伸出子分支。与总线拓扑结构的主要区别是树形拓扑结构有根的存在（也称头端）。当节点发送信息时，由根进行接收，然后重新广播发送到全网，而不需要中继器。树形结构的缺点是对根的依赖性较大，如果根发生故障，则整个网络不能工作。但是，树形拓扑结构也有它的特殊优点：①易于扩展，新的节点和新的分支易于加入网内；②如果某一分支的节点发生故障，就很容易将该分支与整个网络隔离开。

（5）菊花链形结构，也称链形结构（见图 12-21）　在这种结构中，一个网段中的现场仪表电缆从一台现场总线仪表延伸到另一台现场仪表，并且每一台现场仪表的端子互连。因此，应用菊花链形拓扑结构时应该使用连接器，否则在拆卸某台仪表时，容易使总线断路。

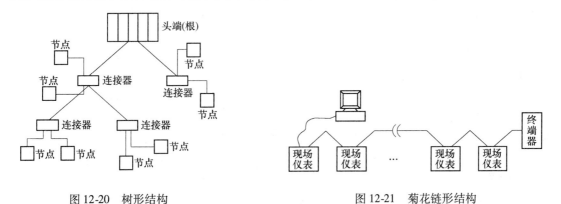

图 12-20　树形结构　　　　　　　　　　图 12-21　菊花链形结构

3. 网络控制方法

信息在网络中传输时，如何快速正确地从源站到达目的站，除与网络的结构有关外，还与网络的控制方法有关。常用的方法有：查询方式、令牌传送方式、自由竞争方式、存储转发方式等。

（1）查询方式　查询方式主要用于主从结构网络中，如星形结构网络，具有主站的总线结构网络等。在此类网络中，主站按照各个从站的优先级别依次查询各站是否需要通信，若需要，则控制信息的发送与接收；若不需要，则询问下一路。

（2）自由竞争方式　在这种方式中，各个工作站的优先级别是相同的，任何一个站点在任何时刻均可以以广播式方式向网上发布信息。所发布的信息中包含有目的站地址，其他各站接收到该信息后判断和确定是不是发送给本站的信息。在总线拓扑结构中，多采用自由竞争方式。

（3）令牌传送方式　令牌传送既适合于环形网，也适合于总线型网。其基本方法是：在网络中，有一个称为令牌的信息段，依次在各节点之间传递。令牌有空闲、忙碌两种状态。该方式的网络传送效率高，信息吞吐量大，实时性好，是提高通信速度的一种较好的手段。

（4）存储转发方式　该方式实际上为信息在相邻节点之间依次传递的过程，直到信息到达目的站点为止。

4. 差错控制技术

信息在网络中传输时，特别是以电信号形式传输时，由于传输线路上有干扰噪声以及线路间的窜扰、载波不完善等原因，会造成信息传输出错。为了保证数据传输的正确性，除采取改善信道的传输性能、降低误码率等措施外，另一个重要的措施是采用差错控制技术，及时将差错检测出来，并采取适当的方法将差错进行修正，以确保接收信息的准确性。

网络通信中，常用的差错纠正方法有：反馈重发纠错方式（ARQ），前向纠错方式（FEC）、混合纠错方式等。

5. 现场总线网络化测试仪器举例

Smar、Fishre-Rosemout 等公司生产的 LD302 型现场总线压力变送器是其现场总线仪表系列的重要产品之一，它能实现差压、绝对压力、表压、液位及流量的测量与变送，是在性能优越、可靠性高的数字式电容传感器的基础上开发出来的、具有网络化软硬件模块的传感器。

LD302 是一种转换器，它能把被测参数转换成符合 FF 标准的现场总线数字通信信号。在现场总线网络中，LD302 也是一个网络节点，它既能在网络中作为主站使用，又能在本地（机）用磁性工具组态，从而节省专用组态器或控制盘。

LD302 主要由传感器组件板、主电路板和显示板三部分构成，图 12-22 为LD302 的硬件构成框图。

功能块是现场总线仪表的核心技术，也是一种图形化的语言。它相当于单元仪表，也称积木仪表或软仪表。也就是说，可以像搭积木一样，将各种功能模块进行有效搭配，实现对现场总线仪表的使用和管理。LD302 的内装功能模块如图 12-23 所示。

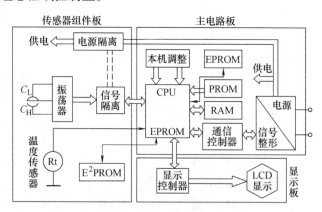

图 12-22　LD302 的硬件构成框图

现场总线控制网与 LD302 之间的网络通信主要有以下几个方面：

（1）对 LD302 进行网络管理组态　组态的基本任务是分配位号，选择功能块，并把它们连接起来，同时调整内含参数，形成控制策略。组态后，系统会对位号和参数名进行分析，生成优化的通信格式。LD302 有一个可选的显示器，它作为就地的

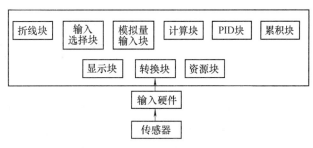

图 12-23　LD302 的内装功能模块

人-机接口，可以用于某些组态和运行操作。所有的组态、运行操作和诊断都可以用远程组态器（比如笔记本电脑）或者运行员操作站来进行。

（2）变量信号的监视和驱动　如通过就地或远方的人-机接口，监控或者测量各个过程变量的变化状态、给定值状态等。由于这些变量已按用途编组，因此，可以通过一次通信来访问多个变量。

（3）报警及紧急事件通知　当有些被控变量由于各种原因失控而越过组态所设定的上下限时，或者一些突发事件（如电源电压降低、微处理器故障、中断控制出错等）出现时，LD302 内部的功能块会自动通知用户，而不必通过人-机接口进行定期询问。

（4）组态变化更新　当由于系统原因使已设计安装好的组态发生变化时，组态会自动进行更新，而不必连续地进行检查。同时，系统会自动通知用户这一情况的发生。

由于 LD302 内部各个功能块之间实时紧凑的信息传输，使网络的通信负荷大大减少，使系统有了更多的时间来进行其他操作传输。同时，可用最小的延迟时间来确保控制周期的精确性，使系统可以取得像模拟量系统一样的控制性能。

参 考 文 献

[1] 熊诗波，黄长艺. 机械工程测试技术基础[M]. 3版. 北京：机械工业出版社，2007.
[2] 张洪亭，王明赞. 测试技术[M]. 沈阳：东北大学出版社，2005.
[3] 曾光奇，胡均安. 工程测试技术基础[M]. 武汉：华中科技大学出版社，2002.
[4] 贾伯年，俞朴. 传感器技术[M]. 南京：东南大学出版社，1992.
[5] 刘春. 机械工程测试技术[M]. 北京：北京理工大学出版社，2006.
[6] 孔德仁，朱蕴璞，狄长安. 工程测试技术[M]. 北京：科学出版社，2004.
[7] 董海森. 机械工程测试技术学习指导[M]. 北京：中国计量出版社，2004.
[8] 陈瑞阳，毛智勇. 机械工程检测技术[M]. 2版. 北京：高等教育出版社，2005.
[9] 严普强. 机械工程测试技术基础[M]. 北京：机械工业出版社，1988.
[10] 杨仁狄. 机械工程测试技术[M]. 重庆：重庆大学出版社，1997.
[11] 唐文彦. 传感器[M]. 4版. 北京：机械工业出版社，2007.
[12] 孙建民. 传感器技术[M]. 北京：清华大学出版社，2005.
[13] 朱自勤. 传感器与检测技术[M]. 北京：机械工业出版社，2006.
[14] 樊尚春. 信号与测试技术[M]. 北京：北京航空航天大学出版社，2002.
[15] 刘文泉. 机械工程测试技术[M]. 北京：冶金工业出版社，1994.
[16] 金发庆. 传感器技术与应用[M]. 北京：机械工业出版社，2006.
[17] 张洪润，张亚凡. 传感器技术与应用教程[M]. 北京：清华大学出版社，2006.
[18] 周明光，马海潮. 计算机测试系统原理与应用[M]. 北京：电子工业出版社，2005.
[19] 张发启. 现代测试技术及应用[M]. 西安：西安电子科技大学出版社，2005.
[20] 杨庆柏. 现场总线仪表[M]. 北京：国防工业出版社，2005.
[21] 郭敬枢，庄继东，孔峰. 微机控制技术[M]. 重庆：重庆大学出版社，2004.
[22] 郁有文，常健. 传感器原理及工程应用[M]. 西安：西安电子科技大学出版社，2003.
[23] 姜武中. 单片机原理与接口技术[M]. 大连：大连理工大学出版社，2002.
[24] 黄贤武，郑筱霞. 传感器原理与应用[M]. 成都：成都电子科技大学出版社，2000.
[25] 邓海龙. 自动检测与转换技术[M]. 北京：中国纺织出版社，2000.
[26] 王江萍. 机械设备故障诊断技术及应用[M]. 西安：西北工业大学出版社，2001.